Lutz Engelhardt **Barrierefreiheit in der Immobilienbewertung**

Barrierefreiheit in der Immobilienbewertung

mit 109 Abbildungen und 21 Tabellen

Dipl.-Ing. (FH) Lutz Engelhardt
Architekt und Sachverständiger für Immobilienbewertung

unter Mitarbeit von
Finja Alida Engelhardt

Bibliografische Information der Deutschen Nationalbibliothek
Die Deutsche Nationalbibliothek verzeichnet diese Publikation in der Deutschen Nationalbibliografie; detaillierte bibliografische Daten sind im Internet über https://dnb.de abrufbar.

Aus Gründen der besseren Lesbarkeit wird bei Personenbezeichnungen und personenbezogenen Hauptwörtern die männliche Form verwendet. Entsprechende Begriffe gelten im Sinne der Gleichbehandlung grundsätzlich für alle Geschlechter. Die verkürzte Sprachform hat nur redaktionelle Gründe und beinhaltet keine Wertung.

Maßgebend für das Anwenden von Normen ist deren Fassung mit dem neuesten Ausgabedatum, die bei der Beuth Verlag GmbH, Burggrafenstraße 6, 10787 Berlin, erhältlich ist. Maßgebend für das Anwenden von Regelwerken, Richtlinien, Merkblättern, Hinweisen, Verordnungen usw. ist deren Fassung mit dem neuesten Ausgabedatum, die bei der jeweiligen herausgebenden Institution erhältlich ist. Zitate aus Normen, Merkblättern usw. wurden, unabhängig von ihrem Ausgabedatum, in neuer deutscher Rechtschreibung abgedruckt.

Das vorliegende Werk wurde mit größter Sorgfalt erstellt. Verlag und Autor können dennoch für die inhaltliche und technische Fehlerfreiheit, Aktualität und Vollständigkeit des Werkes und seiner elektronischen Bestandteile (Internetseiten) keine Haftung übernehmen.

Wir freuen uns, Ihre Meinung über dieses Fachbuch zu erfahren. Bitte teilen Sie uns Ihre Anregungen, Hinweise oder Fragen per E-Mail: barrierefrei@rudolf-mueller.de oder Telefax: 0221 5497-6114 mit.

Lektorat: Friederike Daenecke, Zülpich
Umschlaggestaltung: Satz+Layout Werkstatt Kluth GmbH, Erftstadt
Satz: WMTP Wendt-Media Text-Processing GmbH, Birkenau
Druck und Bindearbeiten: Westermann Druck Zwickau GmbH, Zwickau
Printed in Germany

ISBN 978-3-481-04326-1 (Buch-Ausgabe)
ISBN 978-3-481-04327-8 (E-Book-Ausgabe als PDF)
ISBN 978-3-481-04328-5 (Buch + E-Book)

Inhalt

Einführung

Eine Immobilienbewertung ist die umfassende Betrachtung der Summe der Merkmale einer Immobilie zu dem Zweck, ihren Wert zu bestimmen. Das vorliegende Werk soll Fachleuten in der Immobilienbewertung konkrete Möglichkeiten aufzeigen, wie sie die barrierefreien Eigenschaften einer Immobilie mit in die Bestimmung des Immobilienwerts einbeziehen können. Grundlage zur Beurteilung der Barrierefreiheit ist zunächst das „Erkennen" der barrierefreien Eigenschaften. Dabei handelt es sich um die Analyse sowohl der geometrischen Beschaffenheit der Immobilie als auch ihrer Ausstattung.

Die theoretischen Vorkenntnisse dazu werden in Kapitel 1, „Rechtliche Grundlagen der Barrierefreiheit", und Kapitel 2, „Baukonstruktive Grundlagen", gelegt. In Kapitel 2 werden die Vorgaben der Normen DIN 18040-1:2010-10 „Barrierefreies Bauen – Planungsgrundlagen – Teil 1: Öffentlich zugängliche Gebäude" und DIN 18040-2:2011-09 „Barrierefreies Bauen – Planungsgrundlagen – Teil 2: Wohnungen" vorgestellt und erläutert. Die in diesem Kapitel erörterten Abschnitte der Normen sollte man für die Bewertungspraxis kennen.

Kapitel 3, „Toleranzen beim barrierefreien Bauen", vertieft Kapitel 2. In Kapitel 3 wird speziell der Aspekt betrachtet, ob zu gering bemessene Bewegungsflächen einen Mangel oder einen Schaden darstellen – ein ganz wesentlicher Aspekt bei der Bewertung einer Immobilie als barrierefrei bzw. nicht barrierefrei.

Kapitel 4, „Miet- und Wohnungseigentumsrecht", zeigt weitere rechtliche Grundlagen auf. Hierbei ist besonders das Mietrecht von Belang, denn bei der Beurteilung der Barrierefreiheit ist entscheidend, ob Mieter das Mietobjekt als Wohnung nutzen. Manchmal verbessern auch Mieter auf eigene Kosten die Barrierefreiheit einer Wohnung. Auch dieser Aspekt wirkt sich auf die Bewertung aus.

Kapitel 5, „Immobilienbewertung unter barrierefreien Aspekten", zeigt anhand zahlreicher Beispiele aus der Praxis, auf welche Lösungen Fachleute in der Immobilienbewertung in der Praxis stoßen können – und inwiefern barrierefrei Gemeintes oft den Normen widerspricht.

Die quantitative Bestimmung des Werteinflusses wird in Kapitel 6, „Strategien zur Bestimmung des Werteinflusses der Barrierefreiheit", erläutert. Dabei muss grundsätzlich zwischen gewerblich und wohnbaulich genutzten Immobilien differenziert werden. Ein- und Zweifamilienhäuser stellen dabei aus Sicht der Barrierefreiheit Sonderfälle dar, da sie sich einer standardisierten Betrachtung entziehen und eine individuelle Beurteilung der Vor- und Nachteile ihrer barrierefreien Eigenschaften erforderlich machen.

Eine Wertbestimmung ist dabei immer stichtagsbezogen, da sich sowohl die werterelevanten Eigenschaften einer Immobilie als auch die wirtschaftlichen

Rahmenbedingungen aus Angebot und Nachfrage – definiert als „Grundstücksmarkt“ – fortlaufend ändern.

Die Vorgaben, wie in der Praxis eine Immobilienbewertung erfolgen bzw. erstellt werden soll, regelt in der Bundesrepublik Deutschland die Immobilienwertermittlungsverordnung (ImmoWertV). Am 1. Juli 2010 löste diese die Wertermittlungsverordnung (WertV) aus dem Jahr 1998 ab. Erklärtes Ziel bei der Erarbeitung der Immobilienwertermittlungsverordnung war es, die fortschreitende Entwicklung rechtlicher Rahmenbedingungen sowie der wertrelevanten Eigenschaften von Immobilien möglichst realitätsnah zu berücksichtigen. So wurde mit der ImmoWertV 2010 ausdrücklich verlangt, die energetische Beschaffenheit eines Gebäudes und die Wertrelevanz städtebaulicher Umstände zu berücksichtigen.

Das Bundeskabinett hat die Novellierung der Immobilienwertermittlungsverordnung am 12. Mai 2021 beschlossen, woraufhin der Bundesrat am 25. Juni 2021 seine Zustimmung unter Änderungsmaßgaben (Bundesrat-Drucksache 407/21) erteilt hat. Die Novellierung soll dabei einen klarstellenden Charakter annehmen und damit die Anwendung in der Praxis erleichtern. Daraufhin hat das Bundeskabinett die Änderungen des Bundesrates akzeptiert und die Novellierung der Verordnung am 14. Juli 2021 beschlossen. Die Novellierung wurde am 14. Juli 2021 ausgefertigt und am 19. Juli 2021 im Bundesgesetzblatt verkündet (BGBl. I S. 2805). Gemäß § 54 der ImmoWertV tritt diese am 1. Januar 2022 in Kraft.

Erklärtes Ziel der Neufassung der Immobilienwertermittlungsverordnung ist es, die wesentlichen Grundsätze sämtlicher bisheriger Richtlinien (Bodenrichtwertrichtlinie, Sachwert-, Vergleichswert- und Ertragswertrichtlinie sowie die nicht abgelösten Teile der Wertermittlungsrichtlinien (WertR) 2006) in eine vollständig überarbeitete Verordnung zu integrieren. Zum besseren Verständnis der ImmoWertV werden zukünftig Muster-Anwendungshinweise zur Immobilienwertermittlungsverordnung (ImmoWertA) diese begleiten. Laut Verordnungsgeber soll ein Immobilienwertermittlungsrecht „aus einem Guss“ entstehen. Dadurch soll eine einheitliche Anwendung der Grundsätze der Wertermittlung sichergestellt werden und außerdem die Übersichtlichkeit des Wertermittlungsrechts gesteigert werden. Mit deren Fertigstellung ist in der ersten Jahreshälfte 2022 zu rechnen.

Die Novellierung hat somit die Aufgabe, die aktuelle Entwicklung auf dem Grundstücksmarkt zu würdigen und in das Wertermittlungsrecht aufzunehmen. Dies trifft insbesondere auf die Barrierefreiheit baulicher und sonstiger Anlagen zu, denn die vertiefenden Anforderungen an die Barrierefreiheit haben ab dem Jahr 2010 schrittweise in das Baurecht Einzug gefunden.

In der ImmoWertV vom 01.02.2021 wird unter § 2 „Grundlagen der Wertermittlung“ Abs. 3 Punkt 10 d) die Barrierefreiheit als Grundstücksmerkmal bebauter Grundstücke in die Immobilienbewertung aufgenommen. Immobiliensachverständige bzw. -bewerter werden damit verpflichtet, bei jeder Immobilienbewertung bebauter Grundstücke den Einfluss der Barrierefreiheit auf den Immobilienwert zu prüfen, ggf. ihren Werteinfluss zu bestimmen und damit adäquat zu berücksichtigen. Dabei kann die Barrierefreiheit den Wert sowohl negativ als auch positiv beeinflussen oder wertneutral sein.

1 Rechtliche Grundlagen der Barrierefreiheit

Mit Inkrafttreten des Behindertengleichstellungsgesetzes (BGG) am 01.05.2002 fand die Barrierefreiheit Einzug in die Bundesgesetzgebung. Darin ist der Begriff „Barrierefreiheit" in § 4 BGG definiert. Dort heißt es:

„Barrierefrei sind bauliche und sonstige Anlagen, […] soweit sie für Menschen mit Behinderungen in der allgemein üblichen Weise, ohne besondere Erschwernis und grundsätzlich ohne fremde Hilfe auffindbar, zugänglich und nutzbar sind."

Am 27.07.2016 wurde diese Formulierung um einen in der Praxis wichtigen Passus ergänzt:

„Hierbei ist die Nutzung behinderungsbedingt notwendiger Hilfsmittel zulässig."

Mit anderen Worten bedeutet dies: Die bauliche Anlage muss für jede Person, die sich selbstständig fortbewegen und orientieren kann, *auffindbar*, *zugänglich* und *nutzbar* sein.

Festgelegt ist auch, unter welchen Bedingungen dies erfolgen muss. Hier heißt es unter anderem: *„in der allgemein üblichen Weise"*. Das bedeutet, dass die Zugänglichkeit zu einer baulichen Anlage für Menschen mit Behinderungen über den Weg erfolgen soll, der von allen anderen Personen auch genutzt wird. Spezielle *„Behinderteneingänge"* sind damit grundsätzlich ausgeschlossen.

Weiter soll dies *„ohne besondere Erschwernis"* erfolgen. Am Beispiel der vorgenannten Zugänglichkeit einer baulichen Anlage bedeutet das, dass beispielsweise Personen mit Rollstuhl durchaus Erschwernisse in Kauf nehmen müssen. Diese Erschwernisse dürfen die Personen aber nicht überfordern. Beispielsweise sollen sie eine Tür mit Türschließer benutzen oder eine Rampe vor dem Eingang hinauffahren können. Das tolerierbare Erschwernisniveau wird z. B. im Baurecht über die Art und Weise definiert, wie die normativen Vorgaben zum barrierefreien Bauen darin einbezogen sind. Weiterhin werden beispielsweise auch im Arbeitsstättenrecht Anforderungen beschrieben, welche für diesen Anwendungsfall das Erschwernisniveau darstellen.

Schlussendlich wird über den Passus *„ohne fremde Hilfe auffindbar"* klargestellt, dass Menschen mit Behinderungen dies allein schaffen sollen. Dabei schließt aber bereits eine Schwelle oder Stufe vor einem Gebäudeeingang Personen mit Rollstuhl von der Zugänglichkeit und der Nutzung der baulichen Anlage aus. Entsprechende Lösungen sind ebenfalls in den Normen zum barrierefreien Bauen enthalten, die jedoch durch teils umfangreiche bundeslandspezifische Regelungen ergänzt oder außer Kraft gesetzt werden.

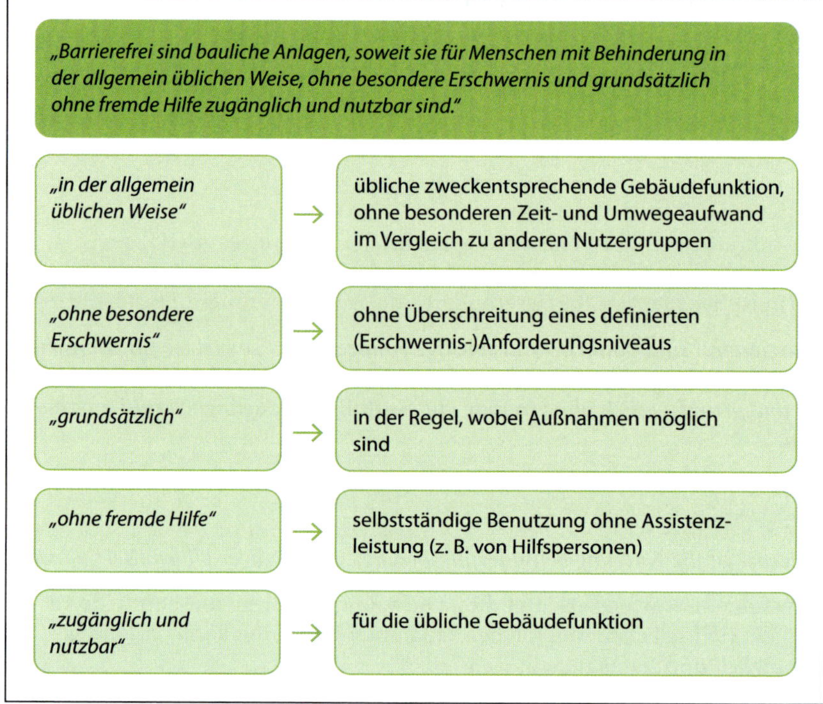

Abb. 1.1: Erläuterung der Begriffe nach § 2 Abs. 9 MBO

Die einzelnen Bestandteile der genannten Definition sind auch in die Musterbauordnung (MBO) eingegangen. Abb. 1.1 zeigt die Definition laut § 2 Abs. 9 MBO. Aus diesen Begriffen ergeben sich zahlreiche Aspekte, auf die bei der Planung barrierefreier Gebäude geachtet werden muss. Zur Bewertung der Immobilie muss man diese Aspekte kennen, um zu prüfen, wie sie im konkreten Objekt baulich umgesetzt – oder eben nicht umgesetzt – wurden.

1.1 Einführung in die rechtlichen Rahmenbedingungen

Der Föderalismus der bundesdeutschen Gesetzgebung ist der Grundstein für die differenzierten bauordnungsrechtlichen Vorgaben der Bundesländer. Mit anderen Worten: Baurecht ist Landesrecht. Aus diesem Grund machte erst das Inkrafttreten der Landesbehindertengleichstellungsgesetze den Weg dafür frei, die Barrierefreiheit im Baurecht der Bundesländer zu novellieren. Dabei wurde die Barrierefreiheit in höchst unterschiedlicher Art und Weise in den Landesbauordnungen eingeführt. Das Schlusslicht dieses Reigens an Novellierungen bildete am 01. Januar 2019 die Landesbauordnung von Nordrhein-Westfalen.

Die landesbauordnungsrechtlichen Vorgaben bestimmen zwar, bei welchen Bauvorhaben und unter welchen Bedingungen die Anforderungen an die Barrierefreiheit herzustellen sind. Sie schreiben jedoch nicht vor, *wie* deren Anforderungen praktisch umzusetzen sind. Hierzu bedarf es konkreter bautechnischer Vorgaben. In den jeweiligen Bundesländern werden diese in der **Verwaltungsvorschrift Technische Baubestimmungen** bzw. in der **Liste der Technischen Baubestimmungen** festgelegt. Die Einführung dieser bautechnischen Anforderungen erfolgt über entsprechende Verweise in den Landesbauordnungen. Für die so eingeführten gesetzlichen Regelungen wird grundsätzlich angenommen, dass es sich dabei um die **allgemein anerkannten Regeln der Technik** im jeweiligen Bundesland handelt. Dieser Begriff definiert die Regeln der Technik, die von der Mehrheit der Fachleute als geeignet und sinnvoll angesehen werden (siehe dazu u. a. BGH-Urteil vom 14. Mai 1998, Az. VII ZR 184/97).

Für spezifische Nutzungen sind teils im Bauordnungsrecht (beispielsweise in Bezug auf Beherbergungsstätten) oder zum Teil in Betriebsverordnungen und -richtlinien (beispielsweise in Bezug auf Apotheken) entsprechende Anforderungen zur baulichen Barrierefreiheit definiert. Die eingeführten Anforderungen an die bauliche Barrierefreiheit sind somit grundsätzlich bundesland- und darüber hinaus teilweise nutzungsspezifisch, was Immobiliensachverständige bzw. -bewerter in der Bewertungspraxis vor eine enorme Herausforderung stellt.

In der Bewertungspraxis bedeutet dies für die Fachleute, dass sie den Werteinfluss der Barrierefreiheit in einer konkreten Immobilie nur dann bestimmen können, wenn sie die bauordnungsrechtliche Legitimität unter Berücksichtigung der entsprechenden Nutzung oder einer unterstellten Folgenutzung prüfen. Entscheidend dabei ist, welche Anforderungen seinerzeit im Rahmen der bauordnungsrechtlichen Genehmigung an das jeweilige Bauvorhaben gestellt wurden. Dies wiederum hängt davon ab, wann und wie die bauliche Barrierefreiheit im jeweiligen Bundesland eingeführt wurde. Denn danach richtet sich die Bauausführung bzw. deren bauordnungsrechtliche Legitimität. Wurde beispielsweise die bauliche Barrierefreiheit vor Einführung der Normenreihe DIN 18040 auf Grundlage der Vorgängernormierung realisiert, kann eine aus heutiger Sicht mangelhafte Barrierefreiheit aus bauordnungsrechtlicher Sicht immer noch legitim sein. Mit anderen Worten: Dies ist dann der Fall, wenn die einstmals legal errichteten baulichen Anlagen sowie deren Außenanlagen unter den sogenannten **Bestandsschutz** fallen.

1.2 Der unverhältnismäßige Mehraufwand

Für die Bewertungspraxis kommt erschwerend hinzu, dass selbst dann, wenn keine Anforderungen an die bauliche Barrierefreiheit erfüllt worden sind, dies bauordnungsrechtlich legitim sein kann – und zwar dann, wenn ein *„unverhältnismäßiger Mehraufwand“* definiert worden ist. Bei einem **Mehraufwand** handelt es sich um „hinzunehmende Mehrkosten“, die bei der Realisierung eines Bauvorhabens unter Berücksichtigung der Anforderungen an beispielsweise die Barrierefreiheit entstehen.

Als Faustformel gelten in Bezug auf die Barrierefreiheit hinzunehmende Mehrkosten in Höhe von 20 bis 25 %. Wegweisend ist dabei der Beschluss des OVG Sachsen-Anhalt vom 16.12.2010 mit dem Aktenzeichen 2 L 246/09. Dieser Beschluss weist ausdrücklich darauf hin, dass im Einzelfall der Nachteil für den betroffenen Personenkreis gegenüber den Mehrkosten, d. h. dem

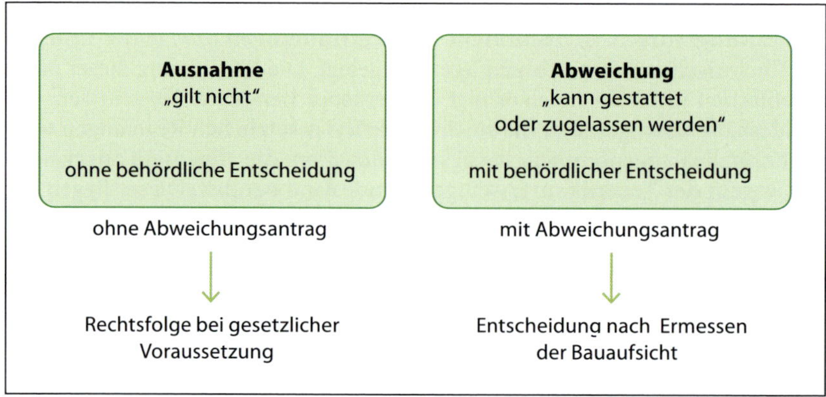

Abb. 1.2: Unterscheidungssystematik zum Abweichungs- und Ausnahmenmodell (Quelle: Metlitzky/Engelhardt, 2021, Abb. A 4.2)

konkreten (Mehr-) Kostenaufwand, abgewogen wird. Grundsätzlich gilt im Sinne dieses Urteils:

„In die Verhältnismäßigkeitsprüfung ist aber auch der Zweck der gesetzlichen Anforderungen einzubeziehen, das heißt die Mehrkosten müssen auch gegenüber dem Nachteil für den geschützten Personenkreis abgewogen werden; je geringer der Vorteil ist, den der geschützte Personenkreis aus der jeweiligen Vorkehrung für die barrierefreie Nutzbarkeit erlangt, um so eher wird die Schwelle der Unzumutbarkeit für den Bauherrn überschritten (Jäde, a. a. O., § 49 RdNr. 44, m. w. Nachw.). Insoweit ist es sachgerecht, nach dem Grad der Wahrscheinlichkeit einer Benutzung einer Anlage durch behinderte oder alte Menschen oder Kinder zu differenzieren. Je größer die Wahrscheinlichkeit ist, dass eine bauliche Anlage vom geschützten Personenkreis genutzt wird, desto größer ist auch das Gewicht des öffentlichen Interesses an der Barrierefreiheit. Je unwahrscheinlicher eine Nutzung durch ihn ist, desto weniger geeignet ist die Barrierefreiheit zur Durchsetzung ihres Ziels und desto geringer wird das Gewicht des öffentlichen Interesses sein (VGH BW, Urt. v. 27.09.2004, a. a. O.).“

Problematisch ist, dass nicht abschließend belegbar ist, worauf sich die Mehrkosten beziehen sollen. Tendenziell neigt die Rechtsprechung dazu, sich auch auf die Baukosten des Bauvorhabens insgesamt zu beziehen. Keinesfalls bezieht sich jedoch die prozentuale Kostengrenze auf ein einzelnes Bauteil.

Für Bewertungsfachleute ist dabei schwer nachzuvollziehen, ob in dem Fall, dass keine erforderlichen Anforderungen an die Barrierefreiheit umgesetzt worden sind, überhaupt ein unverhältnismäßiger Mehraufwand bei der Errichtung bzw. zum Zeitpunkt der bauordnungsrechtlichen Genehmigung vorlag. Letztlich bleibt für Bewertungssachverständige nur der Blick in die jeweilige Baugenehmigung, um festzustellen, ob und in welchem Umfang möglicherweise Abweichungen vom Soll- gegenüber dem Istzustand bestehen.

Interessant ist, dass im Bauordnungsrecht der Bundesländer die Geltendmachung eines unverhältnismäßigen Mehraufwands äußerst unterschiedlich gehandhabt wird. Grundsätzlich wird dabei zwischen Ausnahme- oder Abweichungstatbeständen unterschieden (siehe Abb. 1.2).

Im Fall einer **Abweichung** muss die Untere Bauaufsichtsbehörde einer ungenügenden baulichen Barrierefreiheit ausdrücklich zustimmen. Dazu muss ein formaler Abweichungsantrag gestellt werden. Liegt jedoch der Tatbestand einer **Ausnahme** vor, entscheidet prinzipiell der Bauherr allein darüber, ob im konkreten Fall ein unverhältnismäßiger Mehraufwand vorliegt. Letzteres lässt erheblichen Beurteilungsspielraum. Welche Regelung in welchem Bundesland gilt, zeigt Tabelle 1.1.

Tabelle 1.1: Übersicht zum Abweichungs- und Ausnahmenmodell in den einzelnen Bundesländern (Quelle: Metlitzky/Engelhardt, 2021, Tabelle A 4.2)

Bundesland	**Ausnahme**	**Abweichung**
Musterbauordnung	(+)	
Baden-Württemberg	(+) (§ 35 Abs. 1 Satz 3 LBO BW)	(+) (§ 39 Abs. 3 LBO BW)
Bayern	(+)	
Berlin		(+)
Brandenburg	Keine	Keine
Bremen		(+)
Hamburg	(+)	
Hessen	(+)	
Mecklenburg-Vorpommern		(+)
Niedersachsen	(+)	
Nordrhein-Westfalen	(+)	
Rheinland-Pfalz		(+)
Saarland		(+)
Sachsen		(+)
Sachsen-Anhalt	(+)	
Schleswig-Holstein		(+)
Thüringen	Keine	Keine

Hinzu kommt, dass die Bundesländer Brandenburg und Thüringen (Stand August 2021) in der Landesbauordnung auf eine klare gesetzliche Regelung verzichten. Ziel dieser Bundesländer war es, der Umsetzung der Anforderungen an die bauliche Barrierefreiheit mehr Nachdruck zu verleihen. Dazu heißt es im Vollzug der Thüringer Bauordnung (VollzBekThürBO) unter Abschnitt 50:

„Von der Streichung unberührt bleibt der dem Verwaltungsrecht immanente Grundsatz der Verhältnismäßigkeit. Daher kommt bei einem unverhältnismäßigen Mehraufwand die Zulassung einer Abweichung nach § 66 in Betracht.“

Weiter heißt es:

„Die Anforderungen an die Barrierefreiheit sind grundsätzlich genauso einzuhalten wie alle anderen Anforderungen der Bauordnung. Dadurch entstehende Mehrkosten sind daher im Allgemeinen hinzunehmen.“

Ob und in welcher Form ein unverhältnismäßiger Mehraufwand bei der Umsetzung des Bauvorhabens geltend gemacht worden ist, zeigt – wie bereits dargelegt – nur die Baugenehmigung unter Einschluss der genehmigten Unterlagen.

2 Baukonstruktive Grundlagen

In diesem Kapitel werden die entscheidenden Normen für die Barrierefreiheit im Hochbau vorgestellt. Die Kenntnis der darin dargestellten Anforderungen hilft, die Barrierefreiheit bei einer Immobilienbewertung beurteilen zu können. Wie im vorigen Abschnitt allerdings schon klar wurde, sind Bauherren nicht in jedem Fall verpflichtet, alle Anforderungen auch umzusetzen.

In der Bundesrepublik Deutschland gründet die Erstellung technischer Regelwerke überwiegend auf der Arbeit und den Beschlüssen verschiedener Fachgremien. Zu den wichtigsten dieser Gremien zählen die Normungsausschüsse des Deutschen Instituts für Normung e. V. (DIN). Auch in Bezug auf das barrierefreie Bauen bilden dessen Veröffentlichungen den Grundstein bei der Umsetzung der Anforderungen an die bauliche Barrierefreiheit.

2.1 Technische Regelwerke zum barrierefreien Bauen

Die Grundlage zur bauordnungsrechtlichen Einführung der Anforderungen an das barrierefreie Bauen im Hochbau bilden in allen Bundesländern folgende **DIN-Normen** (seit 2019 weicht Berlin bei Wohnungen jedoch davon ab):

- DIN 18040-1:2010-10 „Barrierefreies Bauen – Planungsgrundlagen: Öffentlich zugängliche Gebäude"
- DIN 18040-2:2011-09 „Barrierefreies Bauen – Planungsgrundlagen: Wohnungen"

Zusätzlich definieren Begleit- und Verweisnormen Anforderungen an die Umsetzung der Barrierefreiheit. Diese sind jedoch bauordnungsrechtlich nicht eingeführt worden. Dazu gehören insbesondere:

- DIN 32984:2020-12 „Bodenindikatoren im öffentlichen Raum"
- DIN 32975:2009-12 „Gestaltung visueller Informationen im öffentlichen Raum zur barrierefreien Nutzung"

Bitte beachten: Die Normen DIN 18024-2:1996-11 „Barrierefreies Bauen: Öffentlich zugängliche Gebäude und Arbeitsstätten" (zurückgezogen 2010-10) und DIN 18025-1:1992-12 „Planungsgrundlagen Barrierefreie Wohnungen, Wohnungen für Rollstuhlbenutzer" sowie DIN 18025-2:1992-12 „Planungsgrundlagen für barrierefreie Wohnungen" (zurückgezogen 2011-09) sind seit dem Erscheinen der Normen DIN 18040-1 und 18040-2 nicht mehr gültig.

Den Abschluss der Novellierung der Normierung zum barrierefreien Bauen bildet die DIN 18040-3:2014-12 „Barrierefreies Bauen – Planungsgrundlagen: Öffentlicher Verkehrs- und Freiraum". Gleichzeitig wurde die Norm DIN 18024-1:1998-01 „Barrierefreies Bauen – Teil 1: Straßen, Plätze, Wege, öffentliche Verkehrs- und Grünanlagen sowie Spielplätze" zurückgezogen. Bei der Überarbeitung der Normenreihe wurde besonders den Anforderungen von Menschen mit Mobilitäts- und sensorischen Einschränkungen (beispielsweise Hör- und Sehbehinderungen) höhere Bedeutung beigemessen.

Parallel zur Aktualisierung der bautechnischen Standards zum barrierefreien Bauen wurde vom Verein Deutscher Ingenieure die **Richtlinienreihe VDI 6008** herausgegeben. Grundsätzlich kann diese als Ergänzung der Normenreihe DIN 18040 angesehen werden, denn sie stellt differenziertere Anforderungen an die Barrierefreiheit und unterscheidet dabei sowohl zwischen gebäudetechnischen Anlagen als auch hinsichtlich nutzungsspezifischer Besonderheiten. Zudem werden darüber hinaus auch spezifische Bedürfnisse von Menschen unterschiedlichen Alters mit und ohne Mobilitätseinschränkungen sowie Behinderungen dargestellt.

Die Richtlinienreihe VDI 6008 unterteilt sich in folgende Blätter:

- VDI 6008 Blatt 1:2012-12 „Barrierefreie Lebensräume – Allgemeine Anforderungen und Planungsgrundlagen“
- VDI 6008 Blatt 1.2: 2014-12 (Entwurf) „Barrierefreie Lebensräume – Schulungen“
- VDI 6008 Blatt 2:2012-12 „Barrierefreie Lebensräume – Möglichkeiten der Sanitärtechnik“
- VDI/VDE 6008 Blatt 3:2014-01 „Barrierefreie Lebensräume – Möglichkeiten der Elektrotechnik und Gebäudeautomation“
- VDI 6008 Blatt 4:2017-1 „Barrierefreie Lebensräume – Möglichkeiten der Aufzugs- und Hebetechnik“
- VDI 6008 Blatt 5:2021-02 „Barrierefreie Lebensräume – Möglichkeiten der Ausführung von Türen und Toren“
- VDI 6008 Blatt 6:2021-07 „Barrierefreie Lebensräume – Bildzeichen und bildhaft verwendete Schriftzeichen“

2.1.1 Schutzziele

Ein wesentliches Unterscheidungsmerkmal der Normenreihe DIN 18040 gegenüber ihren Vorgängernormenreihen DIN 18024 und 18025 ist die Definition von Schutzzielen.

Was sind Schutzziele?

Schutzziele beschreiben, welches funktionale Ziel bzw. welche Funktionsanforderung erreicht werden soll. Damit stellen sie nicht die technische Lösung, sondern die Funktionsanforderung in den Vordergrund.

Ein Beispiel hierfür sind die Anforderungen an Notrufanlagen. In Abschnitt 5.3.7 der DIN 18040-1 heißt es:

„Ein Notruf muss vom WC-Becken aus sitzend und vom Boden aus liegend ausgelöst werden können.“

Die technische Lösung zur Erfüllung der Funktionsanforderung *„Auslösung des Notrufs vom WC-Becken aus sitzend und vom Boden aus liegend“* wird also nicht vorgegeben und kann daher auf verschiedene Weise erfolgen.

Abb. 2.1: Variante 1: Ein Zugschalter mit Schnur, um einen Notruf im Sanitärraum auszulösen.

Abb. 2.2: Bei dieser Variante wird der Notrufschalter mit einer umlaufenden Zugschnur betätigt. Er kann auch von einer liegenden Position im Raum ausgelöst werden.

Mögliche Lösungen sind ein Zugschalter mit herabhängender Zugschnur neben dem WC-Becken (siehe Abb. 2.1) oder mit umlaufender Zugschnur (siehe Abb. 2.2).

In der Normenreihe DIN 18040 werden verschiedene feste Maßvorgaben der Vorgängernormen durch Mindestmaße bzw. Maßtoleranzen ersetzt. Bedauerlicherweise weist die Normenreihe auch Schwächen auf, und zwar dort, wo auf eine Beschreibung des Schutzziels verzichtet wird und lediglich technische Lösungen dargestellt sind. Dabei werden teils widersprüchliche Lösungsansätze dargestellt, obwohl es gleiche funktionale Anforderungen gibt. Ein Beispiel für einen nicht nachvollziehbaren Widerspruch innerhalb der DIN 18040-1 ist die Länge von geneigten Flächen bei Gehwegen und Verkehrsflächen im Vergleich zu Rampenläufen. Bei Gehwegen und Verkehrsflächen ist Personen (z. B. mit dem Hilfsmittel Rollstuhl) *„ohne besondere Erschwernis“* eine Strecke ohne Zwischenpodest von 10 m zuzumuten, bei Rampen jedoch eine Strecke von lediglich 6 m – beides bei einer Neigung von bis zu 6 %.

Grundsätzlich gilt jedoch, dass die beispielhaft dargestellten technischen Lösungen erheblich mehr Gestaltungsspielräume eröffnen. Hierzu heißt es in der DIN 18040-1 in Abschnitt 1 „Anwendungsbereich der Normenreihe“:

„Die mit den Anforderungen nach dieser Norm verfolgten Schutzziele können auch auf andere Weise als in der Norm festgelegt erfüllt werden. [...] Abweichungen in der Ausführung können nur toleriert werden, soweit die in der Norm bezweckte Funktion erreicht wird.“

Diese Beschreibung entspricht der Formulierung nach § 85a Abs. 1 Satz 3 der Musterbauordnung (MBO) vom 27.09.2019:

„Von den in den Technischen Baubestimmungen enthaltenen Planungs-, Bemessungs- und Ausführungsregelungen kann abgewichen werden, wenn mit einer anderen Lösung in gleichem Maße die Anforderungen erfüllt werden und in der Technischen Baubestimmung eine Abweichung nicht ausgeschlossen ist; §§ 16a Abs. 2, 17 Abs. 1 und 67 Abs. 1 bleiben unberührt."

2.1.2 Das Zwei-Sinne-Prinzip

Eine weitere elementare Grundlage beim barrierefreien Bauen ist das **Zwei-Sinne-Prinzip**. Die Normenreihe DIN 18040 beschreibt als Begriffsdefinition dieses stichpunkthaft mit *„gleichzeitige Vermittlung von Informationen für zwei Sinne"*. Das bedeutet, dass eine bauliche Anlage nur dann barrierefrei sein kann, wenn sie die Möglichkeit einer Alternativwahrnehmung über einen zweiten Sinn ermöglicht. Ist beispielsweise ein gehörloser Mensch auf die Gebärdensprache und das Lesen der Gestik und Mimik angewiesen, so unterstützt eine ausreichende Beleuchtung die Kommunikation.

Grundsätzlich sollen mit diesem Prinzip – wie der Name schon sagt – mindestens zwei der drei Sinne

- Sehen
- Hören
- Fühlen

angesprochen werden, um gegebenenfalls vorhandene sensorische Defizite zu kompensieren. Nach C. Ruhe werden drei Prioritätsstufen unterschieden (siehe Abb. 2.3):

Bei der Prioritätsstufe 1 können fehlende Warnungen/Alarmsignale lebensbedrohend sein. Hier *ist* das Zwei-Sinne-Prinzip *in jedem Fall anzuwenden.* Wenn Informationen einseitig aufgenommen, d. h. vom Nutzer lediglich entgegengenommen, jedoch nicht hinterfragt werden können, genügt die Einstufung in die Prioritätsstufe 2. In diesem Fall *sollte* das Zwei-Sinne-Prinzip

Prioritätsstufe	Anwendung des Zwei-Sinne-Prinzips
1 Notruf, Alarmsignal	immer, unbedingt und sehr gut
2 Information (einseitig)	generell immer und gut
3 Kommunikation (wechselseitig)	möglichst oft und befriedigend

Abb. 2.3: Prioritätsstufen nach C. Ruhe zur Anwendung des Zwei-Sinne-Prinzips (Quelle: Metlitzky/Engelhardt, 2021, Abb. C 11.20)

angewandt werden. Wenn Informationen hingegen unterstützend angeboten werden, zudem Rückfragen möglich sind, so ist die Prioritätsstufe 3 ausreichend. Hier *sollte wenn möglich* das Zwei-Sinne-Prinzip angewandt werden.

2.2 Die DIN 18040-1:2010-10 – Barrierefreies Bauen: Öffentlich zugängliche Gebäude

Zur Beurteilung der baulichen Barrierefreiheit bei öffentlich zugänglichen Gebäuden stellt sich zunächst die Frage: **Was sind eigentlich öffentlich zugängliche Gebäude?** Grundsätzlich handelt es sich dabei um Immobilien, die anhand ihrer Nutzung ganz oder teilweise einem allgemeinen Besucher- und Benutzerverkehr dienen. Das heißt, diese Immobilien werden von Personen genutzt, die im Vorhinein nicht bestimmbar sind. Selbstredend schließen die baulichen Anlagen auch deren Außenanlagen ein.

Dabei bezieht sich die Barrierefreiheit im Sinne der DIN 18040-1 auf den Teil der baulichen Anlage, der für die Nutzung durch die Öffentlichkeit vorgesehen ist. In § 50 Abs. 2 MBO heißt es dazu:

„Bauliche Anlagen, die öffentlich zugänglich sind, müssen in den dem allgemeinen Besucher- und Benutzerverkehr dienenden Teilen barrierefrei sein."

Bei dem verbleibenden Teil der baulichen Anlage handelt es sich entweder um eine Arbeitsstätte im Sinne des Arbeitsstättenrechts oder um Wohn- und Nutzflächen, die zur Beurteilung der baulichen Barrierefreiheit des dem allgemeinen Besucher- und Benutzerverkehrs dienenden Teils irrelevant sind, beispielsweise um Technik- und Serverräume oder um Wohnungen. Für Letztere werden in der DIN 18040-2 gesonderte Anforderungen an die bauliche Barrierefreiheit beschrieben.

Aufbauend auf die bauordnungsrechtlichen Vorgaben sind in verschiedenen Verordnungen oder Richtlinien spezifische Anforderungen an die bauliche Barrierefreiheit definiert. Dazu gehören z. B. die Apothekenverordnung, das Kindertagesstättengesetz etc.

Entscheidend für eine Immobilienbewertung ist die über die Restnutzungsdauer wahrscheinlichste (Nach-)Nutzung. Wenn man also im Rahmen einer Immobilienbewertung die Barrierefreiheit eines öffentlich zugänglichen Gebäudes und von dessen Außenanlagen untersucht, muss man zunächst die Teile der baulichen Anlage sowie deren Außenanlage definieren, die dem allgemeinen Besucher- und Benutzerverkehr dienen.

Dabei stellt sich die Frage: Wer sind die **Besucher** und wer sind die **Benutzer**? Bei einer Arztpraxis sind die Benutzer die Patienten, deren Begleitpersonen sind die Besucher. Die in der Praxis angestellten medizinischen Mitarbeiter sind weder das eine noch das andere: Bei ihnen handelt es sich per se um Angestellte, und deren Arbeitsstätte wird im Sinne des Arbeitsstättenrechts beurteilt. Fazit: Die Differenzierung der Personen, die eine Immobilie nutzen, ist zur Beurteilung der baulichen Barrierefreiheit unerlässlich, denn danach richten sich die notwendigen Anforderungen.

Wenn für bauliche Anlagen zum Zweck der bauordnungsrechtlichen Legitimierung bereits ein Barrierefrei-Konzept (beispielsweise im Sinne von §§ 9a oder 11 der Verordnung über bautechnische Prüfungen (BauPrüfVO) Nordrhein-Westfalen) erstellt und genehmigt worden ist, lassen sich aus diesem die spezifischen Anforderungen an die Barrierefreiheit in Bezug auf die öffentlich-rechtlichen Bestimmungen ableiten. In allen anderen Fällen sind die Anforderungen an die bauliche Barrierefreiheit entsprechend individuell zu prüfen.

Die Beurteilung der Barrierefreiheit erfolgt in einem solchen Fall durch einen Abgleich der bauordnungsrechtlich legitimierten Planung mit der realisierten baulichen Anlage und deren Außenanlagen. Entsprechend sind bauordnungsrechtlich genehmigte Abweichungen zu berücksichtigen. Zudem ist der Teil der baulichen Anlage zu bestimmen, der als **Arbeitsstätte** eingestuft werden kann. Dazu sind die individuellen Anforderungen an diese festzustellen.

Entscheidend dabei ist, ob die individuellen Anforderungen an die Arbeitsstätte der im Rahmen einer Immobilienbewertung zu unterstellenden wirtschaftlichsten Nachnutzung entsprechen oder nicht. Fehlen hier konkrete Informationen, sind entsprechende Annahmen zu treffen, um die Nutzbarkeit der vorhandenen baulichen Anlagen zu beurteilen und ggf. einen Kostenaufwand zur Erfüllung der individuellen Anforderungen zu bestimmen. Wichtig ist, diese Annahmen in den gutachterlichen Ausführungen gegenüber geprüften Fakten abzugrenzen.

2.2.1 Struktur

Grundsätzlich differenziert die DIN 18040-1 bei öffentlich zugänglichen Gebäuden zwischen **Infrastruktur** (Abschnitt 4) und **Räumen** (Abschnitt 5). Die Norm versteht unter dem Begriff Infrastruktur:

„die Bereiche eines Gebäudes, die – einschließlich ihrer Bauteile und technischen Einrichtungen – seiner Erschließung von der öffentlichen Verkehrsfläche aus bis zum Ort der zweckgemäßen Nutzung im Gebäude dienen (Zugangsbereich, Eingangsbereich, Aufzüge, Flure, Treppen usw.).“

Die zweckgemäße Nutzung im Gebäude findet demnach in den Räumen des Gebäudes statt. In der Praxis können diese Bereiche oft nicht streng voneinander getrennt werden, denn auch im Bereich der Infrastruktur können zweckentsprechende Nutzungen eines Gebäudes stattfinden. Ein Beispiel dafür ist ein Geldautomat im Eingangsbereich einer Bankfiliale.

2.2.2 Infrastruktur

In der Praxis der Immobilienbewertung ist ein besonderes Augenmerk auf die äußere Erschließung auf dem Grundstück zu legen sowie auf die innere Erschließung, also innerhalb des Gebäudes. Ein wesentlicher Aspekt ist dabei die Einhaltung der **Mindestbewegungsflächen**. Unter diesem Begriff werden Flächen verstanden, die von Personen zur zweckentsprechenden Nutzung benötigt sowie mit und ohne Hilfsmittel genutzt werden. In der Normenreihe DIN 18040 werden dabei die Personen mit dem größten Flächenbedarf betrachtet. In der Regel sind dies Personen mit einem Rollstuhl. Bewegungsflächen müssen daher ausreichende geometrische Abmessung aufweisen, um Rollstuhlnutzern Begegnungen und Richtungswechsel zu ermöglichen. Die Normen sehen konkret für die Begegnung zweier Rollstuhlfahrer eine Fläche von ≥ 1,80 m (B) × 1,80 m (L) vor. Im Falle von Türen und Durchgängen beläuft sich die Breite auf ≥ 90 cm.

Fertigmaße vs. Rohbaumaße

Sofern die Beurteilung der Barrierefreiheit ausschließlich anhand von Planzeichnungen erfolgt, ist zu beachten, dass die in der Normierung definierten Maße **Fertigmaße** sind. Die Darstellung in den Planzeichnungen sind hingegen in der Regel **Rohbaumaße**. Sofern zwischen ihnen Abweichungen bestehen, müssen entsprechende maßliche Anpassungen berücksichtigt werden.

Die DIN 18040-1 definiert Bewegungsflächen von ≥ 1,50 m (B) × 1,50 m (L) für Richtungswechsel. Diese Flächen müssen an, vor und zwischen Bauteilen und Möblierungen vorhanden sein. Dabei ist aber zu beachten, dass es sich im Prinzip um keine Fläche handelt, sondern um einen dreidimensionalen Raum: Personen und ihre Hilfsmittel sind ja nicht zwei-, sondern dreidimensional. Damit stellt sich die berechtige Frage: Wie hoch muss die „Bewegungsfläche" sein? In der Norm wird an nur wenigen Stellen auf konstruktive Nutzungshöhen eingegangen, z. B.:

- bei Verkehrsflächen: Hier darf die nutzbare Höhe 2,20 m nicht unterschreiten oder
- bei Türen: Deren lichte Höhe muss ≥ 2,05 m betragen.

Zudem werden umfangreiche Anforderungen an die Gestaltung und Ausführung der baulichen Anlagen gestellt, die teilweise nur fachübergreifend zu beurteilen sind. Beispiele hierfür sind die brandschutztechnischen oder verschlusssicherheitstechnischen Anforderungen und die denkmalpflegerischen Belange. Für einen Immobilienbewerter lässt sich daher die Barrierefreiheit einer Immobilie nur beurteilen, wenn er die bauordnungsrechtliche Legitimation nachvollziehen kann.

2.2.2.1 Äußere Erschließung auf dem Grundstück (äußere Infrastruktur)

Alle Bewegungs- und Verkehrsflächen, Bedienelemente und Raumstrukturen in öffentlich zugänglichen Gebäuden sind im bauordnungsrechtlichen Sinne im erforderlichen Umfang – d. h. von der Grundstücksgrenze bis zu den Gebäudeeingängen, die zur zweckentsprechenden Nutzung führen – entsprechend der DIN 18040-1 zu gestalten und müssen sich in Bezug auf die Barrierefreiheit auch an dieser messen lassen.

Gehwege und Verkehrsflächen

Die gefahrlose und sichere Fortbewegung im Außenbereich eines Grundstücks muss auch für Menschen mit Einschränkungen und Behinderungen zu jeder Zeit gewährleistet sein. Sicher sind Gehwege und Verkehrsflächen, wenn sie eine feste und ebene Oberfläche besitzen. Dabei bezieht sich in diesem Zusammenhang „eben" nicht zwangsläufig auf „horizontal", sondern ist diesbezüglich eher als „plan" zu verstehen.

Abb. 2.4: Barrierefreier Gehweg mit taktilem Leitsystem und seitlicher „Klopfkante"

Eine ausreichende Breite von Gehwegen und Verkehrsflächen ist besonders für Personen mit Rollstuhl wichtig (siehe Abb. 2.4). Die Norm sieht hier eine Wegbreite von ≥ 1,50 m vor, zudem muss nach maximal 15 m eine Bewegungsfläche von ≥ 1,80 m (B) × 1,80 m (L) integriert werden. Sollte am Anfang und Ende eine Wendemöglichkeit gegeben sein, ist auch eine Wegbreite von ≥ 1,20 m normgerecht, sofern der Gehweg eine Länge von maximal 6 m aufweist. Ebenso besteht die Notwendigkeit, die Abführung von Oberflächenwasser mit in die Betrachtung einzubeziehen.

DIN Wesentliche Anforderungen nach DIN 18040-1

- grundsätzlich Wegbreite von ≥ 1,50 m (nach ≤ 15 m eine Bewegungsfläche von ≥ 1,80 (B) × 1,80 m (L))
- In Ausnahmefällen ist eine Breite von ≥ 1,20 m normgerecht (nach ≤ 6 m jeweils eine Wendemöglichkeit von ≥ 1,50 m (B) × 1,50 m (L)).
- Gefälle (Querneigung von ≤ 2,5 %, Längsneigung von ≤ 3 %)
- Längsneigung in Ausnahmen bis 6 % (Dann muss es in Abständen von ≤ 10 m Zwischenpodeste mit Längsgefälle von ≤ 3 % geben.)
- leicht wahrnehmbare sowie ertastbare Gehwegbegrenzungen (sogenannte „Klopfkanten")

Pkw-Stellplatz

Pkw-Stellplätze für Menschen mit Behinderungen – kurz: barrierefreie (Pkw-)Stellplätze – dienen zum temporären Abstellen von Personenkraftwagen, damit Menschen mit Behinderungen auf möglichst kurzem Weg

Abb. 2.5: Entsprechend gekennzeichnete barrierefreie Pkw-Stellplätze

bauliche Anlagen erreichen können. Dementsprechend sind Pkw-Stellplätze für Menschen mit Behinderungen sichtbar und eindeutig zu kennzeichnen und müssen in der Nähe von den barrierefreien Zugängen vorgesehen werden (siehe Abb. 2.5). Bei der Immobilienbewertung ist darauf zu achten, ob Stufen vermieden wurden und ob es eine direkte Wegführung gibt. Niveauunterschiede sollten ohne besondere Erschwernis auch für Personen mit radgebundenen Hilfsmitteln zu überwinden sein, damit der Stellplatz als barrierefrei gilt.

Die Anzahl der erforderlichen Pkw-Stellplätze für Menschen mit Behinderungen ergibt sich beispielsweise anhand von § 13 Muster-Versammlungsstättenverordnung (MVStättVO) oder wird in begleitenden landsbauordnungsrechtlichen Vorgaben zur Umsetzung der Barrierefreiheit definiert (z. B. in § 50 BauO NRW 2018 „Sonderbauten“). In der Regel gilt: Mindestens für die Hälfte der Anzahl der erforderlichen Besuchersitzplätze für Menschen mit Behinderungen müssen Pkw-Stellplätze vorgesehen werden.

Die Norm definiert hingegen nicht gesondert, wie die Oberflächen von Pkw-Stellplätzen für Menschen mit Behinderungen beschaffen sein müssen. Grundsätzlich sind diese jedoch horizontal auszuführen, um das „Wegrollen“ von radgebundenen Hilfsmitteln beim Ein- und Aussteigen aus bzw. in ein Kraftfahrzeug zu verhindern. Eine Ausnahme bildet dabei eine ggf. erforderliche Neigung zur Ableitung von Oberflächenwasser.

DIN Wesentliche Anforderungen nach DIN 18040-1

- sichtbar und eindeutig beschriftet
- Die Nähe zu barrierefreien Zugängen sollte gewährleistet sein.
- geometrische Anforderungen für Pkw-Stellplätze ≥ 3,50 m (B) × 5,00 m (L)
- geometrische Anforderungen für Stellplätze für Kleinbusse ≥ 3,50 m (B) × 7,50 m (L); nutzbare Mindesthöhe ≥ 2,50 m
- feste und ebene Oberfläche

Abb. 2.6: Zugang zu einem öffentlich zugänglichen Gebäude mit taktil erfassbarer Bodenstruktur.

Zugangs- und Eingangsbereiche

Zugangs- und Eingangsbereiche von Gebäuden müssen stufenfrei erreichbar und leicht auffindbar sein. Letzteres wird durch starke visuelle Kontraste im Eingangsbereich erreicht. Für Menschen mit visuellen Einschränkungen ist zudem eine ausreichende Beleuchtung essenziell. Taktil erfassbare Bodenstrukturen und bauliche Elemente erleichtern insbesondere blinden Menschen die Orientierung im Raum. Diese Wirkung kann auch mittels Bodenindikatoren erzeugt werden (siehe Abb. 2.6).

Im Rahmen einer barrierefreien Gestaltung müssen Haupteingänge **stufen- und schwellenlos** erreichbar sein. Bewegungsflächen vor Gebäudeeingängen müssen eine ausreichende Breite aufweisen, sodass Rangiervorgänge auch mit Mobilitätshilfsmitteln möglich sind.

Darüber hinaus sind Neigungen nur in Ausnahmen – zur Entwässerung – normgerecht. Bestehen Erschließungsflächen unmittelbar an den Gebäudeeingängen, dürfen diese nicht stärker als 3 % geneigt sein. In Sonderfällen ist auch eine stärkere Neigung bis 4 % normgerecht. Hiermit sind aber ausdrücklich nicht die erforderlichen Bewegungsflächen vor den Eingangstüren gemeint! Diese müssen grundsätzlich eben – im Sinne von „horizontal" – sein und dürfen lediglich eine zur Ableitung von Oberflächenwasser erforderliche Neigung aufweisen.

DIN Wesentliche Anforderungen nach DIN 18040-1

- Zugangs- und Eingangsbereiche müssen stufenfrei erreichbar und leicht auffindbar sein.
- visuelle Kontraste, taktil erfassbare Bodenstrukturen und bauliche Elemente zur Orientierung
- Erschließungsflächen nicht stärker als 3 % geneigt (andernfalls Rampen)
- Erschließungsfläche bis zu 10 m, Längsneigung ≤ 4 % möglich

Abb. 2.7: Barrierefreier Flur mit ausreichender Breite und einem Handlauf

2.2.2.2 Innere Erschließung des Gebäudes (innere Infrastruktur des Gebäudes)

Prinzipiell müssen alle Ebenen eines Gebäudes, die der zweckentsprechenden Nutzung dienen, barrierefrei, d. h. stufen- und schwellenfrei, zugänglich sein. Treppen, Fahrtreppen und geneigte Fahrsteige bilden demnach allein noch keine barrierefreien vertikalen Verbindungen. Dennoch werden sie von Menschen mit motorischen Einschränkungen genutzt. Die DIN 18040-1 sieht dementsprechend eine Reihe von Vorgaben und Richtlinien in Bezug auf ihren Gebrauch vor.

Aufzüge und Lifte spielen für die barrierefreie Erschließung somit eine große Rolle. Damit diese aber tatsächlich barrierefrei genutzt werden können, kommt es wesentlich auf ihre Gestaltung und die Bewegungsflächen vor ihnen an.

Aber auch für die einfachste Infrastruktur eines Gebäudes – Flure und Türen – gibt es eine ganze Reihe von Gestaltungsmerkmalen, anhand derer eine Immobilie als barrierefrei eingestuft werden kann. Diese Merkmale werden im Folgenden erläutert, immer unter dem Aspekt der öffentlich zugänglichen Gebäude. Für Wohnungen kommen noch weitere Aspekte hinzu, die in Abschnitt 2.3, „Die DIN 18040-2:2011-09 – Barrierefreies Bauen: Wohnungen", vorgestellt werden.

Flure und sonstige Verkehrsflächen

Flure ermöglichen erst die Erschließung von Räumen innerhalb eines Gebäudes. Entsprechend gelten bestimmte Regelungen zu lichten Breiten, um allen Personengruppen eine barrierefreie Nutzung zu ermöglichen.

Grundsätzlich sind Verkehrsflächen und Flure normgerecht, wenn sie eine Breite von ≥ 1,50 m und alle 15 m Länge eine Begegnungsfläche von ≥ 1,80 m (B) × 1,80 m (L) aufweisen, um das gefahrlose Passieren auch im Begegnungsfall zu ermöglichen (siehe Abb. 2.7). Eine Reduzierung auf ≥ 1,20 m ist auch normgerecht, sofern der Flur eine Länge von maximal 6 m aufweist. Bei Durchgängen ist eine weitere Reduzierung der lichten Breite auf ≥ 90 cm möglich.

Prinzipiell müssen die Verkehrssicherheit und die Orientierung zu jedem Zeitpunkt gewährleistet sein. Demnach müssen insbesondere für Menschen mit visuellen Einschränkungen Vorkehrungen getroffen werden. Glaswände oder großflächig verglaste Wände an Verkehrsflächen müssen deutlich wahrnehmbar und dementsprechend mit Sicherheitsmarkierungen versehen sein. Grundsätzlich sind hierfür Sicherheitsmarkierungen im Wechselkontrast in einer Höhe von 40 bis 70 cm und von 1,20 bis 1,60 m über OKFF anzubringen (siehe auch Abb. 2.9).

DIN Wesentliche Anforderungen nach DIN 18040-1

- nutzbare Breite von ≥ 1,50 m bei Türen, wenn nach ≤ 15 m zur Begegnung von Personen mit Rollstühlen oder Gehhilfen eine Verkehrsfläche von ≥ 1,80 m (B) und ≥ 1,80 m (L) vorhanden ist
- Breite von ≥ 1,20 m und ≤ 6 m Länge, wenn keine Richtungsänderung erforderlich und davor und danach eine Wendemöglichkeit gegeben ist
- für Durchgänge eine Breite von ≥ 90 cm
- Sicherheitsmarkierungen mit Ø 8 cm (H) im Wechselkontrast in einer Höhe zwischen ≥ 40 und ≤ 70 cm und von ≥ 1,20 m und ≤ 1,60 m über OKFF

Türen

Türen ermöglichen oder verwehren den Zutritt zu Gebäuden. Auch sie müssen bestimmte Anforderungen erfüllen, damit man öffentlich zugängliche Bereiche als barrierefrei einstufen kann. Diverse Funktionsanforderungen und Schutzziele sind in der DIN 18040-1 geregelt. Grundsätzlich müssen Türen entsprechend ihrer Funktionalität **deutlich wahrnehmbar**, **leicht zu öffnen und zu schließen** sowie **verkehrssicher** sein. All diese Anforderungen erfüllt die Tür, die in Abb. 2.8 dargestellt ist.

Orientierungshilfen an Türen

Türen dürfen in ihrer Funktionalität und ihrem Nutzen nicht beeinträchtigt werden. Auch blinde Menschen und Menschen mit Einschränkungen des Sehvermögens müssen die Türen sowohl **finden** als auch **erkennen** können. Starke Kontraste und taktil erkennbare Türblätter oder -zargen bieten auch visuell eingeschränkten Menschen die Möglichkeit, sich im Raum zu orientieren.

Die gleichen Anforderungen gelten grundsätzlich auch für Glastüren und großflächig verglaste Türen. Sicherheitsmarkierungen sollen das Gefahrenpotenzial minimieren, daher müssen sie über die gesamte Glasbreite reichen. Starke **visuelle Kontraste** und **Wechselkontraste** heben die Glasfläche auch bei wechselnden Lichtverhältnissen vom Hintergrund ab (siehe Abb. 2.9). Grundsätzlich sind die Sicherheitsmarkierungen im Wechselkontrast in einer Höhe zwischen 40 bis 70 cm und von 1,20 bis 1,60 m über OKFF anzubringen. Sicherheitsmarkierungen in Streifenform sollen eine durchschnittli-

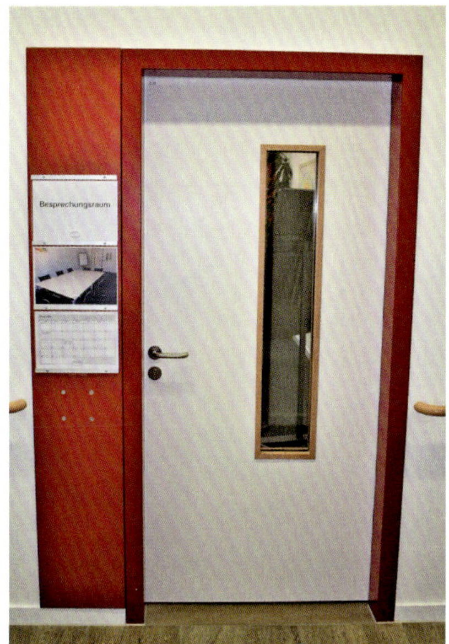

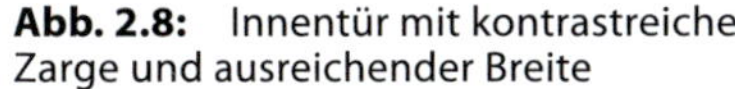

Abb. 2.8: Innentür mit kontrastreicher Zarge und ausreichender Breite

Abb. 2.9: Glastür mit Sicherheitsmarkierungen im Wechselkontrast

che Höhe von 8 cm aufweisen, bei einem Streifenflächenanteil von ≥ 50 %. Spiegelungen und Blendungen sind in Hinblick auf das Verletzungspotenzial unbedingt zu vermeiden.

Bewegungsflächen vor Türen

Aufgrund der Tatsache, dass Türblätter im geöffneten Zustand in den Raum hineinragen bzw. in diese hineinschlagen, müssen ausreichende Bewegungsflächen sowohl vor als auch hinter der Tür vorhanden sein. Der notwendige Platzbedarf richtet sich hierbei besonders nach Rollstuhlnutzern, um diese nicht in ihrem Bewegungsablauf zu beeinträchtigen.

Grundsätzlich ergibt sich die Anforderung von ≥ 1,50 m (B) × 1,50 m (L) an die Bewegungsfläche auf der Öffnungsseite der Tür. Insofern muss auf der gegenüberliegenden Seite eine Fläche von ≥ 1,50 m (B) × 1,20 m (L) vorhanden sein. Damit die Tür auch vom Rollstuhl aus geöffnet werden kann, muss horizontal zwischen der Achse des Bedienelements und einer anschließenden Wand oder einem Einbau eine Bewegungsbreite von ≥ 50 cm zur Verfügung stehen. Wenn die Bewegungsfläche, in die die Tür *nicht* schlägt, durch ein gegenüberliegendes Bauteil (z. B. eine Wand) begrenzt wird, muss der Abstand zwischen beiden Wänden mindestens 1,50 m betragen. So wird sichergestellt, dass die mit der Durchfahrt verbundene Richtungsänderung auch für Menschen mit Mobilitätshilfen möglich ist.

Schwellenfreiheit an Türen

Prinzipiell soll im Rahmen der Barrierefreiheit das Risiko minimiert werden, dass Menschen mit Behinderungen von der Nutzung ihrer baulichen Umwelt ausgeschlossen werden. Dementsprechend sollen **untere Türanschläge**

Abb. 2.10: Schwellenfreier Eingangsbereich eines öffentlich zugänglichen Gebäudes

Abb. 2.11: Der Taster für die Automatiktür wurde in eine halbhohe, freistehende Stele integriert, da eine Wandmontage in diesem historischen Gebäude nicht infrage kam.

und **Schwellen** bei Türen beim barrierefreien Bauen vermieden werden. Schwellen sind nur in Ausnahmefällen bis zu einer Höhe von 2 cm normgerecht. Entscheidend ist hier die sogenannte **technische Unabdingbarkeit**, die jedoch nur dann nachgewiesen werden kann, wenn entweder die Anforderungen der Nutzung eine Schwelle verlangen, wenn keine anderen technischen Lösungen zur Verfügung stehen oder wenn die örtlichen Gegebenheiten eine Schwelle erfordern. Abb. 2.10 zeigt einen schwellenfreien Eingangsbereich eines öffentlich zugänglichen Gebäudes: Diese Lösung ist in jedem Fall barrierefrei.

Barrierefreie Türen

Grundsätzlich soll sichergestellt werden, dass auch Menschen mit radgebundenen Mobilitätshilfen und Personen mit Gehbehinderungen die Türen selbstständig und ohne fremde Hilfe sicher passieren können.

Automatische Türsysteme können zudem in die Betrachtung einbezogen werden. Hierbei sind die Anordnung und die Positionierung der Bedientaster zu beachten. Bei seitlicher Anfahrt müssen diese einen Abstand von ≥ 50 cm zur Hauptschließkante einhalten. Bei frontaler Anfahrt sind die Taster zur Bedienung automatischer Türen in einem Abstand von ≥ 1,50 m in Öffnungs- und ≥ 2,50 m in Schließrichtung zu positionieren. Abb. 2.11 zeigt eine Lösung in einem historischen Gebäude.

Bedienkräfte bei manuellen Türen

Wenn in der zu bewertenden Immobilie keine automatischen Türsysteme zum Einsatz kommen, ist darauf zu achten, ob die manuellen **Türen leichtgängig** sind. So können auch Menschen mit motorischen Behinderungen die Türen selbstständig öffnen und wieder schließen.

Hierbei gelten gesonderte Bestimmungen im Rahmen der Barrierefreiheit, um allen Personengruppen das Passieren zu ermöglichen. Das Öffnen und Schließen des Türblattes muss ohne großen Kraftaufwand möglich sein; dies ist besonders für Menschen mit motorischen Einschränkungen essenziell. Erreicht wird das unter anderem mit Bedienkräften und Bedienmomenten der Klasse 3 nach DIN EN 12217:2015-07 *„Türen – Bedienungskräfte – Anforderungen und Klassifizierung"*.

Empfohlen werden **automatische Türsysteme** an Gebäudeeingangstüren, und zwar aufgrund der Tatsache, dass diese Türen besonders in öffentlich zugänglichen Gebäuden am häufigsten beansprucht werden. Kommen jedoch manuelle Türschließer zum Einsatz, müssen diese angepasst sein, sodass sie dem Öffnungsmoment der Größe 3 nach DIN EN 1154 Berichtigung 1:2006-06 *„Schlösser und Baubeschläge – Türschließmittel mit kontrolliertem Schließablauf – Anforderungen und Prüfverfahren"* entsprechen.

Grundsätzlich sind Schließverzögerungen nicht vorgeschrieben; sie können aber motorisch eingeschränkten Menschen das Passieren der Tür erleichtern. Das Gleiche gilt prinzipiell auch für Türschließer mit stufenlos einstellbarer Schließkraft. Für Feuer- oder Brandschutztüren sollten Feststellanlagen eingeplant sein, um ein leichtes Passieren der Tür im Normalbetrieb zu ermöglichen. Im Brandfall können jedoch aus normativer Sicht auch höhere Bedienkräfte auftreten.

Neben bogen- oder U-förmigen Griffen sind senkrechte Stangen für Drückergarnituren in der Regel unabdingbar und müssen im Rahmen der Barrierefreiheit berücksichtigt worden sein. Karusselltüren und Pendeltüren ohne Schließvorrichtungen stellen grundsätzlich keine barrierefreien Alternativen dar und sind daher auch als einziger Zugang ungeeignet.

DIN **Wesentliche Anforderungen nach DIN 18040-1**

- lichte Breite ≥ 90 cm
- lichte Höhe ≥ 2,05 m
- seitlicher Abstand zwischen Bedienelementen und anschließenden Bauteilen oder Möblierungen ≥ 50 cm
- Türlaibungstiefe ≤ 26 cm (bis Mittelachse Bedienelement)

Bodenbeläge

Wenn man prüft, ob die Verkehrssicherheit in öffentlich zugänglichen Gebäuden gewährleistet ist, müssen auch die Eigenschaften von Bodenbelägen berücksichtigt werden. Die DIN 18040-1 schreibt dazu die rutschhemmenden Eigenschaften von ≥ R 9 nach BGR 181 (aktuell: DGUV Regel 108-003)

Abb. 2.12: Bodenbeläge müssen fest verlegt sein und rutschhemmende Eigenschaften aufweisen. Kontraste helfen bei der Orientierung.

vor. Wichtig hierbei ist, dass Bodenbeläge fest verlegt sind, da ansonsten ein Verletzungsrisiko für Menschen mit visuellen und motorischen Einschränkungen besteht (siehe Abb. 2.12). Dementsprechend müssen die Bodenbeläge auch für die Nutzung mit Mobilitätshilfen geeignet sein.

Wie wird die Rutschfestigkeit geprüft?

Grundsätzlich gibt es im Rahmen der Barrierefreiheit zwei Verfahren, die die Prüfung der Eigenschaften von Bodenbelägen vereinheitlichen: das **Gleitreibungsmessverfahren** und das **Begehungsverfahren „Schiefe Ebene" nach DIN 51130:2014-02 „Prüfung von Bodenbelägen – Bestimmung der rutschhemmenden Eigenschaft – Arbeitsräume und Arbeitsbereiche mit Rutschgefahr – Begehungsverfahren – Schiefe Ebene"**. Beide Verfahren ermöglichen grundsätzlich die Beurteilung, ob ein Bodenbelag rutschhemmend im Sinne der Barrierefreiheit ist. Allerdings lässt nur das Begehungsverfahren „Schiefe Ebene" eine abschließende Beurteilung in Bezug auf die DIN 18040-1 zu.

Die Bodenbeläge sollten gegenüber aufgehenden Bauteilen (z. B. Wänden, Türen etc.) auch starke visuelle Kontraste aufweisen. Wenn die Bodenbeläge sich von ihrer Umgebung abheben, können sich insbesondere Menschen mit Sehbehinderungen besser im Raum orientieren.

DIN Wesentliche Anforderungen nach DIN 18040-1

- rutschhemmende Eigenschaften der Bodenbeläge von ≥ R 9 nach BGR 181 (aktuell: DGUV Regel 108-003)
- fest verlegt und für die Nutzung mit Mobilitätshilfen geeignet
- visuell kontrastierend zum Zweck der Orientierung

Abb. 2.13: Barrierefreie Aufzugskabine mit einem nutzbaren Kabineninnenmaß von ≥ 1,10 m (B) × 1,40 m (T); links das Bedientableau, rechts ein Spiegel zur Unterstützung von sitzenden Personen.

Aufzugsanlagen

Aufzüge ermöglichen den vertikalen Transport von Personen und Sachen und überwinden dabei die Niveaudifferenzen innerhalb und außerhalb von Gebäuden. Aufgrund der Tatsache, dass sie von Menschen mit und ohne Einschränkungen genutzt werden, sind bei der barrierefreien Gestaltung verschiedene Richtlinien und Regelungen zu berücksichtigen. Daraus ergeben sich diverse geometrische Anforderungen sowohl an Bewegungsflächen als auch an die Breite und Länge normgerechter Aufzugsanlagen (siehe Abb. 2.13).

Bei der Bewertung, ob ein Aufzug als barrierefrei einzustufen ist, sind folgende Maße zu prüfen:

DIN Wesentliche Anforderungen nach DIN 18040-1

- Mindestabstand von ≥ 3,00 m zu abwärts führenden Treppen
- Bewegungsfläche von ≥ 1,50 m (B) × 1,50 m (L) vor dem Aufzug
- zusätzliche Passierfläche von ≥ 90 cm bei überlagernden Funktionen
- lichte Zugangsbreite des Aufzugs von ≥ 90 cm

Aufzugsgeometrie

Grundsätzlich sind ausreichende Bewegungs- und Warteflächen vor und in Fahrstühlen wesentlich für die Nutzung von Personenaufzügen. Diese sind entsprechend der normativen Vorgabe mindestens entsprechend dem Typ 2 nach DIN EN 81-70:2005-09 *„Sicherheitsregeln für die Konstruktion und den Einbau von Aufzügen […]"* vorzusehen. (Die neue Fassung, DIN EN 81-70:2021-06, ist die mittlerweile anerkannte Regel der Technik und wird aller Wahrscheinlichkeit nach in die kommende Aktualisierung der Norm aufgenommen.)

Abb. 2.14: Aufzugskabine mit Rundspiegel als Alternative zum Wandspiegel

Bei diesem Aufzugstyp beträgt das **Fahrkorbmindestmaß** ≥ 1,10 m (B) × 1,40 m (T). Die Bedienelemente sind als **Bedientableau** zusammengefasst, das für eine barrierefreie Nutzung in geneigter Form in einer mittleren Höhe von 85 cm positioniert sein muss. Dabei darf das Bedientableau grundsätzlich das nutzbare Kabineninnenmaß von ≥ 1,10 m (B) × 1,40 m (T) nicht reduzieren.

Spiegel innerhalb des Fahrkorbs erleichtern sitzenden Personen die Nutzung von Personenaufzügen, da häufig beim Zurückschieben des Rollstuhls Personen oder Gegenstände nicht oder viel zu spät wahrgenommen werden. Alternativ können Rundspiegel gegenüber der Fahrkorbtür an der Decke eines Aufzugsfahrkorbs montiert werden, wie es in Abb. 2.14 zu sehen ist.

Rundspiegel ermöglichen es sowohl sitzenden als auch stehenden Personen, die zu nutzenden Bereiche sowohl vor als auch innerhalb der Kabine einzusehen. Die Wölbungen erzeugen jedoch ein verzerrtes Bild der Realität, was das Abschätzen von Abständen und Entfernungen erschwert. Die DIN 18040-1 verlangt zwar keinen Spiegel innerhalb des Fahrkorbes, verschiedene landesbauordnungsrechtliche Vorgaben fordern jedoch den Einsatz von Spiegeln.

Lifte

Aufzüge nach der Maschinenrichtlinie werden kommerziell als Lifte bezeichnet. In der Normenreihe 18040 werden Lifte zwar nicht beschrieben, dennoch können sie unter Maßgabe landesbauordnungsrechtlicher Vorgaben vorgesehen werden, wenn sie die Mindestvorgaben erfüllen.

Abb. 2.15: Lift im Innenbereich eines öffentlich zugänglichen Gebäudes als Ergänzung zur Treppe

Abb. 2.16: Gerader Treppenlauf mit kontrastreichen Stufenmarkierungen und einem Handlauf, der die Anforderungen an Barrierefreiheit erfüllt

Neben einer Fahrgeschwindigkeit von ≤ 0,15 m/s ist für einen Lift eine Totmannsteuerung vorgeschrieben. Insbesondere zur Verringerung eines Unfallrisikos beschränkt sich der Nutzerkreis auf unterweisbare, d. h. volljährige Personen. Zu beachten ist, dass ein Lift die Treppe in ihrer Funktion als Flucht- und Rettungsweg keinesfalls einschränken darf. Abb. 2.15 zeigt einen Lift, der für eine schwellenfreie Erschließung genutzt wird. Speziell im baulichen Bestand sind Lifte zum Zweck einer schwellenfreien Erschließung von besonderer Bedeutung, da dort oft die Möglichkeit einer Nachrüstung eines Aufzugs nicht gegeben ist oder einen unverhältnismäßigen Mehraufwand darstellen würde.

Treppen

Die DIN 18040-1 sieht für Treppen sowohl innerhalb eines Gebäudes als auch im Bereich der äußeren Erschließung auf dem Grundstück vor, dass diese Treppen ebenso von Personen mit motorischen Behinderungen wie von blinden und sehbehinderten Personen genutzt werden können. Selbstredend ist die selbstständige Nutzung von Treppen durch Personen mit radgebundenen Hilfsmitteln nicht möglich.

Dementsprechend müssen sowohl die Treppe selbst als auch die Handläufe und Sicherheitsmarkierungen auf die Bedürfnisse der Nutzer mit Behinderungen abgestellt werden (siehe Abb. 2.16). Ausnahmen ergeben sich nur für außen am Gebäude angeordnete Rettungstreppen.

Abb. 2.17: Freistehende Treppenläufe müssen gegen ein Unterlaufen abgesichert sein. Bauliche Elemente können verhindern, dass sich jemand verletzt. (Quelle: Metlitzky/Engelhardt, 2021, Abb. C 1.4)

Treppengeometrie und Lösungen

In Bezug auf die Barrierefreiheit sind grundsätzlich gerade Treppenläufe erforderlich. Gebogene Treppenläufe sind nur ab einem Innendurchmesser des Treppenauges von 2,00 m normgerecht. Weitere Anforderungen ergeben sich aus der DIN 18040-1. **Setzstufen** sind hierbei unabdingbar und dürfen grundsätzlich nicht über die Trittstufen hervorragen. Eine Unterschneidung ist nur bei schrägen Setzstufen bis zu einer Tiefe von 2 cm möglich. Für Rettungstreppen sind Setzstufen nicht zwingend erforderlich, da diese Treppen bei einer zweckentsprechenden Nutzung nur in der abwärtsführenden Richtung gebraucht werden. Prinzipiell gilt für alle Treppen, dass die Treppenlauflinie rechtwinklig zu den Treppenstufenkanten verlaufen muss, um eine gefahrlose Nutzung zu ermöglichen. Als Ausnahmen sind in diesem Zusammenhang die zuvor beschriebenen gebogenen Treppen zu betrachten.

Für blinde und sehbehinderte Menschen stellt nicht nur die Treppe an sich, sondern auch der **Bereich unterhalb der Treppe** ein Verletzungsrisiko dar. Podeste, Umwehrungen und feste Einbauten verhindern das Risiko, diese Fläche ungewollt zu betreten. Dabei darf die nutzbare Höhe von ≥ 2,20 m nicht unterschritten werden, wie Abb. 2.17 zeigt.

Handläufe

Handläufe dienen nicht nur als Stütz- und Zugelemente, sondern sind auch ertastbare Orientierungshilfen beim Überwinden von Niveaudifferenzen, indem sie Richtungsänderungen anzeigen. Damit sie diese Funktionen im Sinne der Barrierefreiheit erfüllen können, müssen die Handläufe an Treppenläufen und Zwischenpodesten beidseitig in einer Höhe von 85 bis 90 cm ununterbrochen geführt sein (siehe Abb. 2.18). Am Anfang und Ende der Treppenläufe müssen sie zudem noch 30 cm waagerecht weitergeführt werden, jedoch nicht unbedingt in Verlängerung der Laufrichtung. In erster Linie ermöglicht dies Personen mit visuellen Behinderungen eine bessere Orientierung im Raum. Verletzungen beim Umgreifen der Handläufe sind grundsätzlich auszuschließen. Erreicht wird dies mit einem Handlaufdurchmesser von ≥ 3 bis ≤ 4,5 cm sowie einem runden oder ovalen Querschnitt. Halterungen sind prinzipiell an der Unterseite des Handlaufs zu montieren. Frei in den Raum ragende Handlaufenden sind zur Vermeidung von Unfällen unzulässig.

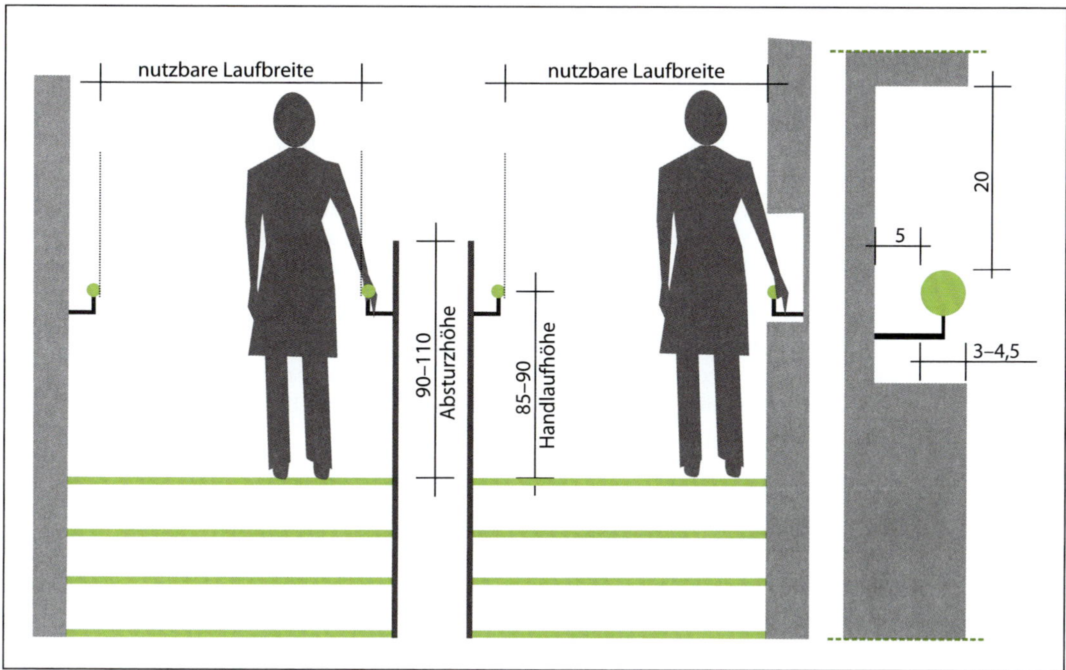

Abb. 2.18: Barrierefreie Handläufe an Treppen: Höhen und Maße auch bei Einlassung in die Wand (Quelle: Metlitzky/Engelhardt, 2021, Abb. C 1.15)

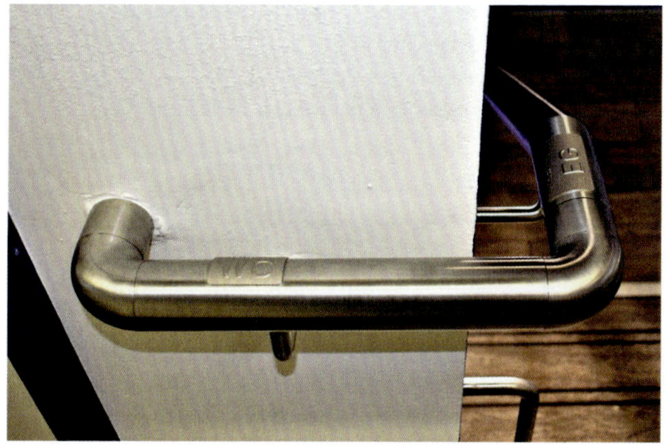

Abb. 2.19: Barrierefreier, da bis an die Wand geführter Handlauf mit Geschossinformation in Braille- und Profilschrift

Sofern die vertikale Orientierung unübersichtlich ist, sollten in mehrstöckigen Gebäuden zudem Handlaufbeschriftungen in Braille- oder sinnvoller noch in Profilschrift oder in Form einer Ringmarkierung Aufschluss über das betretene Stockwerk geben (siehe Abb. 2.19). Diese Hinweise müssen am Anfang und Ende des Handlaufes angebracht sein. Außerdem müssen sie sinnvoll in geschlossene Leitsysteme integriert sein.

Orientierungshilfen

Zur Vermeidung von Unfällen und sonstigen Verletzungsgefahren müssen Treppen insbesondere für Personen mit Sehbehinderungen leicht erkennbar und zugänglich sein. Durchgehende Stufenmarkierungen unterstützen die Nutzung der Treppe. Dafür müssen die Markierungen auf Trittstufen (beginnend jeweils an der Vorderkante) ≥ 4 bis ≤ 5 cm breit und im Bereich der Setzstufen ≥ 1 cm, vorzugsweise 2 cm, hoch sein. Stufenmarkierungen müssen grundsätzlich jede Stufe markieren. Ausnahmen sind nur im Bereich von Treppenräumen möglich. Hier genügt die Markierung der ersten und letzten Stufe.

Sind Treppen für Personen mit Sehbehinderungen oder Blindheit nicht aus dem baulichen Kontext erkennbar, fordert die DIN 18040-1, zur Vermeidung von Unfällen (Abstürzen) am Treppenaustritt – direkt hinter dem Ende der obersten Trittstufe – ein taktil erfassbares Feld vorzusehen. Dieses sollte der Breite der Treppe entsprechen und ≥ 60 cm tief sein.

DIN Wesentliche Anforderungen nach DIN 18040-1

- grundsätzlich gerade Treppenläufe
- gebogene Treppen nur ab einem Innendurchmesser des Treppenauges von ≥ 2,00 m
- geschlossene Setzstufen (Ausnahme: Rettungstreppen)
- keine Stufenunterschneidungen (Ausnahme: schräge Setzstufenanordnung – ≤ 2 cm)
- Stufenmarkierungen grundsätzlich an allen Stufen (Ausnahme: in Treppenräumen mindestens die erste und letzte Stufe)
- beidseitige Handläufe, auch im Bereich des Podestes
- Absicherung der Treppen gegen unbeabsichtigtes Unterlaufen

Fahrtreppen und geneigte Fahrsteige

Zur Überwindung von Höhendifferenzen dienen – insbesondere in mehrstöckigen öffentlich zugänglichen Gebäuden – Fahrtreppen zur Personenbeförderung. Die DIN 18040-1 charakterisiert bestimmte Eigenschaften, die Menschen mit Behinderungen oder Einschränkungen eine barrierefreie Nutzung von Fahrtreppen ermöglichen. Die Geschwindigkeit muss ≤ 0,5 m/s betragen, zudem ist ein Vorlauf von mindestens drei Stufen erforderlich.

Als Orientierungshilfen an Fahrtreppen oder geneigten Fahrsteigen können zudem Sicherheitsmarkierungen an die Trittstufen angebracht werden. An Zu- und Abgängen werden 8 cm breite Streifen als Kennzeichnungen an den Kämmen empfohlen, um die Verletzungsgefahr zu reduzieren.

DIN Wesentliche Anforderungen nach DIN 18040-1

- Geschwindigkeit von ≤ 0,5 m/s
- Steigungswinkel von Fahrtreppen vorzugsweise ≤ 30°
- Steigungswinkel von Fahrsteigen ≤ 7°

Abb. 2.20: Rampe im Innenbereich mit Radabweisern und Handläufen in unterschiedlichen Höhen

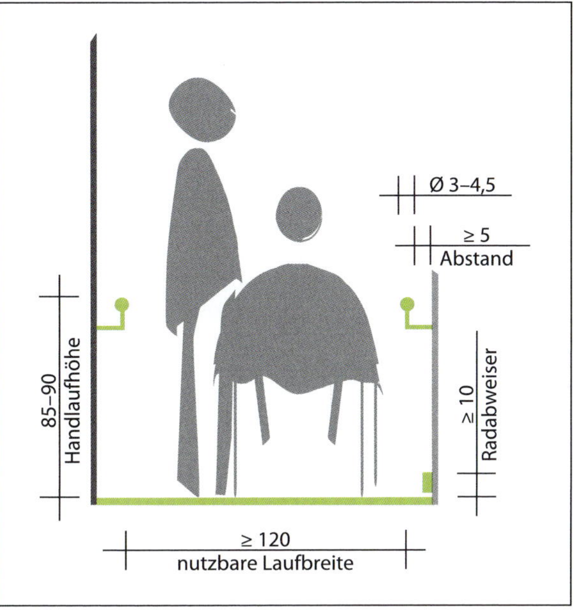

Abb. 2.21: Rampe mit Radabweiser und beidseitigem Handlauf im Querschnitt (Quelle: Metlitzky/Engelhardt, 2021, Abb. C 3.4)

Rampen

Sind Niveaudifferenzen ausschließlich durch Stufen und Treppen zu überwinden, müssen nach der DIN 18040-1 normgerechte Alternativen für motorisch eingeschränkte Menschen eingeplant werden. Dies können neben einem Personenaufzug beispielsweise auch Rampen mit einer Neigung von ≤ 6 % auf einer Länge von ≤ 6,00 m sein. Zur Nutzung, insbesondere durch Personen mit radgebundenen Hilfsmitteln, sind vor dem Rampenantritt und nach dem Rampenaustritt entsprechende rollstuhlgerechte Bewegungsflächen vorzusehen.

Sowohl an Rampen als auch im Bereich der Zwischenpodeste müssen Handläufe und Radabweiser vorhanden sein (siehe Abb. 2.20). Letztere verhindern, dass Rollstuhlnutzer seitlich von der Rampe rollen bzw. dass Räder des Rollstuhls zwischen Rampenlauf und Geländer eingeklemmt werden. Auf Radabweiser kann jedoch verzichtet werden, wenn anschließende Wände diese Gefahr ausschließen.

Handläufe müssen in einem Mindestabstand von ≥ 1,20 m angebracht werden (siehe Abb. 2.21) und dienen – analog zu ihrer Funktion an Treppen – als Stütz- und Zugelemente. Im Unterschied zu Treppen müssen die Handläufe jedoch am Rampenantritt und Rampenaustritt enden und müssen nicht über diese hinausgeführt werden. Die Handlaufenden sind zur Vermeidung sowie zur Reduzierung des Unfallrisikos nach unten oder an die Wand zu führen. Keinesfalls dürfen sie frei in den Raum ragen. Beidseitige Handläufe sind auch dann erforderlich, wenn Wände die Rampenläufe und -podeste begrenzen.

DIN Wesentliche Anforderungen nach DIN 18040-1

- Längsneigung ohne Querneigung ≤ 6 %
- nutzbare Laufbreite ≥ 1,20 m
- Bewegungsfläche, jeweils am Rampenan- und -austritt ≥ 1,50 m (B) × 1,50 m (L)
- Länge der einzelnen Rampenläufe ≤ 6,00 m (ansonsten Zwischenpodeste mit ≥ 1,50 m Länge)
- Sicherheitsabstand ≥ 3 m zu abwärtsführenden Treppen
- Radabweiser mit Höhe von 10 cm
- Handläufe beidseitig an Rampenläufen und -podesten
- Höhe der Handläufe ≥ 85 bis ≤ 90 cm OKFF
- runder oder ovaler Querschnitt, Ø ≥ 3 bis ≤ 4,5 cm
- Halterung unterseitig mit abgerundetem Abschluss sowie lichtem seitlichen Abstand von ≥ 5 cm zu weiteren Bauteilen

Rollstuhlabstellplätze

Rollstuhlabstellplätze bieten einen Platz für das Wechseln von radgebundenen Mobilitätshilfen. Deswegen müssen sie in allen Gebäuden vorhanden sein, in denen ein solcher Transit erforderlich ist. Bewegungsflächen müssen in diesem Zusammenhang ausreichend Platz zum Rangieren, Wechseln und Wenden bieten. Ausreichend groß ist ein Rollstuhlabstellplatz mit einer Fläche von ≥ 1,80 m (B) × 1,50 m (L). Zusätzlich muss vor diesem eine Fläche derselben Größe als Bewegungsfläche vorhanden sein.

DIN Wesentliche Anforderungen nach DIN 18040-1

- Rollstuhlabstellplatz ≥ 1,80 m (B) × 1,50 m (L)
- Bewegungsfläche vor dem Rollstuhlabstellplatz ≥ 1,80 m (B) × 1,50 m (L)

Warnen, Orientieren, Informieren und Leiten

Damit alle Personen – mit und ohne Behinderungen – öffentlich zugängliche Gebäude nutzen können, müssen Informationen zur Gebäudenutzung durch mindestens zwei Sinne wahrnehmbar sein. Dieses sogenannte Zwei-Sinne-Prinzip stellt sicher, dass Sicherheitshinweise auch Personen mit Behinderungen vermittelt werden können. Für Personen mit Sehbehinderungen oder Blindheit müssen Gefahrenstellen zudem ausreichend abgesichert und gesperrt werden, um eine Verletzungsgefahr auszuschließen.

Informations- und Leitsysteme sollten grundsätzlich im Innenbereich vorgesehen werden – bei größeren Anlagen auch bei den Verkehrsflächen der Außenanlagen. Ihre lückenlose Nutzbarkeit ist in der DIN 18040-1 nicht gefordert, sollte aber in Betracht gezogen werden. Die Informationsübermittlung muss grundsätzlich eindeutig erfolgen, Überlagerungen sind zu vermeiden.

Abb. 2.22: Barrierefreie Hinweistafel mit taktil erfassbarer Schrift

DIN Wesentliche Anforderungen nach DIN 18040-1

- zur visuellen Differenzierung: Leuchtdichtekontraste von K ≥ 0,7 für Warnungen und schriftliche Informationen sowie Leuchtdichtekontrast von K ≥ 0,4 zum Orientieren und Leiten
- zur auditiven Differenzierung: Abstand zwischen Störgeräusch N (*Noise*) und Nutzsignal S (*Signal*) ≥ 10 dB

Visuelle Hinweise

Insbesondere bei Einschränkungen der Sehfähigkeit müssen visuelle Informationen bestimmte Anforderungen erfüllen, um dennoch wahrnehmbar zu sein. Neben der räumlichen Anordnung und den Belichtungsverhältnissen ist auch der Betrachtungsabstand zu berücksichtigen. Schriftform und -größe sind weitere Einflussfaktoren, die die barrierefreie Nutzbarkeit baulicher Anlagen beeinflussen (siehe Abb. 2.22).

Ein hoher Leuchtdichtekontrast sorgt für die Erkennbarkeit und das Hervortreten von Hinweisen zur Gebäudenutzung. Je höher er ausfällt, desto einfacher ist die visuelle Wahrnehmung. Zu beachten ist, dass Farbkontraste diesen Effekt unterstützen, ihn aber grundsätzlich nicht ersetzen können. Bestimmte Materialien und Oberflächenstrukturen können je nach Positionierung und Einfallswinkel der Sonne Blendungen und Spiegelungen erzeugen. Da dies zu Fehlinterpretationen und Unfällen führen kann, ist die Wahl geeigneter Materialien entscheidend. Ist aus bautechnischen oder gebäudespezifischen Gründen eine geringe Lesedistanz unvermeidbar, müssen jeweilige Informationsträger im Raum frei zugänglich sein. In öffentlich zugänglichen Gebäuden können zudem entsprechende (Funk-)Rauchmelder-Systeme in Notfällen Sicherheitshinweise durch optische Signale (Blitzleuchten) übermitteln.

Abb. 2.23: Barrierefreie taktile Wegweiser zum WC mit Piktogrammen sowie Profil- und Brailleschrift

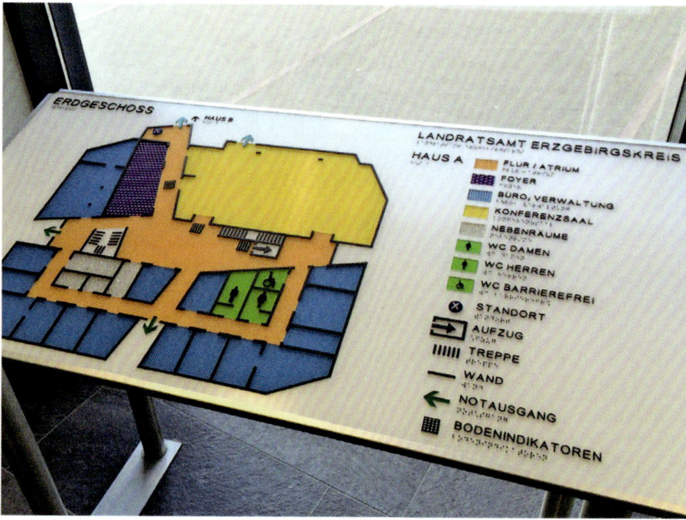

Abb. 2.24: Pultplan mit taktilem Grundriss zur Orientierung innerhalb des Gebäudes sowie mit Beschriftung in Profil- und Brailleschrift

Auditive Hinweise

Für akustisch wahrnehmbare Signale gelten gesonderte Anforderungen im Rahmen der Barrierefreiheit, um Informationen und Hinweise auch an Menschen mit eingeschränktem Hörvermögen vermitteln zu können. In akuten Gefahrensituationen ist es zudem entscheidend, dass **Alarm- und Warnsignale eindeutig erkennbar** sind, um Fehlinterpretationen und Missverständnissen vorzubeugen. Wie bei der visuellen Unterstützung gelten gesonderte Einflussfaktoren, die die Übermittlung beeinflussen. Sowohl die Nachhallzeit als auch das Verhältnis zwischen Nutzsignal und Störgeräusch sind bei der Übertragung maßgeblich, um diese nicht zu behindern oder zu hemmen.

Taktile Hinweise

Taktile Informationen können sowohl mit den Fingern und Händen als auch mit den Füßen (Schuhwerk) sowie mit dem Langstock wahrgenommen werden. Ertastbare schriftliche Hinweise und Informationen müssen entsprechend barrierefrei gestaltet sein. Das heißt, Auffindungshilfen für Räume, Zimmer und geschlechterspezifische Anlagen wie Toiletten müssen sowohl lateinische Großbuchstaben als auch arabische Ziffern und die **Brailleschrift** (entsprechend der DIN 32976:2007-08 „Blindenschrift – Anforderungen und Maße") enthalten (siehe Abb. 2.23 und Abb. 2.24). Darüber hinaus können Sonderzeichen oder entsprechende **Piktogramme** die Orientierung im Raum erleichtern. Diese sind in der DIN 18040-1 aber lediglich als Empfehlung aufgeführt.

Bodenindikatoren und bauliche Elemente müssen sich zudem deutlich von der umliegenden Umgebung unterscheiden, um als Orientierungshilfen für Menschen mit starken visuellen Behinderungen dienen zu können.

Abb. 2.25: Bedienelemente mit starkem visuellem Kontrast zur weißen Wand sind leicht zu finden.

Bedienelemente, Kommunikationsanlagen sowie Ausstattungselemente

Alle Elemente und Anlagen, die erforderlich sind, damit ein Gebäude entsprechend der DIN 18040-1 barrierefrei genutzt werden kann, müssen bestimmten Anforderungen entsprechen. Im Sinne der Barrierefreiheit sollen sämtliche Anlagen leicht erkennbar und erreichbar sein. Alle Bedienelemente und Bauteile müssen so gestaltet sein, dass sie die Gefahr einer Verletzung ausschließen.

Bedienelemente

Das schon erwähnte Zwei-Sinne-Prinzip bezieht sich auf die barrierefreie Nutzbarkeit von Bedienelementen. So soll sichergestellt werden, dass auch Menschen mit Einschränkungen oder Behinderungen öffentlich zugängliche Gebäude selbstständig, ggf. mit Mobilitätshilfen, nutzen können. Mit dieser Anforderung sind auch einige Bestimmungen im Rahmen der barrierefreien Erkennbarkeit verbunden.

Grundsätzlich sollte die Funktion der Bedienelemente **leicht erkennbar** sein (siehe Abb. 2.25). Die Anordnung an gleichen Positionen, um für einen **Wiedererkennungseffekt** zu sorgen, ist nicht zwingend vorgeschrieben, aber in der Praxis durchaus sinnvoll. Bei der Benutzung der Elemente ist ein unbeabsichtigtes Auslösen zu vermeiden, denn dies kann zu Fehlinterpretationen führen, insbesondere in öffentlich zugänglichen Gebäuden, in denen sich eine große Zahl an Personen aufhält. Gleiches gilt für die **Rückmeldung der Funktionsauslösung**. Durch entsprechende Signale sollte eine Veränderung der Umgebung deutlich angezeigt werden, beispielsweise durch das mechanische Kippen eines Lichtschalters.

Für Rollstuhlfahrer und Nutzer von Mobilitätshilfen ist es notwendig, dass die **Bedienelemente stufenlos zugänglich** sind und ausreichende Bewegungsflächen davor aufweisen, sodass Wendevorgänge überflüssig werden.

Kommunikationsanlagen

In die Beurteilung der barrierefreien Gestaltung von öffentlich zugänglichen Gebäuden und deren Außenanlagen ist das Vorhandensein und die Positionierung von Kommunikationsanlagen einzubeziehen. Auch hier wird nach dem **Zwei-Sinne-Prinzip** gearbeitet: Bei elektrischen Türfallenfreigaben muss ein optisches Signal übermittelt werden, das die Freigabe bestätigt. Gleiches gilt für Gegensprechanlagen. Bei ihnen wird die Hörbereitschaft der Gegenseite visuell angezeigt.

Werden visuelle Signale übermittelt, muss immer die Beleuchtung und Lichtempfindlichkeit der Kamera berücksichtigt werden. Bei der Übertragung von Gebärdensprache darf diese nicht unter Umwelteinflüssen leiden und die Verständigung beeinträchtigen. Grundsätzlich helfen Kommunikationsanlagen in Bezug auf die Barrierefreiheit, Störgeräusche zu mindern und die Sprache leichter zu verstehen. Beides ist insbesondere für Menschen mit kognitiven, visuellen oder auditiven Behinderungen erforderlich.

Ausstattungselemente

Die Ausstattung von normgerechten Gebäuden und Anlagen muss das Ziel verfolgen, eine barrierefrei nutzbare Umgebung für Menschen mit und ohne Behinderungen zu schaffen. Verletzungsgefahren durch in den Raum hineinragende Bauteile sind dementsprechend zu vermeiden. Bauteile dürfen prinzipiell die nutzbare Breite und Höhe nicht einschränken. Ist dies unvermeidbar, müssen sie frühzeitig wahrnehmbar sein.

Für Menschen mit Sehbehinderungen sind in Bezug auf die Sehkraft starke **visuelle Kontraste** unabdingbar. Zudem ist eine **gute Ertastbarkeit** von Hindernissen bedeutsam. Dies wird erreicht, wenn Hindernisse bis auf den Boden reichen oder ≥ 15 cm über dem Boden enden. Blinde Menschen können mit ihrem Langstock frühzeitig Hindernisse ertasten, wenn ein ≥ 3 cm hoher Sockel vorgesehen ist, der den Umrissen des Ausstattungselements entspricht, oder wenn das Hindernis mit einer Tastleiste versehen wird. Diese muss jedoch ≥ 15 cm über dem Boden enden, um dem Schutzziel der DIN 18040-1 zu entsprechen.

DIN Wesentliche Anforderungen nach DIN 18040-1

- seitlicher Abstand von ≥ 50 cm zu Wänden bzw. bauseitigen Einrichtungen berücksichtigen
- Bewegungsfläche von ≥ 1,50 m × 1,50 m vor Bedienelementen
- Bei seitlicher Anfahrt ist eine Bewegungsfläche von ≥ 1,20 m (B) × 1,50 m (L) ausreichend.
- Frontal anfahrbare Bedienelemente müssen in einer Tiefe von ≥ 15 cm unterfahrbar sein.
- Achsmaß von Greif- und Bedienhöhe grundsätzlich 85 cm über OKFF
- Die Anordnung mehrerer Bedienelemente übereinander ist zulässig, wenn das Achsmaß des obersten ≤ 1,05 m, das Achsmaß des untersten ≥ 85 cm beträgt.

Abb. 2.26: Service-Schalter mit unterfahrbarem Bereich in der Mitte und barrierefreien Bewegungsflächen davor

Service-Schalter, Kassen und Kontrollen

In öffentlich zugänglichen Gebäuden sind auch die Bedürfnisse von Menschen mit visuellen oder motorischen Einschränkungen zu berücksichtigen. Dementsprechend muss gemäß der DIN 18040-1 mindestens eine Einheit an Schaltern, Kassen und Kontrollen barrierefrei nutzbar sein. Ausreichende Bewegungsflächen und die **Unterfahrbarkeit von Tresen** sind insbesondere für Rollstuhlnutzer wichtig, da ihnen so genügend Platz für Zahlungs- und Rangiervorgänge zur Verfügung gestellt wird (siehe Abb. 2.26). Für Rollstuhlfahrer muss ein **Tresen in Höhe von ≤ 80 cm** vorhanden sein, damit sie Zahlungsvorgänge auch in einer sitzenden Position abschließen können.

Wenn in öffentlich zugänglichen Gebäuden elektronische Kassenterminals vorgesehen sind, müssen auch hier die Anforderungen und Bestimmungen der DIN 18040-1 umgesetzt werden. In der Praxis haben sich besonders **schwenk- und höhenverstellbare Kassenterminals** als effektiv erwiesen, da sie auf die individuellen Bedürfnisse von Menschen mit Rollstühlen eingestellt werden können. Im Rahmen der baulichen Barrierefreiheit wäre zudem ein Bezahlsystem per App ohne Kassenterminal denkbar.

Induktive Höranlagen sind nach der Norm im Bereich von Service-Schaltern mit geschlossenen Verglasungen und Gegensprechanlagen vorzusehen. Störgeräusche können durch induktive Höranlagen weitgehend ausgeblendet werden. So sind vertraulichere Gespräche möglich. Für Service-Schalter und Kassen in einem lauten Umfeld sind sie lediglich fakultativ, jedoch können sie tägliche Abläufe in der Praxis deutlich erleichtern.

Weil verschiedene Personengruppen Service-Schalter, Kassen und Kontrollen nutzen, müssen diese auch den unterschiedlichen Anforderungen im Rahmen der Barrierefreiheit gerecht werden. Starke visuelle Kontraste und taktil erfassbare Bodenstrukturen oder -indikatoren sind für Nutzer mit eingeschränktem Sehvermögen wichtig, da deren Orientierung im Raum sichergestellt werden muss. Verschiedene bauliche Elemente können dies ebenfalls beeinflussen.

DIN Wesentliche Anforderungen nach DIN 18040-1

- Bewegungsfläche vor Service-Schaltern, Kassen, Kontrollen ≥ 1,50 m (B) × 1,50 m (L)
- Bewegungsfläche von ≥ 1,20 m (T), bei Unterfahrbarkeit des Tresens ≥ 1,50 m
- Ein Tresenplatz muss in einer Breite von ≥ 90 cm unterfahrbar sein (in Tiefe von ≥ 55 cm).
- Höhe des Tresens von ≤ 80 cm, die Unterfahrbarkeit muss gleichzeitig möglich sein.
- Für Durchgänge neben Service-Schaltern, Kassen, Kontrollen und Automaten ist eine Breite von ≥ 90 cm einzuplanen. (Die Bewegungsflächen davor und dahinter sollen ≥ 1,50 m (B) × 1,50 m (L) sein.)

Alarmierung und Evakuierung

In Gefahrensituationen und Notfällen sind abgestimmte Schutz- bzw. Rettungskonzepte für Menschen mit Behinderungen wesentlich, um situationsgerecht reagieren zu können und möglichst viele Menschen zu erreichen. Insbesondere die Bedürfnisse von mobilitätseingeschränkten, visuell oder auditiv eingeschränkten Menschen müssen beachtet werden.

Damit eine Immobilie als barrierefrei eingestuft werden kann, müssen daher leicht auffindbare, leicht erreichbare und sichere **Bereiche für den Zwischenaufenthalt** im Havariefall vorhanden sein, die auch motorisch eingeschränkten Personen die Rettung ermöglichen. Zudem müssen **akustische Alarm- und Warnsignale auch visuell wahrnehmbar** sein.

Dies gilt vor allem für Räume, in denen sich hörgeschädigte Menschen allein aufhalten können. Ohne entsprechende visuelle Hinweise können diese Personen Gefahrensituationen schlechter oder gar nicht einschätzen und infolgedessen nicht die entsprechende Selbstrettung einleiten. Das Zwei-Sinne-Prinzip stellt in diesem Zusammenhang sicher, dass Warnsignale möglichst frühzeitig wahrgenommen werden.

Empfohlen sind zudem **akustische Signale auf Rettungswegen**, die neben den vorgeschriebenen optischen Rettungszeichen (gemäß DIN 4844-1:2012-06 „Graphische Symbole – Sicherheitsfarben und Sicherheitszeichen – Teil 1: Erkennungsweiten und farb- und photometrische Anforderungen“) in Fluchtrichtung weisen und so die Selbstrettung erleichtern.

DIN Wesentliche Anforderungen nach DIN 18040-1

- Einrichtung von sicheren Bereichen für den Zwischenaufenthalt im Havariefall
- Die visuelle Wahrnehmbarkeit von akustischen Alarm- und Warnsignalen muss in bestimmten Räumen sichergestellt werden.

2.2.3 Räume

Die barrierefreie Erschließung von Räumen, die ihrer zweckentsprechenden Nutzung dienen, muss entsprechend der DIN 18040-1 berücksichtigt werden, um Menschen mit und ohne Behinderung eine Teilhabe am öffentlichen Leben zu ermöglichen. Über die schon beschriebenen Anforderungen hinaus gelten noch diverse Voraussetzungen für **spezifische Nutzungen und Funktionsbereiche** in Gebäuden. Diese Eigenschaften werden den folgenden Abschnitten dargestellt.

2.2.3.1 Räume für Veranstaltungen

Barrierefrei sind Veranstaltungsräume, wenn sie auch von Personen mit visuellen, auditiven oder motorischen Einschränkungen und ggf. mit entsprechenden Mobilitätshilfen genutzt werden können. Bei der Immobilienbewertung ist darauf zu achten, ob diese ausreichenden **Bewegungs- und Rangierflächen sowie Informationshilfen**, die die Orientierung im Raum ermöglichen, tatsächlich vorhanden sind.

Gesonderte Bestimmungen ergeben sich zudem für die Positionierung und Anzahl der **Bestuhlung** in Veranstaltungsräumen. Hierbei ist es erforderlich, zwischen Menschen mit visuellen bzw. auditiven Einschränkungen und Nutzern von Mobilitätshilfen zu unterscheiden. Für Letztere müssen in Räumen mit Reihenbestuhlung ausreichende Bewegungsflächen vorhanden sein. Diese Flächen müssen für Rollstuhlnutzer und ggf. deren Begleitpersonen ausgelegt sein, sodass auch Rangiervorgänge möglich sind. Grundsätzlich ist es normgerecht, wenn sich hierbei Bewegungs- und Verkehrsflächen überlagern. Sollten Tische aufgrund der Nutzbarkeit und entsprechender Funktionalität fest montiert sein, müssen auch normgerechte Tische für Personen mit Rollstuhl vorhanden sein. Das Kriterium, auf das man achten muss, ist die Unterfahrbarkeit, die eine weitgehend selbstständige Nutzung ermöglicht. Dennoch müssen Sitzplätze für Begleitpersonen neben den Rollstuhlplätzen existieren. Im Hinblick auf die Barrierefreiheit sollte zudem sichergestellt sein, dass die als rollstuhlgerecht ausgewiesenen Plätze eine angemessene Sicht auf den Darbietungsbereich ermöglichen (im Sinne der DIN EN 13200-1:2019-05 „Zuschaueranlagen – Teil 1: Allgemeine Merkmale für Zuschauerplätze“).

Gesonderte Anforderungen gelten auch für großwüchsige und gehbehinderte Menschen. Sitzplätze mit einer größeren Beinfreiheit steigern in diesem Zusammenhang den Komfort und das Wohlbefinden. Dennoch sind diese Vorgaben nicht bindend und nur als Empfehlung ausgewiesen.

Wie viele Plätze für Rollstuhlfahrer sollen vorhanden sein?

Die Anzahl der für Rollstuhlfahrer einzuplanenden Plätze richtet sich generell nach der bundeslandrelevanten Versammlungsstättenverordnung (VStättVO). In der Regel sind ein Prozent der Besucherplätze, mindestens jedoch zwei Plätze für die Nutzung mit dem Rollstuhl auszulegen.

DIN Wesentliche Anforderungen nach DIN 18040-1

- Standfläche: rückwärtig bzw. frontal anfahrbar: ≥ 1,30 m (T) und ≥ 90 cm (B) mit anschließenden Bewegungsflächen von ≥ 1,50 m (T)
- Standfläche: seitlich anfahrbar: ≥ 1,50 m (T) und ≥ 90 cm (B) mit anschließender Verkehrsfläche von ≥ 90 cm (B)

Kommunikations- und Informationshilfen

Für die Bereiche Kommunikation und Information sind im Rahmen der Barrierefreiheit entsprechende Hilfen vorzusehen, um die Nutzung und den Gebrauch der Räume zu ermöglichen bzw. zu erleichtern. Dies betrifft Versammlungs- und Schulungsräume gleichermaßen wie Seminarräume. Sie müssen auch auf die Bedürfnisse von Menschen mit sensorischen Einschränkungen abgestellt sein und eine barrierefreie Informationsaufnahme ermöglichen.

Unterteilt werden diese Anforderungen entsprechend den Einschränkungen oder Behinderungen: Für Menschen mit auditiven Einschränkungen ist ein gut einsehbarer Standplatz für einen Gebärdensprachendolmetscher vorzusehen, da dieser eine spezielle Ausleuchtung benötigt. Eine derartige Beleuchtung ist auch für Schreib- und Leseflächen unerlässlich und erleichtert die Informationsaufnahme sowie -bearbeitung für Menschen mit visuellen Einschränkungen.

DIN Wesentliche Anforderungen nach DIN 18040-1

- gut einsehbarer Standplatz für einen Gebärdensprachendolmetscher
- entsprechende Beleuchtung für Schreib- und Leseflächen
- gesondertes Übertragungssystem für elektroakustische Beschallungsanlagen im gesamten Zuhörerbereich

2.2.3.2 Sanitärräume

In öffentlich zugänglichen Gebäuden müssen Sanitäranlagen im erforderlichen Umfang barrierefrei sein. Nach DIN 18040-1 muss mindestens eine Sanitäranlage den Anforderungen entsprechen. Oft wird diese als „barrierefreies WC" bezeichnet. Die Nutzbarkeit der Sanitärelemente muss sowohl aus einer stehenden als auch aus einer sitzenden Position heraus möglich sein. Dabei sollte auch die Einteilung in geschlechtsspezifisch getrennte oder separat geschlechtsneutrale WCs berücksichtigt werden. Letztere müssen

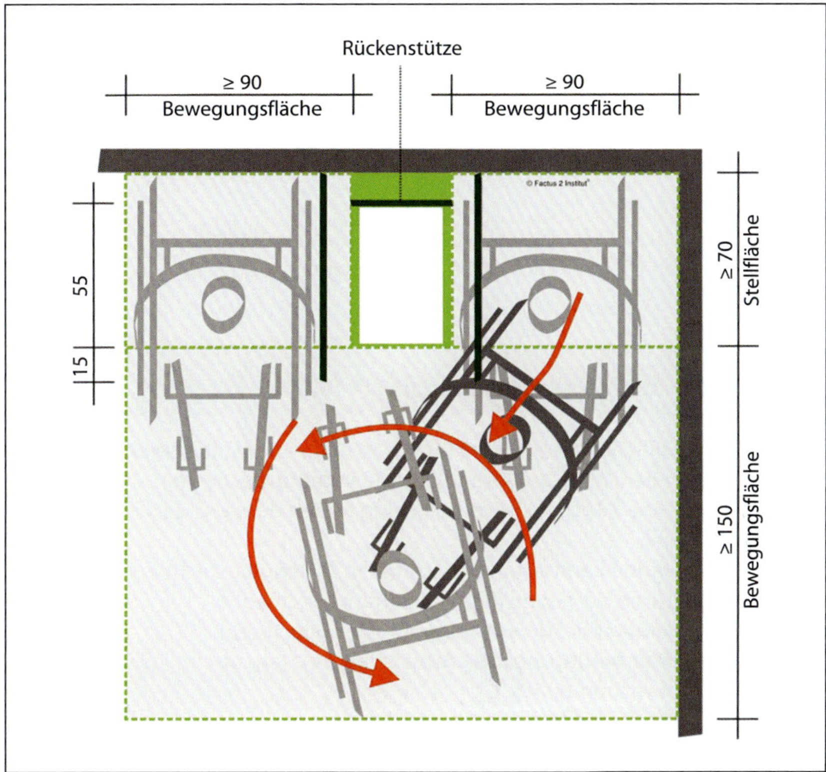

Abb. 2.27: Bewegungsflächen an einen WC-Becken (Quelle: Metlitzky/Engelhardt, 2021, Abb. C 14.2)

entsprechend gesondert beschriftet werden. Die Entscheidung zwischen beiden Modellen liegt aber grundsätzlich beim Bauherrn.

Diverse Anforderungen und Bestimmungen gelten als erfüllt, wenn sie gemäß der Norm eine barrierefreie Umgebung schaffen, die von Menschen sowohl mit als auch ohne Behinderungen genutzt werden kann. Dies umfasst neben Personen mit Sehbehinderungen auch Menschen mit motorischen Einschränkungen. Letztere brauchen aufgrund notwendiger und zweckdienlicher Mobilitätshilfen größere Bewegungsflächen für Rangiervorgänge.

Drehflügeltüren zu barrierefreien Sanitärräumen müssen von außen entriegelbar und zu öffnen sein.

Bewegungsflächen

Vor dem WC-Becken, dem Waschtisch und auch vor Badewannen sowie im Bereich von Duschplätzen müssen rollstuhlgerechte Bewegungsflächen von ≥ 1,50 m (B) × 1,50 m (L) vorhanden sein. Neben dem WC-Becken sind zudem beidseitig jeweils eine Bewegungs- und Anfahrtsfläche von ≥ 90 cm (B) und ≥ 70 cm (T) erforderlich. Eine Besonderheit gegenüber der DIN 18040-2 ist folgende: Vor dem WC-Becken muss ein Bewegungsraum vorhanden sein, der die beidseitigen Anfahrtsflächen sowie das WC-Becken selbst auf einer Tiefe von ≥ 1,50 m mit einschließt (siehe Abb. 2.27).

In Ausnahmefällen ist eine einseitige Bewegungs- und Anfahrtsfläche am WC-Becken möglich; dabei muss die Wählbarkeit der gewünschten Anfahrseite jedoch auf andere Weise gegeben sein. Beispielsweise können, wenn mehrere barrierefreie WCs vorhanden sind, unterschiedliche Anfahrbarkeiten vorgesehen werden. Eine entsprechende Beschilderung zum Auffinden der jeweiligen WCs ist hierbei sinnvoll. Auch sind verschiebbare WC-Becken möglich.

Bewegungsflächen können sich grundsätzlich ganz oder teilweise überlagern. Dennoch dürfen die geometrischen Anforderungen nicht unterschritten werden.

DIN Wesentliche Anforderungen nach DIN 18040-1

- Bewegungsfläche von ≥ 1,50 m (B) × 1,50 m (L) vor Sanitärobjekten
- WC-Becken beidseitig anfahrbar (Eine Bewegungsfläche von ≥ 90 cm (B) × ≥ 70 cm (L) muss beidseitig neben dem WC-Becken vorhanden sein.)
- Eine Badewanne kann einen barrierefreien Duschplatz nicht ersetzen.
- Drehflügeltüren dürfen nicht in Sanitärräume schlagen.
- Die Entriegelung der Tür von außen muss möglich sein.
- Einhebel- oder berührungslose Armaturen (Letztere nur inklusive Temperaturbegrenzung bis 45 °C)
- visuell kontrastierende Ausstattungselemente

Toiletten (WC-Becken)

Motorische Einschränkungen müssen grundsätzlich bei der Gestaltung des Sanitärbereichs berücksichtigt werden. So muss beispielsweise die Spülung des WCs auch aus einer sitzenden Position vom WC aus bedienbar sein. Berührungslose Spülauslösungen sind gegen ungewolltes Auslösen zu sichern. Ähnliche Vorgaben müssen die Planer auch in Bezug auf den Toilettenpapierhalter berücksichtigen.

Zudem ist die beidseitige Montage von Stützklappgriffen im Bereich des WC-Beckens erforderlich, um motorisch eingeschränkten Menschen das Hinsetzen und Aufstehen zu ermöglichen (siehe Abb. 2.28). Die **Stützklappgriffe** dürfen nur in einem Abstand (Achsmaß) von ≥ 65 bis ≤ 70 cm angeordnet sein sowie 15 cm über die Vorderkante des WC-Beckens hinausragen. Prinzipiell müssen Stützklappgriffe mit wenig Kraftaufwand in selbst gewählten Etappen geklappt und positioniert werden können, um eine individuelle Nutzung zu ermöglichen. Darüber hinaus sollte auch die hygienische Entsorgung von Abfällen berücksichtigt und entsprechend ermöglicht werden.

Abb. 2.28: Barrierefreies WC mit Rückenstütze, Stützklappgriffen inklusive Fernauslösung der WC-Spülung sowie Notrufzugschnur neben dem WC

DIN Wesentliche Anforderungen nach DIN 18040-1

- Höhe des WC-Beckens (einschließlich Sitz) zwischen ≥ 46 und ≤ 48 cm
- Anordnung der Rückenstütze 55 cm hinter der Vorderkante des WC-Beckens
- Stützklappgriffe sind 28 cm (Oberkante) über der Sitzhöhe zu montieren
- Belastbarkeit der jeweiligen Stützklappgriffe: ≥ 1 kN am vorderen Griffende

In der Nähe des WC-Beckens muss sich eine **Notrufvorrichtung** befinden, die sowohl aus einer sitzenden Position vom WC-Becken aus als auch in einer liegenden Position vom Boden aus erreichbar ist, um einen Notruf auszulösen. Für Menschen mit Sehbehinderungen ist der Notruf visuell kontrastierend gegenüber seinem Untergrund zu gestalten. Zudem muss dieser taktil erfassbar sein und ohne großen Kraftaufwand ausgelöst werden können.

DIN Wesentliche Anforderungen nach DIN 18040-1

- Der Notruf muss vom WC aus sitzend und vom Boden aus liegend erreichbar sein.
- Er muss visuell kontrastierend gegenüber seiner Umgebung gestaltet und taktil erfassbar sein.

Waschplätze

Die Bedienung bzw. Nutzung von Waschtischen muss aus einer sitzenden oder stehenden Position möglich sein. Darüber hinaus ist bei Waschtischen für sitzende Personen unter anderem eine entsprechende **Unterfahrbarkeit** in einer Tiefe ≥ 55 cm (inkl. Beinfreiraum im Bereich des Knies und des Fußes) notwendig, sodass die im Bereich des Waschtisches angeordneten Einhand-Seifenspender, Papierhandtuchspender und Abfallbehälter bzw. Handtrockner leicht erreicht werden können. Hierbei ist zu beachten, dass

Abb. 2.29: Unterfahrbarer Waschtisch mit Einhebelarmatur. Der Spiegel ist tief genug montiert, sodass er auch aus einer sitzenden Position eingesehen werden kann.

Abb. 2.30: Niveaugleiche Duschflächen bei einer Mehrpersonenduschanlage in einem Schwimmbad. Die Entwässerung erfolgt über eine Sammelrinne. Die Halterungen der Handduschen dienen als zusätzliche Griffe.

sich die normativen maßlichen Vorgaben auf die sitzende Person und die Wand (d. h. die vertikale Montageebene) hinter dem Waschtisch beziehen. Die Bedienung der Armaturen muss ebenfalls aus einer sitzenden oder stehenden Position heraus möglich sein (siehe Abb. 2.29). Auch bei der Montage eines Spiegels sind Vorgaben entsprechend der Höhe zu berücksichtigen. So ist der Spiegel grundsätzlich unmittelbar über dem Waschtisch in einer Höhe von ≥ 1,00 m vorzusehen.

DIN Wesentliche Anforderungen nach DIN 18040-1

- Waschtisch, unterfahrbar in einer Tiefe ≥ 55 cm
- Handwaschbecken, unterfahrbar in einer Tiefe ≥ 45 cm
- Abstand der Armatur von ≤ 40 cm zum vorderen Rand des Waschtisches
- Breite von ≥ 90 cm axial entsprechend des Beinfreiraums
- Höhe der Vorderkante des Waschtisches von ≤ 80 cm

Duschplätze

Die Vorgaben zur Barrierefreiheit in öffentlich zugänglichen Gebäuden beziehen sich auch auf die Gestaltung von Duschplätzen. Grundsätzlich sind diese **niveaugleich** anzulegen. Die Anforderung bezieht sich auf die Oberkante der Duschfläche in Bezug auf die Oberkante des Fußbodens des Sanitärraums. Abb. 2.30 zeigt ein normgerechtes Beispiel.

Zum angrenzenden Bodenbereich dürfen die Duschplätze nicht stärker als 2 cm abgesenkt sein, um einerseits das Duschwasser kontrolliert abzuleiten und andererseits ein Ausrutschen bzw. Wegrutschen auf der geneigten Fläche zu verhindern. Hierbei ist zudem die rutschhemmende Eigenschaft des Bodenbelages zu berücksichtigen. Um das Verletzungsrisiko zu minimieren und den Komfort zu maximieren, müssen Beläge entsprechend der GUV-I 8527 (aktuell: DGUV Information 207-006) mindestens den Standard der Bewertungsgruppe B aufweisen.

Auch Armaturen und Bedienelemente müssen den Vorgaben der DIN 18040-1 entsprechen, um eine barrierefreie Nutzung zu ermöglichen. Einhebel-Duscharmaturen ggf. mit Handbrause dürfen kein Verletzungsrisiko darstellen und nicht unbeabsichtigt bedient werden. Hierzu sollte der Bedienhebel nach unten weisen.

Für Menschen mit motorischen Einschränkungen oder Behinderungen müssen zudem Dusch- bzw. Klappsitze montiert werden. Alternativ sind auch mobile und stabile Duschsitze möglich. Vorteilhaft ist hier, dass ihr Einsatz je nach Situation individuell vorgesehen werden kann.

DIN **Wesentliche Anforderungen nach DIN 18040-1**

- niveaugleiche Duschfläche gegenüber dem anschließenden Bodenbelag des Sanitärraums
- waagerechte Haltegriffe sowie zusätzliche senkrechte Griffe in einer Höhe von 85 cm über OKFF
- Duschklappsitz in einer Höhe von ≥ 46 bis ≤ 48 cm sowie mit einer Tiefe von ≥ 45 cm mit beidseitigen Stützklappgriffen (siehe Abb. 2.28) im Abstand von ≥ 65 bis ≤ 70 cm, Oberkante des Stützklappgriffes 28 cm über Sitzhöhe, über Vorderkante 15 cm herausragend (Alternative: mobiler Duschsitz)
- Klarsicht-Trennwände und Duschtüren mit Sicherheitsmarkierungen

Liegen in barrierefreien Sanitärräumen

Sofern in einem Sanitärraum eine Liege für motorisch eingeschränkte Menschen vorgesehen ist, muss diese ≥ 1,80 m (L) × 90 cm (B) groß sein. Vor der Liege ist eine ≥ 1,50 m tiefe Bewegungsfläche zu berücksichtigen.

Dementsprechend gelten gesonderte Anforderungen an die geometrische Raumgestaltung und an die Maße der Liegen, um eine barrierefreie Nutzung zu ermöglichen. In öffentlich zugänglichen Gebäuden mit einer großen Anzahl an Besuchern täglich (die Norm nennt hier Raststätten und Sportstätten) sollte in mindestens einem Sanitärraum eine Liege vorgesehen werden.

DIN **Wesentliche Anforderungen nach DIN 18040-1**

- Maße für eine barrierefreie Liege: ≥ 1,80 m (L) × 90 cm (B) und ≥ 46 bis ≤ 48 cm (H)
- Bewegungsfläche vor der Liege von ≥ 1,50 m (T)

Abb. 2.31: Umkleidekabine mit ausreichender Aufstellfläche einer Liege, Haltegriffen und einer optionalen Sitzgelegenheit

Umkleidebereiche

Sport- und Badestätten sowie Therapieeinrichtungen geben Menschen mit und ohne Behinderungen die Möglichkeit, physisch aktiv zu werden und Krankheiten entgegenzuwirken oder vorzubeugen. In diesem Zusammenhang gelten diverse Anforderungen an die barrierefreie Gestaltung dieser Anlagen.

Umkleidebereiche von Sport- und Badestätten sowie Therapieeinrichtungen müssen mit mindestens einer Kabine ausgestattet werden, die das Aufstellen einer Liege gemäß den Vorgaben der DIN 18040-1 erlaubt (siehe oben). Ausreichende Bewegungsflächen innerhalb des Raumes sind hierbei von wesentlicher Bedeutung (siehe Abb. 2.31). Der Raum muss sowohl von Personen mit Mobilitätshilfen als auch von deren Begleitpersonen genutzt werden können. Des Weiteren müssen barrierefreie Kabinen verriegelbar, aber von außen zu öffnen sein. In Notsituationen kann so der Einsatz von Hilfspersonen deutlich erleichtert werden.

DIN Wesentliche Anforderungen nach DIN 18040-1

- Bei Sport- und Badestätten sowie Therapieeinrichtungen muss mindestens eine Umkleidekabine vorhanden sein, die das Aufstellen einer normgerechten Liege ermöglicht.
- Barrierefreie Kabinen müssen verriegelbar, aber von außen zu öffnen sein.

2.2.3.3 Schwimm- und Therapiebecken sowie andere Beckenanlagen

Zu Behandlungszwecken und im Rahmen der Freizeitgestaltung bieten Schwimm- und Therapiebecken für Menschen mit Behinderungen eine Alternative zu herkömmlichen Therapiemöglichkeiten. Jedoch müssen

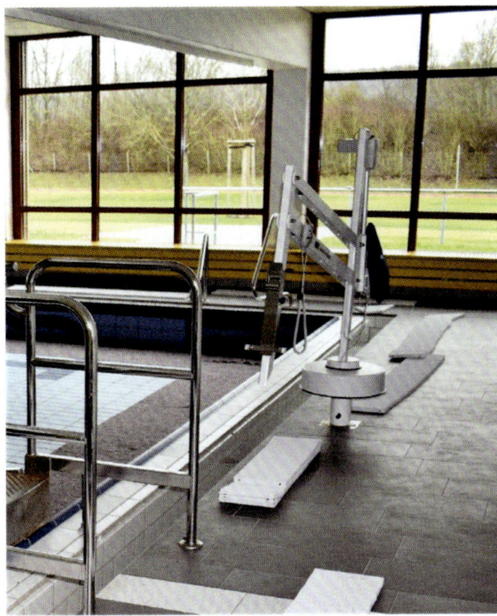

Abb. 2.32: Hebevorrichtung an einem Schwimm- bzw. Therapiebecken; im Vordergrund eine flache Treppe mit beidseitigem Handlauf und einem bodengebundenen Leitsystem

diverse Anforderungen und Bestimmungen im Rahmen der DIN 18040-1 erfüllt sein, um eine barrierefreie Umgebung zu schaffen.

Besonders für Menschen mit Mobilitätseinschränkungen muss das selbstständige Einsteigen und Verlassen des Beckens möglich sein. Eine flache Treppe mit beidseitigen Handläufen oder eine geneigte Ebene können dies deutlich erleichtern. Für Personen mit Rollstühlen muss auch ohne Begleitpersonen das Herein- und Herausrutschen aus dem Becken im Sitzen selbstständig möglich sein. Erreicht werden kann dies unter anderem mit einem hochliegenden Beckenrand in Sitzhöhe über dem Beckenumgang. Für Menschen mit motorischen Einschränkungen müssen zusätzlich technische Hebevorrichtungen vorgesehen werden (siehe Abb. 2.32).

Für Menschen mit eingeschränktem Sehvermögen sollte zudem der Beckenrand taktil ertastbar und visuell durch starke Kontraste wahrnehmbar sein.

Über die barrierefreien Vorgaben außerhalb des Beckens hinaus gibt es zusätzliche Anforderungen in Bezug auf den Beckenraum. Um Verletzungen und Unfällen vorzubeugen, dürfen Ausstattungselemente und Einbauten grundsätzlich nicht in das Becken hineinragen. Ist dies unvermeidlich, müssen sie so ausgebildet werden, dass auch Menschen mit Blindheit oder Sehbehinderungen diese frühzeitig wahrnehmen können.

DIN Wesentliche Anforderungen nach DIN 18040-1

- flache Treppe mit beidseitigem Handlauf zum Einsteigen und Verlassen des Beckens
- Beckenrand hochliegend in Sitzhöhe über dem Beckenumgang
- Beckenrand taktil wahrnehmbar und visuell kontrastierend

2.3 Die DIN 18040-2:2011-09 – Barrierefreies Bauen: Wohnungen

Bei der Beurteilung der baulichen Barrierefreiheit von Wohnungen bzw. wohnungsähnlicher Nutzungen muss im Rahmen einer Immobilienbewertung nach ImmoWertV 2021 ebenfalls die Barrierefreiheit berücksichtigt werden. Anders als bei den Vorgaben für öffentlich zugängliche Gebäude wird hier jedoch angenommen, dass die Nutzung primär nur von einem bestimmten bzw. im Voraus bestimmbaren Personenkreis erfolgt. Im Fall von Wohnungen handelt es sich daher um die Bewohner. Zu diesem Kreis zählen sowohl Immobilieneigentümer als auch Mieter und Nutzer einer Wohnung. Unter Nutzern versteht man die dem Haushalt angehörenden Personen. Temporär anwesende Besucher zählen jedoch nicht dazu.

Die bauordnungsrechtlichen Anforderungen an die Barrierefreiheit von Wohnungen oder wohnungsähnlichen Nutzungen beziehen sich in der Regel auf Gebäude mit mehr als zwei oder (in einigen wenigen Bundesländern) auch auf vier Wohnungen inklusive deren Außenanlagen. Eine Ausnahme bildet das Bundesland Nordrhein-Westfalen. Dort gelten die Anforderungen an die Barrierefreiheit grundsätzlich für alle Wohnungen von Gebäuden der **Gebäudeklasse 3 bis 5**. Deren Anforderungen sind jedoch deutlich reduziert, da eine wesentliche Bestimmung in Bezug auf die bauliche Barrierefreiheit nicht umgesetzt werden muss, nämlich dass alle Ebenen eines Gebäudes, die barrierefrei erreichbar sein sollen, stufen- und schwellenlos zugänglich sein müssen.

In den betreffenden Gebäuden müssen die bauordnungsrechtlich erforderlichen Wohnungen, deren Erschließungen und Außenanlagen den normativen Anforderungen nach DIN 18040-2 genügen, sofern diese in das jeweilige landesspezifische Bauordnungsrecht eingeführt worden sind. Wohnungen, die nicht unter die quotierten Regelungen fallen, jedoch über einen Aufzug zu erreichen sind, bilden im Sinne der Barrierefreiheit einen Sonderfall. Zwar müssen diese nicht barrierefrei nutzbar, im bauordnungsrechtlichen Sinne jedoch „barrierefrei" erreichbar sein. Im eigentlichen Sinne ist bei dieser Barrierefreiheit lediglich eine stufenlose Erreichbarkeit über den Aufzug gemeint.

An wohnbaulich genutzte Gebäude der **Gebäudeklassen 1 und 2** – hierzu gehören Ein- und Zweifamilienhäuser – stellt das Bauordnungsrecht keine Anforderungen in Hinblick auf die Barrierefreiheit. Die Anforderungen der DIN 18040-2 können jedoch auch auf Ein- und Zweifamilienhäuser übertragen werden. Das geschieht meist dann, wenn individuelle Bedürfnisse einer oder mehrerer Personen eine bestimmte Art der baulichen Barrierefreiheit erforderlich machen.

Ein Beispiel hierfür sind Personen mit radgebundenen Hilfsmitteln. Typischerweise müssen die für die Nutzung erforderlichen Wohnbereiche des Gebäudes stufen- und schwellenlos zugänglich sein, was generell zu auffälligen baulichen Lösungen bzw. konstruktiven Anpassungen durch Rampen oder Lifte führt. Grundsätzlich handelt es sich dabei um ein behinderungsgerechtes, nicht jedoch um ein barrierefreies Bauen. Denn beim barrierefreien Bauen wird die Nutzbarkeit für die in der Norm definierten Standardnutzer unterstellt.

Behinderungsgerechte individuelle Lösungen bewerten

Bei individuellen baulichen Lösungen wird regelmäßig nur eine bestimmte Art der Behinderung berücksichtigt. Ist der Wert solcher Immobilien zu bestimmen, wandelt man auf einem schmalen Grat. Denn bei einer solchen Bewertung muss die Entscheidung getroffen werden, ob eine Verbesserung des Wohnkomforts vorliegt, die in der Regel zu einer Wertsteigerung führt, oder ob eine eher klinikähnliche Gestaltung der baulichen Anlagen realisiert worden ist, was Käufer in der Regel abschreckt und regelmäßig zu Preisabschlägen führt.

2.3.1 Struktur

Die DIN 18040-2 unterteilt sich – ähnlich der DIN 18040-1 – im Wesentlichen in den Abschnitt „Infrastruktur" und in „Räume in Wohnungen". Dabei versteht die Norm unter dem Begriff Infrastruktur

„die Bereiche eines Gebäudes mit barrierefreien Wohnungen, die — einschließlich ihrer Bauteile und technischen Einrichtungen — seiner Erschließung von der öffentlichen Verkehrsfläche aus bis zum Eingang der barrierefreien Wohnungen dienen (Zugangsbereich, Eingangsbereich, Aufzüge, Flure, Treppen usw.)."

Die zweckentsprechende Nutzung, das Wohnen, findet typischerweise in den Wohnungen, im Sinne der Norm also in den Räumen der Wohnung, statt.

Die DIN 18040-2 spiegelt dabei eine differenzierte Betrachtung zwischen den Bewohnern und den Besuchern von Wohnungen wider, denn für den Bereich der Infrastruktur wird davon ausgegangen, dass die Anforderungen den beschriebenen normativen Standardnutzern genügen müssen, u. a. Personen mit einem (Standard-)Rollstuhl mit 70 cm (B) und ≥ 1,20 cm (L).

Innerhalb von Wohnungen, d. h. innerhalb der Räume einer Wohnung, verhält es sich aber anders. Hier unterscheidet die DIN 18040-2 zwischen barrierefreien Wohnungen (**B-Wohnungen**) und barrierefrei und uneingeschränkt mit einem Rollstuhl nutzbaren Wohnungen (**R-Wohnungen**). Erstere weisen eine reduzierte bauliche Barrierefreiheit gegenüber der Infrastruktur auf. Konkret wird davon ausgegangen, dass zwar eine Nutzung mit einem Rollstuhl möglich, jedoch nicht uneingeschränkt gegeben ist. In R-Wohnungen wird hingegen eine uneingeschränkte Nutzbarkeit mit einem (Standard-)Rollstuhl unterstellt.

Grundsätzlich stellt sich dabei die Frage: Warum wurden bei Räumen in Wohnungen – bei an sich wortgleicher Bezeichnung – die Anforderungen an die bauliche Barrierefreiheit erheblich reduziert?

Die Gründe liegen wohl darin, dass die Landesregierungen im Rahmen ihrer Sozialpolitik gern eine hohe Quote an barrierefreien Wohnungen erreichen würden, während die Bauwirtschaft höhere Kosten zur Herstellung für ebendiese Wohnungen vermeiden möchte. Lobby-Einflüssen ist es wohl geschuldet, dass bei Räumen in Wohnungen eine Art der Barrierefreiheit definiert worden ist, die dem eigentlichen Anspruch der Norm im eigentlichen Sinne entgegensteht. Ein Beispiel hierfür sind die reduzierten Anforderungen an Bewegungsflächen, die sich im Wesentlichen auf die Sanitärausstattung und Möblierung untereinander bzw. auf angrenzende Bauteile beziehen. Im Bereich der Infrastruktur beträgt diese Anforderung grundsätzlich ≥ 1,50 m (B) × 1,50 m (L), im Bereich der Räume in Wohnungen jedoch nur ≥ 1,20 m (B) × 1,20 m (L).

Hinzu kommt, dass innerhalb von Wohnungen nicht nur die lichten Innentürenbreiten reduziert wurden (gegenüber den geometrischen Anforderungen an Türen, die bei der inneren Erschließung des Gebäudes gelten). Es wurden auch keine Vorgaben an Bewegungsflächen bei diesen Türen definiert. Allein diese Abweichungen von dem Barrierefrei-Standard in Bezug auf die Infrastruktur haben erheblichen Einfluss auf die Gestaltung und letztlich auf die Größe von Wohnungen. In einigen Bundesländern setzt sich jedoch der politische Wille durch, neben Wohnungen im B-Standard auch einen quotierten Anteil von Wohnungen im R-Standard zu realisieren oder die Anforderungen an die Innentüren gegenüber der inneren Erschließung des Gebäudes eben nicht zu reduzieren (z. B. in Thüringen).

2.3.2 Infrastruktur

Bei der Infrastruktur eines Gebäudes mit barrierefreien Wohnungen bzw. wohnungsähnlichen Nutzungen handelt es sich um den Bereich, der sich von der öffentlichen Verkehrsfläche aus bis zum Eingang der barrierefreien Wohnungen erstreckt. Dabei geht es primär um die barrierefreie Zugänglichkeit der Wohnung. Zu diesem Zweck sollen alle als barrierefrei erreichbaren Ebenen eines Gebäudes stufen- und schwellenfrei zugänglich sein. Dabei stellen Treppen im Sinne der Norm allein keine barrierefreie Erschließung dar, da sie per se Personen mit radgebundenen Hilfsmitteln ausschließen. Daher müssen zur barrierefreien Überwindung von Niveauunterschieden zusätzlich zu einer Treppe entweder topografische Anpassungen, Rampen oder Personenaufzüge vorgesehen werden. Letztere werden in den Landesbauordnungsrechten teils um die Möglichkeit zum Einsatz von Liften entsprechend der Maschinenbaurichtlinie ergänzt (z. B. in Bayern oder Nordrhein-Westfalen). Zudem bildet die Erforderlichkeit von rollstuhlgerechten Bewegungsflächen die Grundlage für eine barrierefreie Nutzung der Infrastruktur.

2.3.2.1 Äußere Erschließung auf dem Grundstück (äußere Infrastruktur)

Gehwege und Verkehrsflächen

Im Bereich der äußeren Erschließung auf dem Grundstück werden die erforderlichen Breiten der Gehwege und Verkehrsflächen im Wesentlichen von Personen mit motorischen Behinderungen bestimmt, insbesondere von Personen mit radgebundenen Hilfsmitteln. Gehwege und Verkehrsflächen müssen hierfür im Begegnungsfall ausreichend breit sein (siehe Abb. 2.33).

Abb. 2.33: Ausreichend breite Wege und stufenlose Eingänge sorgen für die barrierefreie Erschließung dieses Wohngebäudes.

Dies ist gegeben, wenn die Wege zu Gebäudeeingängen auf einer Länge von ≤ 15 m mindestens 1,50 m breit sind. Ist dies der Fall, muss nach einer solchen Strecke eine Begegnungsfläche von ≥ 1,80 m (B) × 1,80 m (L) anschließen.

Im Falle von gradlinigen Strecken von ≤ 6 m ist sogar eine Reduzierung auf ≥ 1,20 m (B) möglich, jedoch nur dann, wenn am Anfang und Ende Wendemöglichkeiten von ≥ 1,50 m (B) × ≥ 1,50 m (L) vorhanden sind.

Die Oberflächen der Wege müssen zudem fest und eben sein, im eigentlichen Sinne plan sein, d. h. ohne Unebenheiten wie beispielweise Erhebungen oder Absenkungen.

Grundsätzlich besteht die Möglichkeit einer Neigung der Gehwege und Verkehrsflächen. Hierfür darf die Längsneigung von 3 % nicht überschritten werden. Ausgenommen davon sind Wege mit Zwischenpodesten in Abständen von 10 m. Bei ihnen ist eine Längsneigung von ≤ 6 % zulässig. Zur Ableitung des Oberflächenwassers oder aus topografischen Gründen ist eine Querneigung von ≤ 2,5 % realisierbar.

DIN Wesentliche Anforderungen nach DIN 18040-2

- Wege ≥ 1,50 m (B) bis zu einer Länge von ≤ 15 m, mit anschließender Begegnungsfläche von ≥ 1,80 m (B) × ≥ 1,80 m (L)
- Wege ≥ 1,20 m (B) bis < 1,50 m (B) bis zu einer Länge von 6 m, nur mit anschließenden Wendemöglichkeiten, d. h. Bewegungsflächen ≥ 1,50 m (B) × ≥ 1,50 m (L)
- feste und ebene Oberfläche
- Längsneigung ≤ 3 %, bei Zwischenpodesten bis 10 m auch ≤ 6 % erlaubt
- Querneigung von ≤ 2,5%

Abb. 2.34: Kennzeichnung eines barrierefreien Pkw-Stellplatzes in einer Tiefgarage durch ein Symbol einer Person mit einem Rollstuhl

Pkw-Stellplatz

Werden Pkw-Stellplätze für Menschen mit Behinderungen – kurz: barrierefreie (Pkw-)Stellplätze – ausgewiesen, sind diese zu kennzeichnen (siehe Abb. 2.34) und in der unmittelbaren Nähe zu barrierefreien Zugängen anzuordnen. Diese Stellplätze müssen ≥ 3,50 m (B) und ≥ 5,00 m (L) sein. Sofern ein Garagentor vorhanden ist, muss dieses zum Öffnen und Schließen automatisiert werden. Niveaudifferenzen von Gehwegen und Parkplätzen sollten grundsätzlich vermieden werden. Sind solche jedoch nicht zu vermeiden, muss eine stufenlose Wegführung zu den barrierefreien Pkw-Stellplätzen gegeben sein.

DIN Wesentliche Anforderungen nach DIN 18040-2

- Abmessungen ≥ 3,50 m (B) × ≥ 5,00 m (L)
- Anordnung in der Nähe zum barrierefreien Gebäudeeingang
- eindeutige und sichtbare Beschriftung
- Automatisierung von Garagentoren

Zugangs- und Eingangsbereiche

Wohngebäude müssen im Rahmen der Barrierefreiheit umfangreiche barrierefreie Anforderungen erfüllen. Hierzu müssen Eingangsbereiche leicht auffindbar und barrierefrei gestaltet sein (siehe Abb. 2.35). Starke visuelle Kontraste und eine ausreichende Beleuchtung ermöglichen insbesondere Menschen mit Sehbehinderungen eine ausreichende visuelle Orientierung. Blinde Personen hingegen können Räume und bauliche Strukturen nur auditiv oder taktil erfassen. Damit diese Nutzergruppe den Eingangsbereich findet, muss ihr die Orientierung mit einem Langstock anhand von Bodenstrukturen und/oder Bodenindikatoren ermöglicht werden. Dabei sorgen Bodenstrukturen und/oder -indikatoren nicht nur für Orientierung, sondern sorgen auch für Sicherheit, indem sie Unfälle verhüten.

Die geometrischen Anforderungen an die barrierefreie Erreichbarkeit beziehen sich vorrangig auf motorisch eingeschränkte Menschen, insbesondere auf Personen mit Rollstühlen, da diese grundsätzlich den größten Platzbe-

Abb. 2.35: Barrierefrei gestalteter Eingangsbereich zu einem Wohngebäude mit rollstuhlgerechter Bewegungsfläche, Überdachung und kontrastreicher Gestaltung

darf haben. Zur barrierefreien Nutzung mit radgebundenen Mobilitätshilfen müssen Zugangs- und Eingangsbereiche stufen- und schwellenlos sein (siehe Abb. 2.35). Die DIN 18040-2 sieht hierfür eine Neigung von ≤ 3 % vor der türspezifischen Bewegungsfläche vor. Bei bis zu 10 m Länge ist eine Längsneigung ≤ 4 % möglich. Darüber hinaus können Rampen oder Aufzüge eine barrierefreie Erschließung ermöglichen. Prinzipiell sind Haupteingänge jedoch stufen- und schwellenlos zu gestalten. Dies trifft auch auf die türspezifische Bewegungsfläche zu, die – sofern dies erforderlich ist – nur zum Zweck der Ableitung des Oberflächenwassers geneigt sein darf.

DIN Wesentliche Anforderungen nach DIN 18040-2

- barrierefreier und leicht auffindbarer Zugangs- und Eingangsbereich
- visuell kontrastierende Gestaltung
- ausreichende Beleuchtung
- taktil erfassbare Bodenstrukturen und bauliche Elemente
- Erschließungsflächen (vor der türspezifischen Bewegungsfläche) ≤ 3 % geneigt (bzw. ≤ 4 % geneigt bei ≤ 10 m Länge)

2.3.2.2 Innere Erschließung des Gebäudes (innere Infrastruktur)

Um ein Gebäude als barrierefrei beurteilen zu können, müssen im Bereich der inneren Erschließung eines Gebäudes alle barrierefrei nutzbaren Ebenen stufen- und schwellenlos erreichbar sein. Entsprechend gestaltete Treppen können jedoch für Menschen mit motorischen Einschränkungen oder Sehbehinderungen als Alternative zur vertikalen Erschließung eines Gebäudes infrage kommen.

Flure und sonstige Verkehrsflächen

Durch Flure und sonstige Verkehrsflächen innerhalb eines Gebäudes können Wohnungen bzw. Räume in Wohnungen erschlossen werden. Hierfür ist eine nutzbare Breite von ≥ 1,50 m erforderlich, insbesondere für Perso-

Abb. 2.36: Ausreichend breiter Flur mit kontrastreicher Gestaltung. Der Handlauf ist nach DIN 18040-2 nicht erforderlich, dient aber als Stütz- und Haltegriff und Orientierungshilfe.

nen mit Rollstühlen (siehe Abb. 2.36). Ausnahmen stellen hier Flure dar, in denen Bewegungsflächen zum Wenden vorhanden sind. Bei ihnen kann die Flurbreite laut DIN 18040-2 auf ≥ 1,20 m reduziert werden, wenn auf einer Länge von ≤ 15 m entsprechende rollstuhlgerechte Bewegungsflächen vorgesehen werden. Zudem gelten Durchgänge mit ≥ 90 cm Breite als ausreichend. Die maximale Länge der Durchgänge bleibt normativ unbestimmt. Sie richtet sich jedoch nach der Fahrtlänge nach einem einmaligen Anschwingen eines handangetriebenen Rollstuhls, da ein weiteres Anschwingen einer Person im Rollstuhl bei einer lichten Breite von beispielweise nur 90 cm prinzipiell nicht möglich ist.

Außerdem können zur Verbesserung der Orientierung von Menschen mit Sehbehinderungen Auffindestreifen eingesetzt werden. Diese bestehen aus einer taktil erfassbaren Oberfläche und werden dementsprechend über die gesamte Flurbreite angeordnet, welche zu ertastbaren Türschildern oder Tastern mit integrierter Brailleschrift führen.

DIN Wesentliche Anforderungen nach DIN 18040-2

- ausreichende Flurbreite ≥ 1,50 m
- ausreichende Flurbreite ≥ 1,20 m, wenn nach 15 m rollstuhlgerechte Bewegungsflächen vorhanden sind
- ausreichende Flurbreite bei Durchgängen ≥ 90 cm

2.3.2.3 Türen

Die geometrischen Anforderungen an Türen beziehen sich im Wesentlichen auf die lichte, d. h. hindernisfreie Türbreite und Türhöhe. Grundsätzlich müssen Türen im Bereich der inneren Erschließung stufen- und schwellenfrei sein. Ferner müssen entsprechend des Türtyps rollstuhlgerechte Bewegungsflächen unmittelbar an der Tür angeordnet werden.

Schwellenfreiheit

Grundsätzlich sind untere Türanschläge und -schwellen bei Türen unzulässig, da sie für motorisch eingeschränkte Menschen ein Gefahrenpotenzial darstellen. Eine Ausnahme ergibt sich, falls sie technisch unabdingbar sind. In diesem Fall dürfen sie aber nicht höher als 2 cm ausgeführt werden. Mit dieser Ausnahme sind ausdrücklich Türanschläge und Schwellen gemeint, nicht jedoch vertikale Niveauunterschiede zwischen dem Innenbereich und dem äußeren Bereich des Gebäudes.

Die **technische Unabdingbarkeit** ist jedoch speziell im Neubau kaum nachweisbar und darf deshalb nur als Ausnahme von der Regel betrachtet werden, und zwar dann, wenn nutzungsspezifische Anforderungen oder die baulichen Gegebenheiten dies erfordern bzw. keine geeigneten Bauelemente zur Herstellung der Schwellenfreiheit zur Verfügung stehen. Wird eine Tür als schwellenfrei ausgewiesen, darf sie keine Niveaudifferenz zwischen der eigentlichen Türschwelle und den beidseitig der Tür anschließenden Bodenbelägen bzw. Bauelementen aufweisen (siehe Abb. 2.12).

Bewegungsflächen

Auf der Öffnungsseite einer Drehflügeltür muss die Bewegungsfläche ≥ 1,50 m (B) × 1,50 m (L) einnehmen. Eine Tiefe von ≥ 1,20 m ist ebenfalls möglich, sofern keine gegenüberliegenden Bauteile oder Einrichtungen vorhanden sind. In einem solchen Fall muss bei dieser Einbauposition ebenfalls eine rollstuhlgerechte Bewegungsfläche berücksichtigt werden. Zudem ist zum Öffnen der Tür eine Anfahrtsbreite zwischen der vertikalen Achse des Türbedienelements und einer anschließenden Wand bzw. einer Möblierung von ≥ 50 cm vorzusehen. Letzteres wird auch als Positionierungsmaß der rollstuhlgerechten Begegnungsfläche an einer Türkonstruktion betrachtet.

Sofern es nicht möglich ist, die erforderlichen Bewegungsflächen nachzuweisen, können ggf. automatische Türsysteme für eine dennoch barrierefreie Nutzung der Tür sorgen. Zu beachten ist dabei die Positionierung der Bedientaster: Bei frontaler Anfahrt müssen die Taster zur Bedienung der Tür im Abstand von ≥ 1,50 m in Öffnungsrichtung und im Abstand von ≥ 2,50 m in Schließrichtung angeordnet sein. Bei seitlicher Anfahrt genügt ein Abstand von ≥ 50 cm zur Türkonstruktion. Wesentlich dabei ist: Grundsätzlich dürfen sich Personen (oder deren Hilfsmittel) beim Öffnen und Schließen automatischer Türen nicht in deren Schlagrichtung befinden. Ist dies der Fall, verhindert eine technische Sicherheitseinrichtung einen möglichen Unfall, indem sie den Vorgang zum Öffnen und Schließen aussetzt, unter- bzw. abbricht. Die Unterbrechung entspricht den funktionalen Anforderungen an eine Tür jedoch nicht.

Bedienelemente

Barrierefreie Bedienelemente ermöglichen eine verständliche Funktion und eine Nutzung ohne Gefahr. Dafür sind U-förmige oder bogenförmige Türdrücker sinnvoll, um das Abrutschen der Hand speziell beim Öffnungs-

Abb. 2.37: Barrierefreier, da U-förmiger Türdrücker

vorgang zu verhindern (siehe Abb. 2.37). Ebenso darf beim Öffnen von manuellen Türen der Kraftaufwand von 25 N nicht überschritten werden. Die mittlere Bedienhöhe liegt prinzipiell bei 85 cm. Sind innerhalb des Gebäudes keine R-Wohnungen vorhanden, können auch Bedienhöhen von > 85 cm bis ≤ 1,05 m vorgesehen werden. Der Abstand zwischen der horizontalen Achse des Türbedienelements zu Möblierungen oder anschließenden Bauelementen muss auch hier ≥ 50 cm betragen.

Sind zur visuellen Orientierung Beschilderungen notwendig oder gewünscht, müssen sie in einer Höhe von ≥ 1,20 bis ≤ 1,40 m montiert sein. Grundsätzlich müssen Bedieneinrichtungen im Zwei-Sinne-Prinzip wahrnehmbar sein, d. h. entweder akustisch und visuell, akustisch und taktil, visuell und taktil usw.

Sicherheitsmarkierungen

Für Personen mit Sehbehinderungen können Ganzglastüren, großflächig verglaste Türen oder große Glasflächen neben bzw. bei Türkonstruktionen ein erhebliches Verletzungsrisiko darstellen. Zur Vermeidung von Fehlinterpretationen müssen Sicherheitsmarkierungen als Streifen über die gesamte Glasbreite vorhanden sein, und zwar in einer Höhe zwischen ≥ 40 bis ≤ 70 cm sowie zwischen ≥ 1,20 bis ≤ 1,60 m (siehe Abb. 2.9). Zudem ist ein Flächenanteil des Streifens von ≥ 50 % und eine Höhe von Ø 8 cm zu berücksichtigen. Diese Markierungen müssen visuell kontrastierend als Wechselkontrast gearbeitet sein, wodurch auch bei unterschiedlichen Lichtverhältnissen die Erkennbarkeit der Glasfläche gegenüber dem Hintergrund sichergestellt wird. Eine weitere Kennzeichnungspflicht besteht zusätzlich für möglicherweise vorhandene Bodenschwellen.

DIN **Wesentliche Anforderungen nach DIN 18040-2**

- Türen visuell erkennbar, verkehrssicher und einfach zu bedienen
- lichte Breite ≥ 90 cm, lichte Höhe ≥ 2,05 m
- Bewegungsfläche an Türen entsprechend der Türkonstruktion (bei Drehflügeltüren beispielsweise ≥ 1,50 m (B) × ≥ 1,50 m (L))
- seitlicher Abstand ≥ 50 cm zwischen der horizontalen Achse des Bedienelements und anschließenden Bauteilen oder Möblierungen
- Türlaibungstiefe ≤ 26 cm
- Sicherheitsmarkierungen an Glastüren

Abb. 2.38: Eingangsbereich eines Mehrfamilienhauses mit Natursteinbodenbelag – die Mindestanforderung an die Rutschhemmung wurde durch Oberflächensatinierung erreicht.

2.3.2.4 Bodenbeläge

Im Eingangsbereich der inneren Erschließung müssen auch die rutschhemmenden Eigenschaften von Bodenbelägen berücksichtigt werden. Als Mindestanforderung gilt ein Rutschsicherheitswert (R) von ≥ R9 (nach BGR 181; aktuell DGUV-Regel 108-003). Bodenbeläge dürfen bei der Benutzung mit Rollstühlen oder Ähnlichem nicht nachgeben bzw. müssen fest verlegt sein. Visuelle Kontraste zu weiteren Gebäudeelementen sollten zudem in die Überlegung einbezogen werden.

Neben den individuellen Voraussetzungen der Nutzer sowie ihres Schuhwerks bei dem Betreten einer Fläche ist die rutschhemmende Eigenschaft des Belages das wichtigste Kriterium zur Beurteilung der Barrierefreiheit. In der Praxis müssen die Planer Aufwand und Nutzen verschiedener Bodenbeläge vergleichen. Je nach Material sind die Reinigung und Instandhaltung oft kostspielig. Dementsprechend wurden verschiedene Arten von Bodenbelägen und Bearbeitungsformen entwickelt, um das Risiko des Wegrutschens zu minimieren (siehe Abb. 2.38).

DIN Wesentliche Anforderungen nach DIN 18040-2

- in Eingangsbereichen von Wohngebäuden rutschhemmende Eigenschaften ≥ R 9
- Bodenbeläge müssen fest verlegt sein.

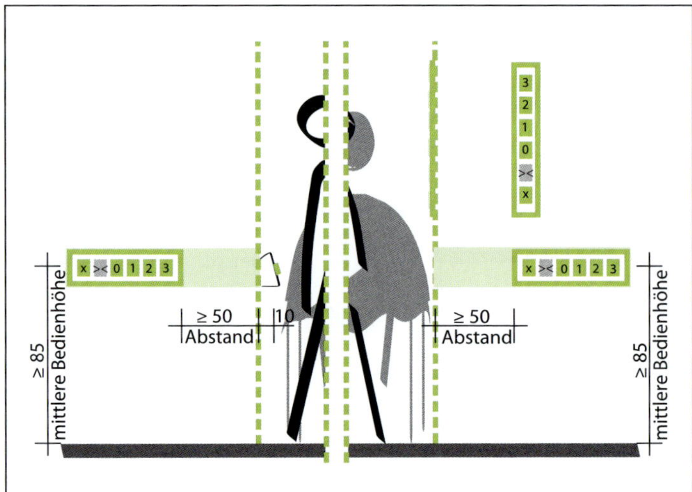

Abb. 2.39: Maßvorgaben zur Positionierung von Bedientableaus in Aufzügen (Quelle: Metlitzky/Engelhardt, 2021, Abb. C 2.8)

Abb. 2.40: Die verspiegelte Rückseite des Aufzugs sorgt für eine bessere Wahrnehmung der Umgebung.

2.3.2.5 Aufzugsanlagen

Zur barrierefreien Überwindung von Höhenunterschieden können als technische Hilfsmittel Personenaufzüge genutzt werden. Diese bestehen im Wesentlichen aus einer geschlossenen Kabine (Fahrkorb), die durch unterschiedliche Personengruppen bedient werden kann. Für eine zweckentsprechende Nutzung des Aufzugs muss eine rollstuhlgerechte Bewegungsfläche unmittelbar vor der Aufzugstür vorhanden sein. Aufzugstüren dürfen grundsätzlich nicht gegenüber abwärts führenden Treppen angeordnet werden. Ist dies dennoch der Fall, muss ein Abstand von ≥ 3,00 m vorhanden sein, um diesen Teil der Immobilie als barrierefrei bewerten zu können.

Aufzugsgeometrie

Eine Gefahrensituation für Rollstuhlfahrer stellt besonders die Ausfahrt aus dem Aufzug dar: Gegenstände oder Personen werden beim Zurückschieben oft zu spät oder gar nicht wahrgenommen. Ausreichende Bewegungsflächen reduzieren die Verletzungsgefahr, sind aber mindestens entsprechend Typ 2 nach DIN EN 81-70:2005-09 zu gestalten. Das Fahrkorbmindestmaß beträgt hiernach ≥ 1,10 m (B) × 1,40 m (T).

Wichtig für die Bedienung des Aufzugs ist die Positionierung des Bedientableaus (siehe Abb. 2.39). Dieses sollte sowohl für sitzende als auch für stehende Personen bedien- und einsehbar sein. In der DIN EN 81-70:2005-09 wird eine waagerechte Form und eine mittlere Höhe von 85 cm vorgegeben, um eine barrierefreie Nutzung zu ermöglichen. Hierbei ist zu beachten, dass ein (geneigtes) Tableau, das auf der Innenseite der Kabinenwand montiert ist, den Kabineninnenraum deutlich verringert. Eine Alternative ist ein in die Fahrkorbwand integriertes Bedientableau.

Für eine barrierefreie Nutzbarkeit des Fahrkorbs sind außerdem Spiegel empfehlenswert (siehe Abb. 2.40). Grundsätzlich ist ein Spiegel innerhalb des Fahrkorbs von der DIN 18040-2 nicht vorgeschrieben, er wird in verschiedenen landesbauordnungsrechtlichen Vorgaben dennoch gefordert.

Spiegel bieten in geeigneter Position eine weite Einsicht in den Raum und ermöglichen es damit Personen, gleichzeitig sowohl den Bereich vor und neben sich als auch den Bereich hinter sich einzusehen. Sie sollten bei sogenannten Frontladern gegenüber der Aufzugstür angeordnet sein, um den „toten Winkel" zu minimieren. Seitlich montierte Spiegel ermöglichen zudem bei Durchladern aus jeder Position heraus eine umfassende Wahrnehmung sowohl des Innenraums als auch der Bedienelemente und der Bewegungen im Raum. Eine Alternative bieten Rundspiegel (siehe Abb. 2.14), jedoch führen diese zu Verkleinerungen oder Verzerrungen der Realität.

Aufzugsarten

Wichtige Unterscheidungspunkte bei dem Aufbau und der Handhabung von Aufzügen sind sowohl der Standort als auch die Bewegungsrichtungen. Zudem müssen auch der Zweck und die Anwendung in die Betrachtung einbezogen werden. Laut der DIN 18040-2 sind zum Transport von Personen ausschließlich Aufzüge nach DIN 81-70:2005-09 vorzusehen. Diese verfügen über eine geschlossene Aufzugskabine und die Möglichkeit, das Etagenfahrziel vor der Fahrt anzuwählen und die Fahrt damit zu aktivieren.

2.3.2.6 Lifte

Plattformlifte nach der Maschinenrichtlinie stellen grundsätzlich eine Alternative zu Aufzügen dar. In der DIN 18040-2 wird jedoch nicht direkt Bezug auf sie genommen. Unter Maßgaben landesbauordnungsrechtlicher Vorgaben können sie trotzdem vorgesehen werden. Jedoch müssen sie in diesem Bezug bestimmten Mindestanforderungen gerecht werden.

Die Fahrgeschwindigkeit von Liften ist generell auf ≤ 0,15 m/s begrenzt. Bei der Benutzung ist die dauerhafte Betätigung einer Selbstfahrsteuerung durch eine unterwiesene Person notwendig. Auch Treppenlifte unterliegen diesen Bestimmungen. Dennoch dürfen sie die Funktion der Treppe als Fluchtweg in keiner Weise beeinträchtigen.

DIN Wesentliche Anforderungen nach DIN 18040-2

- Kabineninnenmaß von Aufzügen ≥ 1,10 m (B) × 1,40 m (T)
- Bewegungsfläche vor dem Aufzug ≥ 1,50 m (B) × 1,50 m (L)
- Mindestabstand von Aufzugstüren zu abwärtsführenden Treppen ≥ 3,00 m
- Spiegel im Kabineninnenraum empfehlenswert
- barrierefreie Nutzbarkeit der Befehlsgeber/Bedientableaus

Abb. 2.41: Treppe mit beidseitigem Handlauf sowie Stufenmarkierungen an allen Stufenvorderkanten

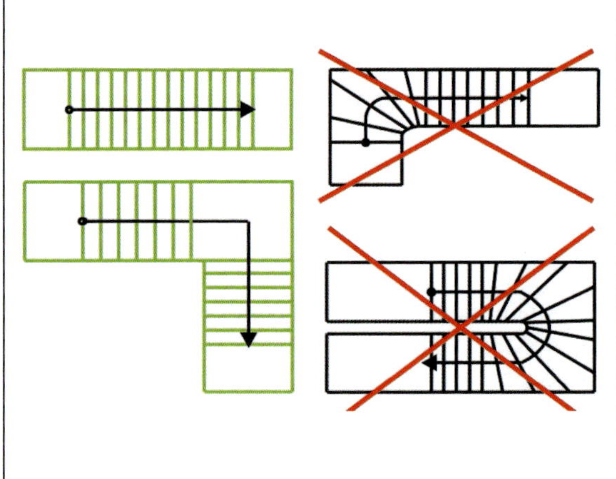

Abb. 2.42: Gegenüberstellung von barrierefreien Treppenläufen (links) und Treppenläufen, die nicht den Anforderungen an Barrierefreiheit entsprechen (rechts)

2.3.2.7 Treppen

Treppen allein bilden keine barrierefreie vertikale Erschließung. Jedoch ermöglichen sie es auch Personen mit motorischen Einschränkungen sowie Personen mit Sehbehinderungen, Niveauunterschiede im Innen- und Außenbereich selbstständig zu überwinden (siehe Abb. 2.41).

Treppengeometrie

Bei der **inneren Erschließung von Wohngebäuden** sind nach der DIN 18040-2 ausschließlich gerade Treppenläufe möglich, wie Abb. 2.42 zeigt. Zudem ist der Einsatz vor Setzstufen grundsätzlich unabdingbar. Stufenunterschneidungen sind nur dann möglich, wenn sie keine „Stolperfallen" darstellen. Dies ist bei schrägen Setzstufen der Fall, wenn die Unterschneidung ≤ 2 cm betragen darf. Gegen das Abrutschen von Gehhilfen an freien seitlichen Stufenenden ist eine Aufkantung erforderlich. Empfehlenswert ist in diesem Zusammenhang eine Kante von ≥ 3 cm, um das Abgleiten einer Gehhilfe am Treppenauge zu verhindern.

Abb. 2.43: Barrierefreier, durchlaufender innerer Handlauf im Treppenraumauge. An den Wandseiten sind ebenfalls Handläufe vorhanden.

Menschen mit Sehbehinderungen können Gefahren und drohende Verletzungen visuell deutlich schlechter oder bei Blindheit überhaupt nicht einschätzen. Dies gilt besonders für die Unterläufigkeit von Treppen bei einer Höhe von < 2,20 m. Dementsprechend müssen die Planer sowohl visuelle als auch taktile Informationen vorsehen, um diese Menschen zu warnen (siehe Abb. 2.17). Im Wesentlichen kann dies über taktil erfassbare Begrenzungen realisiert werden. Podeste bzw. Umwehrungen senken ebenfalls das Risiko, ungewollt die Fläche unterhalb eines Treppenlaufs zu betreten.

Für die **vertikale Erschließung innerhalb von Wohnungen** sind grundsätzlich keine Anforderungen in der DIN 18040-2 definiert. Jedoch kann eine Wohnung im Sinne dieser Norm nur dann als barrierefrei bewertet werden, wenn neben einer schwellenfreien Erschließung (z. B. mithilfe eines Aufzugs) eine Treppe barrierefrei nutzbar ist, die den normativen Anforderungen an die innere Erschließung des Gebäudes entspricht.

Handläufe

Handläufe sind für blinde und sehbehinderte Menschen unabdingbare Orientierungshilfen bei der Überwindung von Höhenunterschieden. Sie haben eine Halte- und Stützfunktion und zeigen zudem den Grad der Neigung der Treppe an. Die Handläufe sind ununterbrochen an beiden Seiten der Treppe vorzusehen, um ggf. Gangunsicherheiten oder motorische Einschränkungen auszugleichen. Eine Höhe von ≥ 85 bis ≤ 90 cm zwischen der Stufenvorderkante und der Oberkante des Handlaufes ist von der DIN 18040-2 vorgegeben.

In die ununterbrochene Handlaufführung müssen auch die Zwischenpodeste mit einbezogen sein (siehe Abb. 2.43). Zur besseren Orientierung im Raum ist der Handlauf ≥ 30 cm über das Treppenende und den Treppenanfang, d. h. in Bezug auf die jeweilige Stufenvorderkante, hinauszuführen. Die Laufenden dürfen keine Verletzungsgefahr darstellen und sind deshalb entweder nach unten oder an die Wand zu führen.

Abb. 2.44: Taktile Geschossangabe als Orientierungshilfe in Profil- sowie Brailleschrift an einem Handlauf

Handläufe müssen griffsicher sein. Dies wird beispielsweise erreicht, wenn sie rund oder oval gestaltet sind, mit einem Durchmesser von ≥ 3 cm bis ≤ 4,5 cm. Die konstruktiv erforderliche Halterung muss an der Unterseite angeordnet sein (siehe Abb. 2.18). Zudem müssen sich Handläufe visuell kontrastierend vom Hintergrund absetzen. Für Personen mit Sehbeeinträchtigungen sind zur vertikalen Orientierung in Gebäuden mit mehr als zwei Geschossen taktil erfassbare Handlaufbeschriftungen sinnvoll, welche ggf. in vorhandene Leit- oder Orientierungssysteme integriert werden sollten. In Brailleschrift, sinnvoller in Profilschrift oder in Form einer Ringmarkierung kann diese Beschriftung zudem einen Hinweis auf das gerade betretene Stockwerk geben, wie das Beispiel in Abb. 2.44 zeigt.

Grundsätzlich müssen an Handläufen spitze, eckige Kanten vermieden werden. Diese können die Zug- bzw. Stützfunktion beeinträchtigen und ein Verletzungsrisiko darstellen. Auch der Einbau von vertikalen Verbindungsstücken, die beispielsweise an Podesten Handläufe verbinden, muss vermieden werden. Ein großes Gefahrenpotenzial stellen zudem diagonal zu den Stufenkanten bzw. diagonal zur Lauflinie angeordnete Handläufe dar.

Orientierungshilfen

Eine Unfallquelle bei Treppen sind Stufen oder Podeste, die für Menschen mit Sehbehinderungen visuell nicht erkennbar sind. Stufenmarkierungen können dieses Risiko deutlich reduzieren. Hierzu sind kontrastierende Streifen an der Trittstufe (≥ 4 bis ≤ 5 cm) und an der Setzstufe (≥ 1 cm, vorzugsweise 2 cm hoch) vorzusehen. Abb. 2.45 zeigt eine gelungene Umsetzung. Die Streifen müssen jeweils an der Stufenvorderkante beginnen und über die gesamte Stufenbreite verlaufen. Grundsätzlich ist jede Stufe entsprechend zu kennzeichnen. Ausnahmen gelten für Treppenhäuser: In ihnen muss lediglich die erste und die letzte Stufe markiert sein.

Abb. 2.45: Visuelle Stufenmarkierungen an den Vorderkanten der Stufen müssen über die gesamte Stufenbreite verlaufen.

DIN Wesentliche Anforderungen nach DIN 18040-2

- gerade Treppenläufe (Verschiedene Landesbauordnungen sehen hier Ausnahmen vor.)
- geschlossene Setzstufen
- keine Stufenunterschneidungen, max. 2 cm bei schräger Setzstufenanordnung
- Stufenmarkierungen an allen Stufen bzw. in Treppenräumen an mindestens der ersten und der letzten Stufe
- beidseitige Handläufe, auch im Bereich des Treppenpodestes
- Absicherung gegen Unterlaufen

2.3.2.8 Rampen

Rampen bieten Personen mit radgebundenen Hilfsmitteln die Möglichkeit, die in der baulichen Umwelt auftretenden Höhendifferenzen stufenfrei zu überwinden.

Rampengeometrie

Grundsätzlich müssen Rampen im Innen- sowie im Außenbereich leicht nutzbar, auffindbar und verkehrssicher sein. Dies gilt als erfüllt, wenn Rampen eine Längsneigung von ≤ 6 % und eine nutzbare Laufbreite (zwischen den Handläufen) von ≥ 1,20 m aufweisen. Entsprechende rollstuhlgerechte Bewegungsflächen sowohl am Rampenantritt als auch am Rampenaustritt ermöglichen die uneingeschränkte Nutzung.

Eine Querneigung im Bereich der Zwischenpodeste ist nur zur Ableitung von Oberflächenwasser erlaubt, sollte jedoch in Hinblick auf die Nutzbarkeit durch Personen mit radgebundenen Hilfsmitteln möglichst vermieden werden. Dies kann beispielsweise durch geeignete Überdachungen erreicht werden, die das Auftreten von Oberflächenwasser erheblich reduzieren oder verhindern.

Entscheidend für die barrierefreie Nutzung einer Rampe sind somit neben der geometrischen Ausgestaltung auch Ausstattungsmerkmale, die mit den

Abb. 2.46: Rampe aus Gitterrosten mit beidseitigem Handlauf sowie Radabweisern

Anforderungen an Bewegungsflächen korrelieren müssen. Als Halte-, Stütz- und Zugelemente sind beidseitige **Handläufe** sowohl an Rampen als auch im Bereich der Zwischenpodeste unabdingbar, wie Abb. 2.46 zeigt. Diese Handläufe müssen vom An- bis zum Austritt der Rampe laufen und an den Enden abgerundet bzw. an die Wand oder nach unten geführt werden. Selbst wenn Rampenläufe und -podeste durch Wände begrenzt werden, sind die entsprechenden Anforderungen zu erfüllen. Ausgenommen in diesem Zusammenhang sind die grundsätzlich erforderlichen **Radabweiser**, die das Überrollen der Rampe, insbesondere im Bereich der geneigten Ebene, verhindern sollen.

DIN Wesentliche Anforderungen nach DIN 18040-2

- Rampenneigung ≤ 6 % bei einer Länge von ≤ 6 m
- Zwischenpodeste mit einer Länge von ≥ 1,50 m (L) nach jeweils > 6 m Länge erforderlich
- Bewegungsfläche, jeweils am Rampenanfang und -ende ≥ 1,50 m (B) × 1,50 m (L)
- Radabweiser in Höhe von 10 cm sowie beidseitig Handläufe an Rampen und Podesten (griffsicher)
- Halterung unterseitig mit abgerundeten Abschlüssen
- Höhe ≥ 85 bis ≤ 90 cm von der Oberkante der Stufenvorderkante bis zur Oberkante des Handlaufes
- Querschnitt griffsicher, z. B. rund oder oval, Ø ≥ 3 bis ≤ 4,5 cm

2.3.2.9 Rollstuhlabstellplätze

Nach der DIN 18040-2 ist die uneingeschränkte Rollstuhlnutzung von R-Wohnungen unter anderem vom Vorhandensein von Rollstuhlabstell-

Abb. 2.47: Rollstuhlabstellplatz mit Außenrollstuhl und Steckdose zum Aufladen von Batterien

plätzen abhängig (siehe Abb. 2.47). Diese Plätze sind erforderlich, da Rollstuhlnutzer – sofern es ihnen möglich ist – in der Regel zwischen einem Wohnungs- und einem Außenrollstuhl wechseln möchten. Meist ist der Wohnungsrollstuhl kleiner dimensioniert und daher für die Nutzung der Innenräume einfacher verwendbar. Hinzu kommt, dass man vermeiden möchte, dass die Räder von Außenrollstühlen die Innenräume verschmutzen.

Um zwischen einem Wohnungs- und einem Außenrollstuhl wechseln zu können, muss der Rollstuhlabstellplatz eine Fläche von ≥ 1,80 m (B) × ≥ 1,50 m (L) sowie eine vorgelagerte Bewegungsfläche mit denselben Abmessungen aufweisen. Zur Nutzung von elektrisch betriebenen Rollstühlen muss ein elektrischer Anschluss zum Laden von Batterien vorgesehen sein.

Der Rollstuhlabstellplatz kann grundsätzlich sowohl innerhalb der Wohnung (ausgeschlossen sind nur Schlafräume) als auch innerhalb des Gebäudes, aber außerhalb der Wohnung angeordnet werden. Ist Letzteres der Fall, sollte zwingend eine entsprechende Verschlussmöglichkeit vorhanden sein.

DIN **Wesentliche Anforderungen nach DIN 18040-2**

- Rollstuhlabstellplatz vor oder in der Wohnung (nicht in Schlafräumen)
- Rollstuhlabstellplatz ≥ 1,80 m × ≥ 1,50 m sowie vorgelagerte Bewegungsfläche von ebenfalls ≥ 1,80 m × ≥ 1,50 m
- Lademöglichkeit für elektrisch betriebene Rollstühle notwendig

2.3.2.10 Warnen, Orientieren, Informieren und Leiten

Signale zum Warnen, Orientieren, Informieren und Leiten sind grundsätzlich in drei Gruppen zu unterteilen: visuell, auditiv und taktil. Zur Gebäudenutzung müssen diese grundsätzlich allen Personen zugänglich und für diese unmissverständlich sein. Mithilfe des Zwei-Sinne-Prinzips können Sicherheitshinweise vermittelt werden, auch dann, wenn ein Sinn nicht oder nur eingeschränkt nutzbar ist.

Die Nutzung von entsprechenden Informations- und Leitsystemen ermöglicht insbesondere Menschen mit einer Sehbehinderung eine selbstständige Orientierung innerhalb und außerhalb des Gebäudes. Grundsätzlich müssen Hinweise und Signale eindeutig übermittelt werden.

Flucht- und Rettungswege sowie Gefahrenstellen

Die in der DIN 18040-2 beschriebenen Voraussetzungen beziehen sich in diesem Kontext nur auf Standardgebäude. Dennoch muss auch die Gestaltung von Flucht- und Rettungswegen in die Bewertung einbezogen werden, da sie integrale Bestandteile eines Gebäudes sind. Gefahrenstellen sowohl im Innen- als auch im Außenbereich des Gebäudes müssen abgesichert sein, um Unfälle und Verletzungen auszuschließen.

Visuelle Hinweise

Bei Einschränkungen des Sehvermögens müssen Informationen zur Gebäudenutzung dennoch wahrnehmbar und nachvollziehbar sein, um von einer Barrierefreiheit im Sinne der DIN 18040-2 ausgehen zu können. Zur Übermittlung von visuellen Informationen muss ein geeigneter Leuchtdichtekontrast vorhanden sein. Dieser kann durch eine geeignete Farbgebung unterstützt, aber nie ersetzt werden. Angestrebt wird immer ein maximaler Leuchtdichtekontrast, um Fehlinterpretationen zu vermeiden. Ebenso ist die Wahl geeigneter adäquater Materialien und Oberflächenstrukturen entscheidend, um Spiegelungen und Blendungen zu verhindern. In diesem Zusammenhang sind verspiegelte Schriften oder eine verspiegelte Schriftuntergründe als nicht barrierefrei zu bewerten.

Angemessen lesbare Schriften, eine Mindesthöhe der Schriftzeichen sowie der Betrachtungsabstand tragen zur optimalen Wahrnehmung von schriftlichen Informationen bei. Entsprechende Vorgaben sind in der DIN 32975:2009-12 beschrieben.

Sollten schriftliche Informationen nur aus geringer Distanz lesbar sein, muss im Rahmen der Barrierefreiheit auf frei zugängliche Informationsträger geachtet werden. Ausreichende Bewegungsflächen zum Rangieren von Rollstühlen sind dabei ebenfalls zu berücksichtigen.

Im Katastrophenfall müssen Anweisungen, Informationen und Wegbeschreibungen für alle Personengruppen zugänglich sein, um die Selbstrettung zu ermöglichen. Daher gibt es verschiedene Funkrauchmeldersysteme, die zusätzlich zum akustischen Alarm durch optische Signale (Blitzlichtsysteme) eine höhere Aufmerksamkeit für die drohende Gefahr erzeugen.

Auditive Hinweise

Wenn Behinderungen der akustischen Wahrnehmung vorliegen, sollten Informationen zur Gebäudenutzung für Personen dennoch verständlich sein. Entsprechende Vorrichtungen, wie Gegensprechanlagen mit optischer Anzeige, können die Verständigung gewährleisten bzw. erleichtern.

In akuten Gefahrensituationen tragen Alarm- und Warnsignale in Form von Sprachinformationen unter anderem dazu bei, die Reaktionszeit und Handlungsweise zu optimieren. Im Falle der Eigenrettung im Brandfall bieten elektroakustische Notfallwarnsysteme insbesondere Menschen mit Sehbehinderungen die Möglichkeit, sich im Gebäude zu orientieren und somit auch Notausgänge zu finden.

Taktile Hinweise

Sofern Informationen zur Nutzung des Gebäudes schriftlich angeboten werden, müssen diese ebenfalls taktil erfassbar sein. Dementsprechend sind die Informationen und Hinweise sowohl mit erhabenen lateinischen Großbuchstaben (Profilschrift) als auch mit der Braille'schen Blindenschrift darzustellen. Optional können Sonderzeichen und Piktogramme vorgesehen werden.

DIN Wesentliche Anforderungen nach DIN 18040-2

- Leuchtdichtekontraste $K \geq 0{,}4$ zum Orientieren und Leiten
- Leuchtdichtekontraste $K \geq 0{,}7$ sind für Warnungen und schriftliche Informationen geeignet.
- Gegensprechanlagen und Türöffner müssen optisch bzw. auch durch taktile Hinweise unterstützt sein.
- Bei taktiler Informationsübermittlung sollen erhabene lateinische Großbuchstaben (sog. Profilschrift) und Braille'sche Blindenschrift verwendet werden.

2.3.2.11 Bedienelemente, Kommunikationsanlagen sowie Ausstattungselemente

Kommunikationsanlagen und Bedienelemente zur barrierefreien Nutzung eines Gebäudes müssen einfach erreichbar, erkennbar und nutzbar sein. Durch Abrundungen und Schutzelemente muss vermieden werden, dass sich Personen bei Betätigung dieser Anlagen verletzen können. Anlagen und Elemente müssen stets den Anforderungen der Barrierefreiheit gerecht werden, sobald sie mit der zweckentsprechenden Nutzung des Gebäudes korrelieren und dessen barrierefreie Erreichbarkeit erst ermöglichen.

Bedienelemente

Diverse Eigenschaften charakterisieren die Erkennbarkeit und Nutzbarkeit von Bedienelementen im Sinne der Barrierefreiheit. Bei der Bewertung ist auf eine Gestaltung nach dem Zwei-Sinne-Prinzip zu achten. Prinzipiell bedeutet dies, dass Hinweise und Signale für Menschen mit Behinderungen über zwei Sinne wahrnehmbar sind. In der Regel sind damit visuelle Kontraste sowie die taktile Wahrnehmung von Einbauten gemeint.

Ein Wiederkennungswert, im Sinne eines einheitlichen Beschriftungssystems, ist grundsätzlich nicht gefordert, aber sinnvoll, um die Orientierung in großen Gebäudekomplexen zu erleichtern.

Abb. 2.48: Automatisiertes Türsystem. Ein Transponderschacht unterhalb der Gegensprechanlage ermöglicht es auch Personen, die durch eine Greifbehinderung weder den Türgriff noch einen Schlüssel nutzen können, die Eingangstür in Kombination mit einer automatisierten Türkonstruktion zu öffnen. Hierbei handelt es sich um eine behinderungsspezifische Lösung, welche über die Anforderungen der DIN 18040-2 hinausgeht.

Abb. 2.49: Gegensprechanlage mit integrierter Kamera. Man beachte auch die Anfahrbarkeit der Bedienelemente sowie die Sicherheitsmarkierungen an der schwellenfreien Glasschiebetür. (Quelle: Dipl.-Ing. Klaus Bednarski & Oliver Fröber Planungs GbR, Kiel)

Außerdem müssen Bedienelemente gegen unbeabsichtigtes Auslösen gesichert sein und ihre Funktionsauslösung muss zurückgemeldet werden. Diese Rückmeldung kann sowohl über akustische als auch über visuelle Signale oder differierende Schalterstellungen erfolgen.

Barrierefrei zugänglich sind Bedienelemente, wenn sie grundsätzlich stufenlos erreichbar sind (siehe Abb. 2.48). Sollten diese nur frontal zugänglich oder bedienbar sein, beispielsweise bei Briefkasten- oder Klingelanlagen in Ecklagen, muss eine Unterfahrbarkeit mit radgebundenen Hilfsmitteln möglich sein. Erforderlich ist hierfür eine Tiefe von $\geq$ 15 cm.

Kommunikationsanlagen

Kommunikationsanlagen besitzen bei der Übertragung von Audio- und Videosignalen verschiedene Vorteile in Bezug auf Funktionalität und Handhabung. Barrierefreie Aspekte entsprechend des Zwei-Sinne-Prinzips sind grundsätzlich sowohl bei der Positionierung als auch bei der Übermittlung zu berücksichtigen. Handelt es sich beispielsweise um Türöffner (Türsummer), müssen diese die Freigabe zum Eintritt sowohl taktil als auch visuell signalisieren. Moderne Gegensprechanlagen bieten auch Videounterstützung (siehe Abb. 2.49).

Solche videounterstützten Kommunikationsanlagen bieten zudem eine höhere Sicherheit für Kinder und kognitiv eingeschränkte Personen, die Besucher oft schlechter bestimmen können. Bei Einschränkungen des Gehörs oder Gehörlosigkeit ermöglichen solche Systeme darüber hinaus die Nutzung von Gebärdensprache. In diesem Zusammenhang muss jedoch sowohl die Be- bzw. Ausleuchtung als auch die Lichtempfindlichkeit der Kamera berücksichtigt werden. Außerdem dürfen Störgeräusche und Umwelteinflüsse die Übertragung nicht stören oder behindern.

2.3.2.12 Ausstattungselemente

Bei der Bewertung von Gebäuden ist in Hinblick auf die Barrierefreiheit auch darauf zu achten, dass Ausstattungselemente kein Verletzungsrisiko für Menschen mit und ohne Behinderungen oder Einschränkungen darstellen. Die Gestaltung einer barrierefreien Umgebung entsprechend der DIN 18040-2 sollte grundsätzlich das Ziel der baulichen Anlage sein, aber es ist auch auf nachträglich angebrachte Ausstattungselemente zu achten.

Ausstattungselemente (Briefkästen, Feuerlöscher und anderes) dürfen nicht so in den Raum hineinragen, dass sie dessen nutzbare Höhe und Breite einschränken. Ist dies jedoch unvermeidbar, müssen die Elemente frühzeitig wahrnehmbar sein. Durch eine kontrastierende Gestaltung kann zudem Unfällen, Fehlinterpretationen und Missverständnissen vorgebeugt werden. Darüber hinaus muss die taktile Ertastbarkeit für blinde und sehbehinderte Menschen mithilfe des Langstocks grundsätzlich möglich sein. Erreicht wird dies unter anderem, wenn bauliche Elemente bis zum Boden reichen oder ggf. ≤ 15 cm über dem Boden enden. Durch einen ≥ 3 cm hohen Sockel, der den Umrissen des Elements entspricht, können Langstock-Nutzer Veränderungen der baulichen Umwelt zudem frühzeitig wahrnehmen. Eine entsprechende Tastleiste, die ≤ 15 cm über dem Boden endet, entspricht ebenfalls dem normativen Schutzziel.

DIN Wesentliche Anforderungen nach DIN 18040-2

- Die Bedienkraft an Schaltern und Tastern sollte zwischen ≥ 2,5 N und ≤ 5,0 N betragen.
- Bewegungsfläche ≥ 1,50 m (B) × ≥ 1,50 m (L) vor Bedienelementen
- Bewegungsfläche in Fahrtrichtung ≥ 1,20 m (B) × ≥ 1,50 m (L) ausreichend, bei keiner Notwendigkeit für Wendevorgänge
- ≥ 50 cm horizontaler Abstand zu Wänden und anderen bauseitigen Einrichtungen
- Achsmaß von Greif- bzw. Bedienhöhen 85 cm über OKFF (Bei der Anordnung von mehreren Bedienelementen übereinander sind Ausnahmen bis 1,05 m möglich.)

Abb. 2.50: Ein Flur innerhalb einer Wohnung nach B-Standard muss eine lichte Breite von ≥ 1,20 m aufweisen.

2.3.3 Räume in Wohnungen

Die DIN 18040-2 gliedert **Räume in Wohnungen** in Flure, Wohn- und Schlafräume, Küchen, Sanitärräume und Freisitze. Dazu definiert sie Anforderungen an die bauliche Barrierefreiheit, die für eine zweckentsprechende Nutzung erforderlich sind.

Grundsätzlich werden jedoch nicht an alle Räume einer Wohnung entsprechende Anforderungen gestellt, beispielsweise nicht an einen zweiten Sanitärraum (z. B. Gäste-WC).

Die Anforderungen beschränken sich nicht allein auf die Ausgestaltung der Räume, sondern richten sich auch an Bauelemente, beispielsweise Türen und Fenster.

R-Standard und B-Standard beachten

Grundsätzlich erfolgt – wie bereits dargestellt – eine Differenzierung zwischen Anforderungen an **barrierefrei nutzbare Wohnungen** (B-Wohnungen) und an **barrierefrei und uneingeschränkt mit dem Rollstuhl nutzbare Wohnungen** (R-Wohnungen). Im Folgenden ist daher auch vom B- und R-Standard die Rede.

2.3.3.1 Flure (innerhalb von Wohnungen)

Flure innerhalb der Wohnung dienen zur Erschließung der Räume der Wohnung, wozu auch der Freisitz zählt. Dabei wird zwischen B- und R-Wohnungen unterschieden. Prinzipiell müssen Flure in B-Wohnungen eine lichte, d. h. hindernisfreie Breite von ≥ 1,20 m aufweisen (siehe Abb. 2.50).

Bei R-Wohnungen muss im Bereich des Flurs mindestens eine Bewegungsfläche von ≥ 1,50 m (B) × 1,50 m (L) vorhanden sein.

DIN Wesentliche Anforderungen nach DIN 18040-2

Wohnungen im B-Standard

- lichte Breite des Flurs von ≥ 1,20 m

Wohnungen im R-Standard

- Bewegungsflächen innerhalb des Flurs ≥ 1,50 m (B) × 1,50 m (L)

2.3.3.2 Türen

Türen sind integraler Bestandteil jeder Wohnung und ermöglichen den Zutritt zu dieser bzw. zu den Räumen selbst. Im geschlossenen Zustand bilden Türen gleichzeitig einen visuellen und akustischen Raumabschluss. Generell wird bei Türen zwischen den Anforderungen an Wohnungseingangstüren sowie an Wohnungsinnentüren und Türen zu Freisitzen unterschieden.

Die **Wohnungseingangstür** stellt dabei das Bindeglied zwischen der Infrastruktur der inneren Erschließung des Gebäudes und der eigentlichen Wohnung dar. Diese Tür muss zunächst den geometrischen Anforderungen an die Barrierefreiheit genügen. Dazu ist eine lichte, hindernisfreie Breite von ≥ 90 cm sowie eine lichte Höhe von ≥ 2,05 m nötig. Zudem müssen Wohnungseingangstüren sicher zu passieren, deutlich wahrnehmbar und ohne großen Kraftaufwand zu öffnen sein. Sind Türschließer vorgesehen, müssen diese ebenfalls leichtgängig sein. Dies wird mit Systemen erreicht, die nach DIN EN 1154 den Anforderungen des maximalen Öffnungsmomentes der Größe 3 entsprechen.

Türschwellen sind nach Abschnitt 5.3.1.1 der DIN 18040-2 prinzipiell nicht zulässig. Jedoch verweist dieser Abschnitt auf den Abschnitt 4.3.3 der Norm, der unter Abschnitt 4.3.3.1 in Ausnahmefällen, d. h. im Fall einer technischen Unabdingbarkeit, eine Schwellenhöhe von ≤ 2 cm zulässt. Dies kann jedoch nur dann angenommen werden, wenn die baulichen Gegebenheiten den Einsatz bauaufsichtlich zugelassener Bauelemente ausschließen.

Die Wohnungseingangstür einer B-Wohnung muss im Bereich der inneren Erschließung des Gebäudes eine **Bewegungsfläche** von ≥ 1,50 m (B) × 1,50 m (L) aufweisen, wohnungsinnenseitig hingegen besteht keine solche geometrische Anforderung. Handelt es sich hingegen um eine R-Wohnung, muss an der Wohnungseingangstür sowohl innerhalb als auch außerhalb der Wohnung eine solche Bewegungsfläche vorhanden sein.

Die Bedienhöhe einer Wohnungseingangstür beträgt normativ 85 cm, bezogen auf die OKFF. Sowohl für die in der Norm beschriebene Gruppe der Rollstuhlnutzer als auch für stehende Personen ist dieses Bedienelement ideal erreichbar. Bei Wohnungseingangstüren greift in diesem Zusammenhang bereits normativ eine Ausnahme, sodass sich diese Anforderung lediglich auf Wohnungen im R-Standard bezieht.

Wenn an der Wohnungseingangstür in einer R-Wohnung ein Türspion vorgesehen ist, muss dieser auch aus einer sitzenden Position heraus erreichbar sein. Zusätzliche Anforderungen gelten zudem für die Positionierung von Bedienelementen. Für R-Wohnungen ist hier eine Greifhöhe der Bedienelemente von 85 cm vorgegeben.

Abb. 2.51: Schwellenfreie Tür innerhalb einer Wohnung im B-Standard

Wohnungstüren sind ebenfalls so zu gestalten, dass sie die geometrischen Anforderungen an die lichte Breite und Höhe erfüllen. **Wohnungsinnentüren** müssen im B-Standard einer lichten Breite von ≥ 80 cm und im R-Standard von ≥ 90 cm entsprechen. Die geometrische Anforderung an die lichte Höhe ist mit ≥ 2,05 m hingegen identisch. Wohnungsinnentüren sind ausnahmslos schwellenfrei zu gestalten (siehe Abb. 2.51). Zudem muss die Bedienung mit geringem Kraftaufwand möglich sein.

Bei visuellen oder motorischen Einschränkungen sind barrierefreie Türbedienelemente unabdingbar. Beispielsweise müssen Türdrücker an Drehflügeltüren bogen- oder U-förmig sein, und manuell zu betätigende Schiebetüren müssen senkrechte Bügel aufweisen.

Zudem müssen bei Wohnungsinnentüren im R-Standard rollstuhlgerechte Bewegungsflächen vorhanden sein. Drehflügeltüren zu Sanitärräumen müssen nach außen geöffnet werden können. Dies gilt sowohl für Wohnungen im B- als auch im R-Standard. Damit soll das Blockieren der Tür vermieden werden, wenn eine Person auf dem Boden liegt und sich allein nicht erheben oder fortbewegen kann. Demnach muss die Tür auch von außen entriegelt werden können, um Hilfspersonen das Eingreifen zu erleichtern.

DIN Wesentliche Anforderungen nach DIN 18040-2

- schwellenfrei; in Bezug auf Wohnungseingangstüren gelten Ausnahmen.
- leicht zu öffnen und zu schließen
- Drehflügeltüren von barrierefreien Sanitärräumen nach außen zu öffnen

Wohnungen im B-Standard
- Wohnungsinnentür ≥ 80 cm (B) und ≥ 2,05 m (H)

Wohnungen im R-Standard
- Wohnungsinnentür ≥ 90 cm (B) und ≥ 2,05 m (H)
- Türspion 1,20 m über OKFF
- Bewegungsflächen entsprechend des Türsystems erforderlich

Abb. 2.52: Fenster mit niedriger Brüstung ermöglichen auch aus einer sitzenden Position heraus den Blick nach draußen.

2.3.3.3 Fenster

Fenster ermöglichen eine Versorgung des Raumes mit Frischluft und Tageslicht. Darüber hinaus stellen sie eine Sichtverbindung zur Umgebung her. Auch für Menschen mit motorischen Einschränkungen darf die Funktionalität der Fenster nicht beeinträchtigt sein. Innerhalb einer Wohnung muss aus normativer Sicht mindestens ein Fenster je Raum auch aus einer sitzenden Position heraus leicht zugänglich, zu öffnen und zu schließen sein, damit die Wohnung als barrierefrei bewertet werden kann. Darüber hinaus sind Sichtverbindungen nach außen auch in sitzender Position für einen Teil der Fenster in Schlaf- und Wohnräumen erforderlich. Die Durchblickshöhe beträgt dafür ≥ 60 cm über OKFF (siehe Abb. 2.52).

Die DIN 18040-2 definiert den Kraftaufwand zum Öffnen und Schließen von Fenstern mit ≤ 30 N, wobei das maximale Moment 5 Nm betragen darf. Die Montagehöhe für Fenstergriffe entspricht grundsätzlich den allgemeinen Anforderungen an Bedienelemente. Diesbezüglich wird aber zwischen B- und R-Wohnungen unterschieden: Bei R-Wohnungen ist eine Greifhöhe (Achsmaß) in Bezug auf die Bedienung der Fenstergriffe von ≥ 85 cm bis ≤ 1,05 m definiert. Ist diese geometrische Anforderung nicht einzuhalten, muss mindestens ein Fenster je Raum mit einem automatischen Öffnungs- und Schließsystem ausgestattet sein.

DIN Wesentliche Anforderungen nach DIN 18040-2

- leicht zu öffnen und zu schließen
- Sichtverbindung mit der Umgebung (Durchblickshöhe) ≥ 60 cm über OKFF

Wohnungen im R-Standard

- Fenstergriffe in einer Höhe von ≥ 85 cm bis ≤ 1,05 m über OKFF

2.3.3.4 Wohn- und Schlafräume sowie Küchen

Wohn- und Schlafräume sowie Küchen sind integraler Bestandteil des täglichen Lebens, auch für Menschen mit Behinderungen. Insbesondere barrierefrei nutzbare Küchen ermöglichen ein selbstbestimmtes Wohnen.

Grundsätzlich müssen hierfür ausreichende Bewegungsflächen innerhalb dieser Räume in Bezug auf eine nutzungstypische Möblierung vorhanden sein. Bei Wohnungen im B-Standard ist die Größe der Bewegungsflächen mit ≥ 1,20 m (B) × ≥ 1,20 m (L) definiert und für Wohnungen im R-Standard mit ≥ 1,50 m (B) × ≥ 1,50 m (L). Generell dürfen sich Bewegungsflächen überlagern.

Bei B-Wohnungen sind zudem Abstände zwischen Möblierungen bzw. Möblierungen und anschließenden baukonstruktiven Elementen von ≥ 90 cm zu berücksichtigen. Bei R-Wohnungen beträgt dieser Abstand ≥ 1,50 m.

DIN Wesentliche Anforderungen nach DIN 18040-2

Wohnungen im B-Standard
- Bewegungsflächen von ≥ 1,20 m (B) × ≥ 1,20 m (L)
- Abstände vor Möblierungen ≥ 90 cm

Wohnungen im R-Standard
- Bewegungsflächen von ≥ 1,50 m (B) × ≥ 1,50 m (L)
- Abstände vor Möblierungen ≥ 1,50 m

2.3.3.5 Schlafräume

Bei einer zweckentsprechenden Möblierung muss mindestens ein Bett der Wohnung eine ausreichende Bewegungsfläche zum Rangieren aufweisen. Dieses Bett kann sich sowohl im Kinder- als auch im Elternschlafzimmer befinden (siehe Abb. 2.53). Die DIN 18040-2 lässt dabei offen, ob es sich um ein Einzel- oder Doppelbett handeln soll. Grundsätzlich wird bei der Betrachtung jedoch von einem Einzelbett ausgegangen. Bei B-Wohnungen muss auf der einen Längsseite des Bettes eine Mindesttiefe der Bewegungsfläche von ≥ 1,20 m und auf der anderen von ≥ 90 cm vorhanden sein. Bei R-Wohnungen hingegen sind Bewegungsflächen von ≥ 1,50 m auf der einen Längsseite und von ≥ 1,20 m auf der anderen zu berücksichtigen.

Für die Stirnseiten gibt es in der Norm keine Angaben. Hier sind die Vorgaben in Bezug auf die Nutzung zu berücksichtigen – entweder in Bezug auf die Möblierung oder in Bezug auf die Nutzung als Durchgang. Gegebenenfalls müssen die Planer hierfür im Bereich neben der Stirnseite eines Bettes eine Bewegungsfläche im B- oder R-Standard vorgesehen haben. Bei den Bewegungsflächen vor Betten in einer R-Wohnung sollte darauf geachtet werden, dass Mobilitätshilfen abgestellt werden können.

Alle anderen Betten der Wohnung sind grundsätzlich als Möbel zu betrachten. Das heißt, für eine zweckentsprechende Nutzung sind die üblichen Be-

Abb. 2.53: Doppelbett in einem Schlafraum einer Wohnung im B-Standard, mit barrierefreien Bewegungsflächen am Bett

wegungsflächen im B- oder R-Standard sowie die spezifischen Abstände in Bezug auf die Möblierung zu beachten.

DIN **Wesentliche Anforderungen nach DIN 18040-2**

Betten in Wohnungen im B-Standard

- Mindesttiefe der Bewegungsfläche auf der einen Längsseite des Bettes ≥ 1,20 m und auf der anderen ≥ 90 cm

Betten in Wohnungen im R-Standard

- Mindesttiefe der Bewegungsfläche auf der einen Längsseite des Bettes ≥ 1,50 m und auf der anderen ≥ 1,20 m

2.3.3.6 Küchen

Auch bei der Gestaltung von Küchen wird zwischen Wohnungen im B- und im R-Standard unterschieden. Innerhalb der Küche müssen Bewegungsflächen zur zweckentsprechenden Nutzung vorhanden sein. Vor Küchenmöblierungen im B-Standard ist eine Bewegungstiefe von ≥ 1,20 m ausreichend, bei Küchen im R-Standard ist eine Tiefe von ≥ 1,50 m normgerecht. Die DIN 18040-2 empfiehlt eine Übereckanordnung von Herd, Arbeitsplatte und Spüle.

Zur nutzungstypischen Möblierung der Küche werden in der Norm jedoch keine genaueren Angaben gemacht. Dafür sind weitere Faktoren bei der Gestaltung der Küche zu berücksichtigen. Neben der Anzahl der Nutzer und dem gewünschten Komfort müssen auch die räumlichen Gegebenheiten in die Betrachtung einbezogen werden. Da die Arbeitsfläche in B-Wohnungen oftmals nicht ausschließlich von Rollstuhlfahrern genutzt wird, ist ein Kompromiss bei der Arbeitshöhe von 86 cm möglich. Bei R-Wohnungen ist die

Abb. 2.54: Rollstuhlgerechte Küche mit teilweise unterfahrbaren Elementen (Quelle: Martina Pipprich für Monika Schäfers, Mainz)

Unterfahrbarkeit einzelner Küchenelemente (wie Herd und Spüle) von Vorteil. Sie wird von der DIN 18040-2 jedoch nicht gefordert (siehe Abb. 2.54).

Im Sinne der Norm handelt es sich um Universalküchen. Diese sind von Individualküchen zu unterscheiden, die individuell auf die Bedürfnisse bestimmter Personen abstellen.

DIN Wesentliche Anforderungen nach DIN 18040-2

Küchen im B-Standard

- Bewegungstiefe vor Küchenmöblierung ≥ 1,20 m

Küchen im R-Standard

- Bewegungstiefe vor Küchenmöblierung ≥ 1,50 m
- Übereckanordnung empfehlenswert

2.3.3.7 Sanitärräume

Die Unterscheidung zwischen barrierefreien und uneingeschränkt mit dem Rollstuhl nutzbaren Wohnungen gilt auch für einen Sanitärraum je Wohnung. Grundsätzlich müssen sich die Ausstattungselemente visuell kontrastierend von den Wänden- und Böden des Sanitärraums abheben. Zudem muss die Nachrüstung von Stütz- und/oder Haltegriffen neben dem WC-Becken, im Bereich der Dusche und Badewanne möglich sein, was eine statisch sichere Befestigung bedingt.

Einhebel- oder berührungslose Armaturen können zur Erleichterung der Bedienung vorgesehen werden; Letztere sind mit einer Temperaturbegren-

Abb. 2.55: WC-Becken für eine behinderungsspezifische Nutzung mit (Klapp-)Stützgriff und Haltegriff in einer B-Wohnung

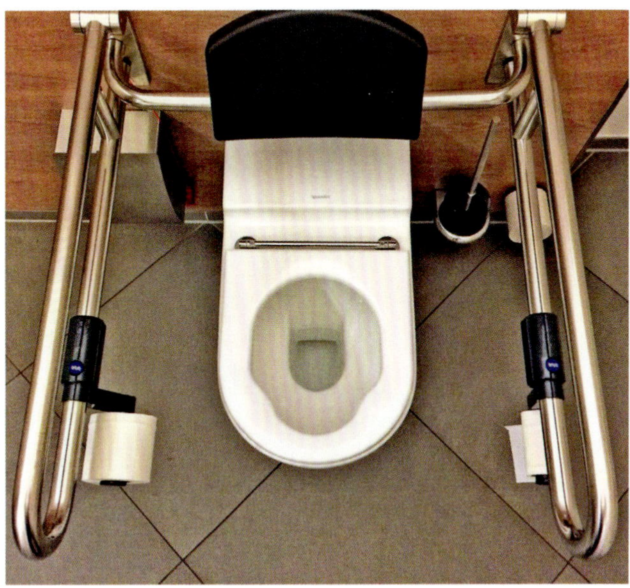

Abb. 2.56: WC im R-Standard mit Rückenstütze und beidseitigen Stützklappgriffen, die auch als Toilettenpapierhalter dienen

zung (≤ 45 °C) auszustatten. Für eine zweckentsprechende Nutzung müssen in Sanitärräumen vor WC-Becken, Waschtischen und Badewannen sowie im Bereich des Duschplatzes Bewegungsflächen vorgesehen werden. In B-Wohnungen betragen diese Bewegungsflächen ≥ 1,20 m (B) × 1,20 m (L), in R-Wohnungen ≥ 1,50 m (B) × 1,50 m (L). Die Bewegungsflächen dürfen sich in diesem Bezug prinzipiell überlagern.

In R-Wohnungen mit mehr als drei Wohn- bzw. Schlafräumen muss ein zusätzlicher Sanitärraum vorhanden sein, der jedoch keine Anforderungen an die Barrierefreiheit erfüllen muss. Dieser muss mit mindestens einem Waschtisch und einem WC-Becken ausgestattet sein.

WC-Becken

Zu Sanitärobjekten zählen unter anderem WC-Becken, die im Rahmen der DIN 18040-2 verschiedenen Bestimmungen unterliegen. So muss im B-Standard ein seitlicher Abstand von ≥ 20 cm zu weiteren Sanitärobjekten sowie zu Wänden eingehalten werden (siehe Abb. 2.55). Bei R-Wohnungen beträgt dieser Abstand ≥ 30 cm.

WC-Becken in R-Wohnungen müssen zusätzlich zur vorgelagerten Bewegungsfläche mindestens einseitig neben dem WC-Becken eine weitere Bewegungsfläche von ≥ 90 cm (B) × ≥ 70 cm (T) aufweisen. Vertikal ist das WC-Becken, einschließlich seines Sitzes, auf einer Höhe von ≥ 46 bis ≤ 48 cm über OKFF zu positionieren. Zudem sind leicht erreichbare Toilettenpapierhalter und eine Rückenstütze vorzusehen. Rückenstützen schließen prinzipiell einen Standard-WC-Deckel aus und müssen 55 cm hinter der Vorderkante des WC-Beckens angeordnet sein (siehe Abb. 2.56).

Abb. 2.57: Niveaugleicher Duschplatz in einer R-Wohnung. Die Bewegungsfläche der Zugangstür darf sich mit der des Duschplatzes überlagern.

Zudem muss die Toilettenspülung auch ohne Veränderung der Sitzposition (vom WC aus) aktiviert werden können. Eine berührungslose Toilettenspülung muss grundsätzlich gegen ungewolltes Auslösen gesichert sein. Der DIN 18040-2 zufolge sind zudem beiderseitig des WC-Beckens Stützklappgriffe vorzusehen, die mit wenig Kraftaufwand beim Klappen in selbstgewählten Etappen positioniert werden können.

Waschplätze

Waschplätze innerhalb von B- und R-Wohnungen gelten prinzipiell als barrierefrei, wenn sie aus einer stehenden und einer sitzenden Position heraus genutzt werden können. Hierzu muss der Waschplatz im B-Standard Beinfreiraum unter dem Waschtisch bieten, im R-Standard muss eine Unterfahrbarkeit auf einer Tiefe von ≥ 55 cm möglich sein. Wenig nachvollziehbar ist, dass sich gerade diese wichtige horizontale Maßangabe einerseits auf den Oberkörper einer sitzenden Person und andererseits auf die vertikale Montageebene des Waschtisches bezieht.

Zudem definiert die DIN 18040-2 in gestaffelten Höhen und Tiefen den Beinfreiraum unterhalb des Waschtisches. Dieser muss in Bezug auf den Waschtisch axial ≥ 90 cm betragen.

Sofern bei einem Sanitärraum im B-Standard ein Spiegel über dem Waschtisch angeordnet ist, muss dieser ≥ 1,00 m hoch sein. Beim R-Standard hingegen muss grundsätzlich ein ≥ 1,00 m hoher Spiegel vorhanden sein. Diese Anforderungen können auch mit Spiegeln neben dem Waschtisch im Bereich des Waschplatzes erfüllt werden, sofern diese aus einer stehenden und sitzenden Position heraus einsehbar sind.

Duschplätze

Duschplätze in B- und R-Wohnungen müssen niveaugleich zum anschließenden Boden des Sanitärraums ausgeführt werden. Damit kann die Duschfläche in die Bewegungsflächen des Sanitärraumes einbezogen werden (siehe Abb. 2.57).

Innerhalb des Duschplatzes ist zur Ableitung des Wassers eine Neigung ≤ 2 cm möglich. Die Oberfläche des Duschplatzes muss mit rutschhemmenden Bodenbelägen ausgestattet sein (nach GUV-I 8527, aktuell: DGUV Information 207-006, mindestens Bewertungsgruppe B). Um einer Verletzungsgefahr vorzubeugen, sollte der Hebel von Einhebel-Duscharmaturen nach unten weisen. Im R-Standard muss die Nachrüstung des Duschplatzes mit einem Duschsitz und Stützklappgriffen möglich sein.

Badewannen

Badewannen sind im Gegensatz zu Duschen nicht schwellenfrei zugänglich. Dennoch sollte das nachträgliche Aufstellen einer Badewanne in B-Wohnungen, z. B. im Bereich der Duschfläche, möglich sein. In R-Wohnungen muss hingegen die Möglichkeit bestehen, eine Badewanne nachträglich aufzustellen. In einem solchen Fall muss diese auch mit einem Lifter nutzbar sein.

DIN Wesentliche Anforderungen nach DIN 18040-2

- Ausstattungselemente visuell kontrastierend gegenüber Wänden und Böden des Sanitärraums
- Nachrüstung von Stütz-/Haltegriffen neben dem WC-Becken, im Bereich der Dusche/Badewanne
- Einhebel- oder berührungslose Armaturen (Letztere nur mit Temperaturbegrenzung bis ≤ 45 °C)
- Duschplätze müssen niveaugleich zum anschließenden Belag sein
- Der Hebel von Einhebel-Duscharmaturen an Duschplätzen muss nach unten weisen.

Sanitärräume im B-Standard

- Bewegungsfläche vor Sanitärelementen ≥ 1,20 m (B) × 1,20 m (L)
- WC-Becken mit seitlichem Abstand zu anderen Elementen oder Wänden ≥ 20 cm
- Waschplätze müssen Beinfreiraum unterhalb des Waschtisches aufweisen – maßlich undefiniert.

Sanitärräume im R-Standard

- Bewegungsfläche vor Sanitärelementen ≥ 1,50 m (B) × 1,50 m (L)
- Bewegungsfläche mindestens einseitig neben dem WC-Becken ≥ 90 cm (B) × ≥ 70 cm (L)
- WC-Becken mit seitlichem Abstand ≥ 30 cm
- Sitzhöhe am WC-Becken ≥ 46 bis ≤ 48 cm
- Stützklappgriffe am WC-Becken beidseitig, klappbar und leicht bedienbar
- Waschtischoberkante ≤ 80 cm über OKFF
- Unterfahrbarkeit des Waschtisches ≥ 55 cm
- Waschtische müssen Beinfreiraum unterhalb des Waschtisches aufweisen, axial ≥ 90 cm (B).
- Duschplätze müssen zur Nachrüstung eines Dusch-Klappsitzes und von Klappstützgriffen geeignet sein.

Abb. 2.58: Freisitz mit barrierefreier, niedriger Brüstung und Durchblickshöhe ≥ 60 cm

2.3.3.8 Freisitz

Generell muss der Zugang zum Freisitz schwellenfrei möglich sein. Dabei bezieht sich die DIN 18040-2 ausdrücklich auf den Abschnitt 5.3.1.2 und damit auf Wohnungstüren, für die die normative Ausnahme der technischen Unabdingbarkeit nicht gilt.

Im B-Standard muss eine Bewegungsfläche im Bereich des Freisitzes von ≥ 1,20 m (B) × ≥ 1,20 m (L) vorhanden sein. In Bezug auf R-Wohnungen ist eine Bewegungsfläche von ≥ 1,50 m (B) × 1,50 m (L) normgerecht.

Wenn Brüstungen den Freisitz begrenzen, muss zumindest teilweise ein Durchblick ab einer Höhe von ≥ 60 cm über OKFF möglich sein. Dadurch ist auch aus einer sitzenden Position heraus ein Sichtkontakt zur Umgebung gegeben (siehe Abb. 2.58).

Die Norm lässt jedoch offen, wo der Durchblick vorgesehen sein muss. Zur Vermeidung von Einblicken kann dieser seitlich bzw. versetzt und muss nicht zwingend gegenüber der Tür zum Freisitz angeordnet sein.

DIN Wesentliche Anforderungen nach DIN 18040-2

- niveaugleicher Zugang zum Freisitz
- Durchblickshöhe bei Brüstungen teilweise ≥ 60 cm

Freisitz im B-Standard

- Bewegungsflächen ≥ 1,20 m (B) × ≥ 1,20 m (L)

Freisitz im R-Standard

- Bewegungsflächen ≥ 1,50 m (B) × ≥ 1,50 m (L)

3 Toleranzen beim barrierefreien Bauen

In der Theorie bezieht sich der Begriff „Barrierefreiheit“ grundsätzlich auf die Nutzbarkeit und Funktionalität baulicher Anlagen für Menschen sowohl mit als auch ohne Behinderung. Unter Toleranzen versteht man im Bauwesen hinzunehmende Abweichungen zwischen dem geplanten und dem fertiggestellten Zustand. Toleranzen haben jedoch einen erheblichen Einfluss auf die Barrierefreiheit von Gebäuden und somit auf den Immobilienwert und müssen demnach im Prozess der Immobilienbewertung berücksichtigt werden.

Die barrierefreie Gestaltung betrifft zudem die Einhaltung von Mindestabständen, also von lichten Abständen zwischen Bauteilen oder -elementen, um bestimmten Personengruppen eine entsprechende Nutzung zu ermöglichen. Nach DIN 18040-1 und DIN 18040-2 bezieht sich diese immer auf den fertiggestellten Zustand der baulichen Anlagen, unter Berücksichtigung einer nutzungsspezifischen Möblierung.

Werden im Prozess der Immobilienbewertung hingegen Abweichungen festgestellt, so sind verschiedene Fragen unumgänglich. Handelt es sich bei diesen Abweichungen um einen „Mangel“ oder um einen „Schaden“? Und die wesentlich essenziellere Frage lautet: Sind diese Abweichungen im Rahmen einer Immobilienwertermittlung tolerierbar und welchen Einfluss haben sie auf den Immobilienwert?

Dieses Themenfeld wird im Folgenden an dem Beispiel der zu kleinen Bewegungsflächen erörtert – einem Befund, der sich bei der Bewertung von Immobilien zum Zweck der Feststellung ihres Werts in der Praxis immer wieder zeigt.

3.1 Mangel vs. Schaden

Zur Beantwortung dieser Fragen sind zunächst die Begriffe „Mangel“ und „Schaden“ differenziert zu betrachten. Prinzipiell liegt ein **Mangel** dann vor, wenn die Ist-Beschaffenheit von der Soll-Beschaffenheit abweicht. So liegt theoretisch immer ein Mangel vor, wenn die vertraglich vereinbarte Beschaffenheit nicht erfüllt ist. Unerheblich ist, ob die Abweichung vom vereinbarten Zustand für den Auftraggeber positiv oder negativ ist. Das Bürgerliche Gesetzbuch (BGB) nimmt in den §§ 434 und 435 eine rechtliche Einordnung des Begriffes vor.

Im Gegensatz zum Begriff des Mangels wird der **Schaden** in den §§ 249 bis 254 BGB beschrieben und als unfreiwilliger materieller Verlust definiert.

Das Bürgerliche Gesetzbuch gibt in diesem Zusammenhang keine Legaldefinition für den Begriff „Schaden“. Stattdessen liegen eine Reihe von Normen vor, die als Überblick und Orientierung gelten. Grundsätzlich ergeben sich nun weitere Fragen, die bei der Bewertung baulicher Anlagen zu berücksichtigen sind:

- Inwieweit kann überhaupt zwischen den Begriffen unterschieden werden?
- Und welche Folgen ergeben sich daraus?

Wenn man von der Tatsache ausgeht, dass schon eine Abweichung von der Soll-Beschaffenheit einen Mangel begründen kann, ist es möglich, dass ein Mangel auch ohne Schaden besteht. Darüber hinaus kann ein Mangel bestehen, wenn die Gefahr eines Schadens droht. Die rechtlichen Konsequenzen unterscheiden sich dahingehend erheblich. Im ersten Fall (Abweichung von der Soll-Beschaffenheit) müssen bzw. dürfen die Auftragnehmer nachbessern. Im zweiten Fall (durch den Mangel droht ein Schaden) ist der Mangel nur bei Verschulden zu ersetzen.

Sollte die Nacherfüllung bei Mängeln jedoch unmöglich oder mit einem unverhältnismäßigen Kostenaufwand verbunden sein, so besteht die Möglichkeit, dass der Auftragnehmer diese nach § 635 Absatz 3 BGB verweigert. Entscheidend ist hier der für den Auftraggeber entstehende Vorteil in Bezug auf den erforderlichen Kostenaufwand.

Eine weitere Unterscheidungsmöglichkeit ergibt sich aus dem Auftreten und dem Einfluss des Mangels auf die Funktion. Optische Mängel beeinträchtigen die Funktion grundsätzlich nicht. So kann ggf. die Nachbesserung in Bezugnahme auf die Verhältnismäßigkeit verweigert werden. In einem solchen Fall wird die Minderung des Werklohns zwischen den Parteien bestimmt. Prinzipiell liegt eine Einzelfallentscheidung vor, jedoch dürfen die Minderungskosten die Kosten der Nachbesserung nicht übersteigen.

Die Immobilienbewertung steht genau hier am Scheidepunkt: Nur wenn ein Werteinfluss begründbar ist, muss dieser als besonderer den Wert beeinflussender Umstand in einer Immobilienbewertung berücksichtigt werden. Dies gilt aber ausschließlich, wenn ein entsprechender Mangel in vergleichbaren Objekten nicht auftritt.

3.2 Bewegungsflächen

Die DIN 18040-1 und die DIN 18040-2 definieren jeweils in Abschnitt 3 „Begriffe" die Bewegungsfläche als:

„erforderliche Fläche zur Nutzung eines Gebäudes oder einer baulichen Anlage, unter Berücksichtigung der räumlichen Erfordernisse, z. B. von Rollstühlen, Gehhilfen, Rollatoren"

Nach beiden Normen handelt es sich somit bei Bewegungsflächen um freizuhaltende Mindestabstände zwischen Bauelementen und/oder Möblierungen bzw. Ausstattungen, die Personen mit und ohne Hilfsmittel eine Richtungsänderung ermöglichen. In den Normen sind die Bewegungsflächen ausschließlich zweidimensional definiert. Sie entfalten jedoch eine **dreidimensionale Wirkung**.

Würden Bewegungsflächen nämlich nur eine zweidimensionale Wirkung haben, würden sich auch die tolerierbaren Abweichungen realitätsfern auf das Längen- und Breitenmaß beschränken. Folglich müssen Bewegungsflä-

Abb. 3.1: Bewegungsfläche vor einem Aufzug (zweidimensional)

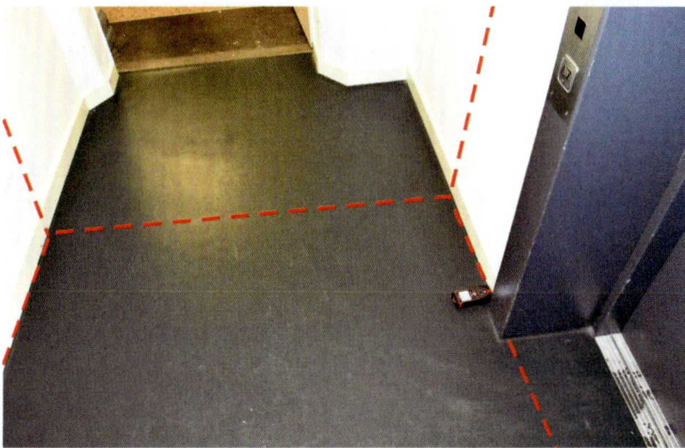

Abb. 3.2: Bewegungsfläche vor einem Aufzug (dreidimensionale Betrachtung)

chen eine dreidimensionale Wirkung entfalten, um mathematisch-geometrische Anforderungen an die bauliche Barrierefreiheit zu erfüllen.

Diese Problematik soll am Beispiel einer Bewegungsfläche von ≥ 1,50 m (B) × 1,50 m (L) vor einem Aufzug grafisch dargestellt werden (siehe Abb. 3.1 und Abb. 3.2).

In der Praxis wird von einer Bewegungsfläche direkt über der Oberkante des Fertigfußbodens (OKFF) ausgegangen. In Bezug auf die wirksame Höhe geben die Normen DIN 18040-1 und DIN 18040-2 lediglich Anhaltspunkte, jedoch keine direkte Definition vor.

Beide Normen sehen allerdings im jeweiligen Abschnitt 4.5.4 „Ausstattungselemente" vor, dass Bewegungsflächen nicht durch hineinragende Bauteile oder Ausstattungselemente eingeschränkt werden dürfen, um die Funktionalität nicht zu beeinträchtigen. Diese Bestimmungen gelten sowohl für Telefonzellen und Vitrinen als auch für Briefkästen und andere Gegenstände, z. B. Feuerlöscher. Dementsprechend zeigen sie, dass zweidimensionale maßliche Anforderungen grundsätzlich dreidimensional wirken. Es ergeben sich somit viel mehr Bewegungsräume, die sowohl in Länge, Breite als auch Höhe zu charakterisieren und entsprechend ihrer Funktionalität zu bewerten sind.

Dies gilt insbesondere für Sanitärelemente gemäß des Abschnitts 5.3.2 der DIN 18040-1:

„Eine Bewegungsfläche von mindestens 150 cm × 150 cm ist jeweils vor den Sanitärobjekten wie z. B. WC-Becken, Waschtisch […] vorzusehen.“

Des Weiteren gilt:

„Das WC-Becken muss beidseitig anfahrbar sein, wofür jeweils eine Bewegungsfläche mit einer Tiefe von mindestens 70 cm […] sowie einer Breite von mindestens 90 cm erforderlich ist, […].“

Darüber hinaus wird in Abschnitt 5.5.2 der DIN 18040-2 eine weitere Bestimmung charakterisiert:

„Jeweils vor den Sanitärobjekten wie WC-Becken, Waschtisch, […] ist eine Bewegungsfläche anzuordnen.“

Dabei wären gerade bei Sanitärelementen Unterschneidungen prinzipiell denkbar. Davon sah der Normengeber jedoch ab, da die Nutzbarkeit der Sanitärelemente infrage gestellt worden wäre.

Grundsätzlich bedeutet dies, dass die wirksame Höhe der Bewegungsfläche des WCs mindestens der definierten Sitzhöhe gemäß des R-Standards entsprechen muss. Diese liegt im Gegensatz zu Waschtischen zwischen ≥ 46 und ≤ 48 cm. Entsprechend des R-Standards muss die wirksame Höhe mindestens so hoch sein wie die definierte Montagehöhe in Bezug auf die Vorderkante eines Waschtisches, um der Höhe von ≤ 80 cm nach DIN 18040-1 gerecht zu werden. Natürlich dürfen die genannten Bewegungsflächen nicht in dieser angegebenen Höhe begrenzt werden: Ansonsten ist ja die Nutzung für Menschen – sowohl mit als auch ohne Behinderung – ausgeschlossen.

Die **wirksame Höhe** beeinflusst dementsprechend nicht nur die Funktionalität, sondern auch die Nutzbarkeit baulicher Anlagen. Daraus resultiert natürlich die Frage: Kann eine bestimmte wirksame Höhe generell auf alle Bewegungsflächen übertragen werden?

Die genannten Normen sehen auch hier wenige ausführliche Regelungen und Bestimmungen vor. Ein Anhaltspunkt bildet jedoch der Abschnitt 4.1 in beiden. Dort heißt es:

„Zur Verkehrssicherheit auch für großwüchsige Menschen darf die nutzbare Höhe über Verkehrsflächen 220 cm nicht unterschreiten, ausgenommen sind Türen […], Durchgänge und lichte Treppendurchgangshöhen.“

Türen werden in beiden Normen in Abschnitt 4.3.3.2 nochmals entsprechend ihrer Höhe charakterisiert. In Bezug auf die Barrierefreiheit wird eine (Durchgangs-)Höhe von ≥ 2,05 m vorgeschrieben, um sowohl Nutzen als auch Funktion zu vereinigen.

3.3 Beurteilung von Bewegungsflächen bei der Immobilienbewertung

Im Rahmen einer sachgerechten Immobilienbewertung sollte eine Beurteilung der erforderlichen Bewegungsflächen in Bezug auf die unterstellte Folgenutzung vorgenommen werden. Dabei ist eine zweckentsprechende Möblierung zu berücksichtigen.

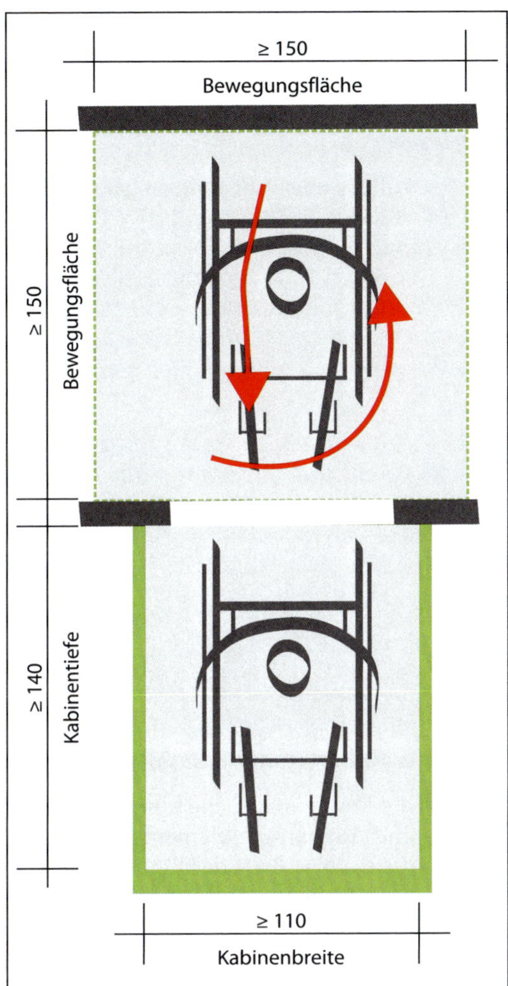

Abb. 3.3: Bewegungsfläche vor einer Fahrschachttür eines Personenaufzugs nach DIN 18040-2 (Quelle: Metlitzky/Engelhardt, 2021, Abb. C 2.4)

Sind in bestimmten baulichen Situationen keine ausreichenden Bewegungsflächen im Sinne der DIN 18040-1 und der DIN 18040-2 vorhanden, ist die im Rahmen einer Immobilienbewertung unterstellte Folgenutzung ggf. infrage gestellt.

Dies soll im Folgenden an zwei Beispielen erläutert werden. Im ersten Fall geht es um Maßtoleranzen zwischen dem geplanten Maß und dem fertigen Raum, im zweiten Fall um das Problem der hineinragenden Bau- oder Ausstattungselemente.

Beispiel 1: Verputz verändert das geplante Maß

Prinzipiell muss nach der DIN 18040-1 die Bewegungsfläche vor einem Aufzug, also vor einer Aufzugstür, ≥ 1,50 m (B) × 1,50 m (L) betragen (siehe Abb. 3.3).

Zwischen der Fahrschachttür und der gegenüberliegenden Raumbegrenzung des Flurs besteht in dem Gebäude, das diesem Beispiel zugrunde liegt, lediglich ein Abstand von 1,52 m. Die maßlichen Angaben beziehen sich auf den Rohbau. Die Wand des Fahrschachts und die gegenüberliegende Wand des Treppenraums wurden beidseitig verputzt.

Bei der Planung und Ausführung von Außen- und Innenputzen gelten entsprechende Anforderungen nach DIN 18550-1: 2018- 01 und DIN 18550-2: 2018-01. So ist grundsätzlich ein Innenputz mit einer Putzdicke von Ø 10 mm nach Abschluss aller Vorbereitung aufzutragen. Im fertiggestellten Zustand würde in unserem Beispiel ein lichter horizontaler Abstand von 1,50 m zwischen den Wänden entstehen. Die theoretischen maßlichen Anforderungen in Bezug auf die Tiefe der Bewegungsfläche vor Aufzügen wären dementsprechend erfüllt.

In der Praxis kann dies jedoch nicht unterstellt werden, da zur Einhaltung der Bewegungsfläche absolut parallele Wände und die millimetergenaue Einhaltung der Maße nötig wären. In der Bewertungspraxis sollte also in einem solchen Fall durch ein örtliches Aufmaß zwingend geprüft werden, ob die als Mindestmaß definierte Bewegungsfläche eingehalten wurde.

Ein anderes Beispiel hierfür ist die eigentliche Positionierung der Bewegungsflächen. Prinzipiell ist deren Position in den Normen klar definiert. Beispielsweise müssen diese direkt an der Tür, d. h. an der Außenseite direkt an der Türlaibung positioniert werden.

Beispiel 2: Ausstattungselemente ragen in die Bewegungsfläche hinein

Weitere typische Fehlerquellen sind in die Bewegungsfläche hineinragende Sockelleisten, Türzargen oder Bedien- und Ausstattungselemente, insbesondere im Sanitärbereich. Für Letztere muss ein Nachweis der Bewegungsfläche z. B. innerhalb des Duschplatzes erbracht werden, um den Bestimmungen der DIN 18040-1 bzw. der DIN 18040-2 gerecht zu werden.

Häufig kommt es jedoch vor, dass nach der Fertigstellung Armaturen, Wasserauslasse, Dusch-/Haltestangen oder Ablagen in die Bewegungsfläche bzw. in ihre wirksame Höhe hineinragen. Dies widerspricht hingegen der Anforderung nach Abschnitt 4.1 der DIN 18040-1 und der DIN 18040-2, die eine Verringerung der Bewegungsfläche durch hineinragende Bauteile ausschließt. Die Ursache hierfür ist, dass Planer die Bewegungsfläche häufig direkt an der Wandseite des Duschplatzes vorsehen, auf der später Ausstattungs- und Bedienelemente montiert werden.

In der Bewertungspraxis wird aber auch die gegenteilige Meinung vertreten. Sie besagt, dass alle Anforderungen trotzdem erfüllt werden können, wenn Bewegungsflächen in tolerierbarer Art eingeschränkt werden. Die grafischen Darstellungen aus Abschnitt 5.5.2 der DIN 18040-2 zeigen Beispiele, die diese Argumentation unterstützen. Dargestellt ist unter anderem ein WC-Becken, bei dem die Klappstützgriffe in die Bewegungsflächen hineinragen – selbst im hochgeklappten Zustand. Zudem ist ein Duschplatz dargestellt, bei dem aber nur unterstellt werden kann, dass sämtliche Ausstattungselemente die Bewegungsfläche einschränken, denn diese sind nicht abgebildet.

Abb. 3.4: Positionierung der Bewegungsfläche (rote Markierung) mit hineinragenden Ausstattungselementen (Quelle: HEWI Heinrich Wilke GmbH)

Abb. 3.5: Positionierung der Bewegungsfläche (rote Markierung) vor den Ausstattungselementen (Quelle: HEWI Heinrich Wilke GmbH)

In der Theorie noch denkbar, ist die praktische Umsetzung dieser Argumentation jedoch schwierig. Denn solange die Normen nicht festlegen, wie groß die Einschränkungen höchstens sein dürfen, können diese wenige Millimeter, aber auch z. B. 30 cm betragen, ohne dass aus dieser Sicht ein Mangel definiert werden kann.

Diese Überlegungen stehen jedoch im Widerspruch zu den Anforderungen nach Abschnitt 4.1 der DIN 18040-1 und der DIN 18040-2. Das Schutzziel der uneingeschränkten Bewegung kann grundsätzlich nicht erreicht werden, wenn die Nutzbarkeit und Funktion der Bewegungsflächen nicht oder nur bedingt berücksichtigt wird.

Abb. 3.4 zeigt die Problematik am Beispiel eines Duschplatzes, bei dem alle Ausstattungselemente in die Bewegungsfläche hineinragen, wenn unterstellt wird, dass der Planer die Bewegungsfläche direkt von der Ecke heraus nachgewiesen hat.

Abb. 3.5 zeigt eine praxisgerechtere Lösung, bei der die Anordnung der Bewegungsfläche die Anordnung der Ausstattungs- und Bedienelemente berücksichtigt.

Gemäß der Norm muss weder die Größe noch die Position der Duschfläche mit der Bewegungsfläche übereinstimmen, dadurch kann sie auch vor Aus-

Abb. 3.6: Duschplatz mit „platzsparenden" Wandnischen als integrierte Ablage

stattungs- und Bedienelementen beginnen (siehe Abb. 3.5). Zu beachten ist nur, dass die Charakteristik und der daraus resultierende Nutzen nicht beeinträchtigt werden dürfen, andernfalls kann die Dusche ihrer Funktion nicht gerecht werden.

Die Gestaltung von Wand-, Ausstattungs- und Bedienelementen wird grundsätzlich immer durch die Anordnung der Bewegungsflächen beeinflusst und muss an dieser gemessen werden und sich auch an dieser messen lassen. Beispielsweise ist bei der Positionierung von Duschtrennwandelementen darauf zu achten, dass diese nicht die Bewegungsfläche einschränken. Sollten Bewegungsflächen aus Platzgründen nicht verlagert werden können, kann der Planer auch für die Integration von Ausstattungs- und Bedienelementen in der Vorwand- bzw. Wandkonstruktion sorgen. Die Herstellung von Rücksprüngen ist möglich und durch Unterputz-Armaturen in Kombination mit Kopfbrausen und versenkten Ablagen in der Praxis auch realisierbar (siehe Abb. 3.6).

Die Problematik der Einschränkungen der Bewegungsfläche ist auch dann gegeben, wenn ein Waschtisch unmittelbar neben einem WC-Becken im Mindestabstand angeordnet wird. Haben die Sanitärelemente unterschiedliche Bautiefe bzw. Ausladungen, ragt entweder der Waschtisch in die Bewegungsfläche des WC-Beckens hinein oder umgekehrt. Nur dann, wenn die unterschiedlichen Bautiefen mit unterschiedlich Montageebenen, z. B. unterschiedlich tiefen Vorwänden, kompensiert werden, kann die Reduzierung der Bewegungsflächen vermieden werden.

3.4 Sind zu kleine Bewegungsflächen also ein Mangel?

Bezieht man die oben genannten Argumente und Betrachtungen in die Beurteilung der Barrierefreiheit bei einer Immobilienbewertung mit ein, muss man zur Erkenntnis gelangen, dass diese einen unmittelbaren Einfluss haben. Dies zeigt auch das Urteil des OLG Hamm (Urteil vom 28.01.2021, Az.: 21 U 54/19), das sich mit Schadensersatz wegen mangelhafter Architektenleistungen auseinandersetzt.

In dem Urteil ging es unter anderem um die Frage, ob zu kleine Bewegungsflächen einen Mangel darstellen. Konkret handelte es sich um Bewegungsflächen vor Wohnungseingangstüren und fehlende Bewegungsflächen im Bereich der inneren Erschließung des Gebäudes. Zudem wurde über eine mangelhafte Planungsleistung von nicht schwellenlosen und nicht niveaugleichen Ausführungen der Fenstertüren zu den Freisitzen entschieden.

Kläger in dem Verfahren war ein Träger einer Einrichtung zur Alten- und Krankenpflege. Im Jahr 2008 beabsichtigte der Träger eine Erweiterung der Einrichtung für betreutes Wohnen durch den Neubau von 27 Wohneinheiten. Der Kläger stellte dem Beklagten unter anderem die Broschüre „Qualitätssiegel betreutes Wohnen für ältere Menschen Nordrhein-Westfalen" zur Verfügung und vereinbarte mit ihm, dass sich die Planung danach richten solle.

Erstinstanzlich entschied das verfahrensführende Gericht, dass die erbrachten Planungs- und Bauüberwachungsleistungen mangelhaft seien, da die normativen Rahmenbedingungen an die bauliche Barrierefreiheit nicht eingehalten wurden. Grundlage für die Entscheidung war ein selbstständiges Beweisverfahren, in dem festgestellt wurde, dass die normativen Vorgaben nach DIN 18040-1 und DIN 18040-2 in Bezug auf die Eingangs- und Fenstertürschwellen und die Bewegungsflächen an den Wohnungseingangstüren nicht eingehalten wurden, d. h. im fertiggestellten Zustand nicht nachweisbar waren. Zudem wurden im Bereich der inneren Erschließung des Gebäudes nicht die notwendigen Bewegungsflächen von ≥ 1,80 m (B) × ≥ 1,80 m (L) nach max. 15 m Flurlänge vorgesehen.

Das OLG Hamm als folgende Instanz sprach sich unter anderem dafür aus, dass die im Rahmen der Ausführungsplanung und Bauüberwachung erbrachten Leistungen im Sinne von § 633 Abs. 2 S. 1 BGB mangelhaft seien, da das Anforderungsniveau zur Barrierefreiheit „Qualitätssiegel betreutes Wohnen für ältere Menschen Nordrhein-Westfalen" nicht erfüllt werden konnte.

Problematisch in diesem Zusammenhang war, dass sich in dem Zeitraum die normativen Grundlagen geändert hatten: Prinzipiell kommt es dabei auf die allgemein anerkannten Regeln der Technik zum Zeitpunkt der Abnahme an. Wenn sich diese nach Vertragsschluss geändert haben (BGH NJW 2018, 391, 393 [BGH 14.11. - VII ZR 65/14]), wird die Beurteilung entsprechend erschwert. Resümierend wurde jedoch auch in der folgeinstanzlichen Entscheidung das erstinstanzliche Urteil in Bezug auf die Mangelhaftigkeit der Leistung bestätigt.

4 Miet- und Wohnungseigentumsrecht

Basierend auf den §§ 535 bis 580a BGB ist das Mietrecht eines der integralen Bestandteile des Zivilrechts und somit auch für die Barrierefreiheit in der Immobilienbewertung immanent wichtig. Bei der Beurteilung der Barrierefreiheit ist entscheidend, ob Mieter das Mietobjekt als Wohnung nutzen. Allein dies begründet die Relevanz der §§ 535 bis 580a BGB. Unerheblich ist in diesem Zusammenhang, ob eine Wohnung im ungetrennten Eigentum steht oder Bestandteil einer Wohnungseigentumsanlage ist.

4.1 Mietrecht

Der § 554 BGB stellt eine der zentralen gesetzliche Vorschriften im Zivilrecht zur Umsetzung der baulichen Barrierefreiheit dar. In ihm heißt es:

„(1) Der Mieter kann verlangen, dass ihm der Vermieter bauliche Veränderungen der Mietsache erlaubt, die dem Gebrauch durch Menschen mit Behinderungen, dem Laden elektrisch betriebener Fahrzeuge oder dem Einbruchsschutz dienen. Der Anspruch besteht nicht, wenn die bauliche Veränderung dem Vermieter auch unter Würdigung der Interessen des Mieters nicht zugemutet werden kann. Der Mieter kann sich im Zusammenhang mit der baulichen Veränderung zur Leistung einer besonderen Sicherheit verpflichten; § 551 Abs. 3 gilt entsprechend.

(2) Eine zum Nachteil des Mieters abweichende Vereinbarung ist unwirksam."

Im Zuge der WEG-Reform Ende 2020 wurden die gesetzlichen Anforderungen aus dem bislang geltenden § 554a BGB in den § 554 BGB überführt und gleichzeitig gestrafft, ohne dass es zu einer erheblichen Änderung gekommen ist. Irritierenderweise wurde in § 554 BGB die Barrierereduzierung thematisch mit der E-Mobilität und Einbruchsschutz verknüpft, was zur Klarstellung der Begrifflichkeiten wenig beiträgt.

Ausschlaggebend für die Einführung der Bestimmungen in den ehemaligen § 554a BGB war das sogenannte „Treppenlift-Urteil" des Bundesverfassungsgerichts vom 28.03.2000 (1 BvR 1460/99). Dabei ging es um die Ansprüche und Rechte des Mieters gegenüber dem Vermieter in Bezug auf die barrierefreie Gestaltung der von dem Mieter angemieteten Wohnung. Streitig war, ob der Mieter eine behinderungsbedingte Anpassung eines Gebäudeteils gegenüber dem Vermieter (sinnhaft: dem Eigentümer der Mietwohnung) gegen dessen Willen durchsetzen kann, was unmittelbaren Einfluss auf das im BGB definierte Eigentumsrecht hat. Grundsätzlich gilt, dass Personen, die kein Eigentumsrecht an einer Sache haben, keine rechtlichen Entscheidungen über sie treffen können. Dies betrifft auch die Veränderung einer Sache.

Aber Ausnahmen bestätigen hier die Regel. Ein Beispiel hierfür ist der § 554 BGB. In dem sogenannten „Treppenlift-Urteil“ des Bundesverfassungsgerichts vom 28.03.2000 (Az. 1 BvR 1460/99) kam folgender Sachverhalt zur Entscheidung (Zitat aus dem Urteilstext):

„Der Beschwerdeführer lebt seit 1992 gemeinsam mit seiner querschnittsgelähmten Lebensgefährtin in einer Mietwohnung in Berlin. Die Wohnung liegt im zweiten Obergeschoss. Seine Lebensgefährtin ist auf den Rollstuhl angewiesen und muss von ihm täglich durch das Treppenhaus getragen werden. Aus diesem Grund ersuchte er die Vermieter um Zustimmung zum Einbau eines elektrischen Treppenlifts. Der Beschwerdeführer bot an, den Treppenlift auf eigene Kosten einzubauen und bei seinem Auszug aus der Wohnung wieder auszubauen. Die Vermieter willigten in den Umbau nicht ein.“

Das zuständige Landgericht hatte daraufhin die Klage des Mieters abgewiesen. Das Gericht führte diverse Gründe für diese Entscheidung an, unter anderem sei der Mieter nicht zu baulichen Veränderungen des allen Mietern dienenden Treppenhauses berechtigt. In diesem Bezug stelle auch die Weigerung des Vermieters keine Schikane dar. Dieser habe sachliche Gründe vorgetragen, wie die zusätzlichen Haftungspflichten, welche beim Einbau eines Treppenliftes entstünden. Aus Sicht des Vermieters wären diese nicht tragbar und die geforderten Umbauten in Bezug auf das Eigentumsrecht nicht vertretbar.

Die nachfolgende Entscheidung des Bundesverfassungsgerichts negierte jedoch das Urteil des Landgerichts. Als Grund gab es an, die Entscheidung würde die Grundrechte des Mieters aus Art. 14 Abs. GG (Eigentumsgarantie) verletzen und demnach im Sinne des Gesetzes nicht vertretbar sein. Dies schließt auch das Besitzrecht des Mieters an der gemieteten Wohnung ein. Zur Zeit dieser Rechtsprechung fehlten jedoch spezielle mietrechtliche Vorschriften, welche die Sachlage abschließend geklärt hätten. Dementsprechend musste das Landgericht die grundrechtlich geschützten Interessen der im Konflikt liegenden Parteien zu einem angemessenen Ausgleich bringen.

Zur abschließenden Klärung der Rechtslage war die Auslegung von Art. 14 GG entscheidend, die auch das Benachteiligungsverbot gegenüber Menschen mit Behinderungen nach Art. 3 Abs. 3 GG mit einschloss. Das Zivilrecht musste zwischen den Interessen des Vermieters und des Mieters vermitteln, um die Rechtslage abschließend zu klären. Dem standen widersprüchliche Interessenlagen gegenüber: Der Vermieter vertrat die unveränderte Erhaltung des Treppenhauses als eigentumsrechtlich geschützter Wille, der Mieter das grundrechtlich geschützte Interesse an einer zweckentsprechenden, d. h. auch behindertengerechten Nutzung eben dieser.

Im Zuge des Mietrechtsanpassungsgesetzes im Jahr 2001 wurde daraufhin der – aktuell entfallene – § 554a in das BGB eingeführt. Ziel war es, Menschen mit Behinderungen ein bedarfsgerechtes Wohnen zu ermöglichen und gleichzeitig das Eigentum an einer Sache zu schützen.

Um die Vorschriften aus dem § 554 BGB nachvollziehen zu können, müssen zunächst die Bestimmungen des § 535 BGB beachtet werden:

„(1) Durch den Mietvertrag wird der Vermieter verpflichtet, dem Mieter den Gebrauch der Mietsache während der Mietzeit zu gewähren. Der Vermieter hat die Mietsache dem Mieter in einem zum vertragsgemäßen Gebrauch geeigneten Zustand zu überlassen und sie während der Mietzeit in diesem Zustand zu erhalten. Er hat die auf der Mietsache ruhenden Lasten zu tragen.

(2) Der Mieter ist verpflichtet, dem Vermieter die vereinbarte Miete zu entrichten.“

Aus § 535 Abs. 1 BGB geht hervor, dass im Rahmen eines Mietverhältnisses für den Mieter ein Anspruch auf vertragsgemäßen Gebrauch der Mietsache entsteht. Der Mieter kann beispielsweise auch ohne Einwilligung des Vermieters Lampen montieren oder Bilderrahmen anbringen, sofern dies nicht anderweitig im Mietvertrag geregelt ist. Für erhebliche bauliche Veränderungen ist hingegen die Zustimmung des Vermieters einzuholen. Genau hier setzt der § 554 BGB an, weil zu den tiefgreifenden baulichen Veränderungen auch bauliche Maßnahmen zur behinderungsbedingten Anpassung des Wohnraums gehören. Entsprechend des § 535 BGB ist für solche baulichen Veränderungen die Zustimmung des Vermieters unabdingbar.

§ 554 BGB legt jedoch die Hürde zu baulichen Veränderungen der Mietsache gegen den Willen des Vermieters verhältnismäßig hoch, denn der Mieter hat lediglich einen Anspruch auf Zustimmung zur Veränderung oder zu sonstigen Einrichtungen zum bedarfsgerechten Wohnen in der Mietsache. Besteht ein solches Verlangen des Mieters, muss der Vermieter im Sinne des § 554 BGB eine Interessenabwägung durchführen. Die Formulierung *„dem Gebrauch durch Menschen mit Behinderung […] dienen“* zielt darauf ab, dass der Anspruch alle Personen mit Behinderung erfasst, welche dem Haushalt des Mieters angehören. In der Fassung des § 554a BGB war hier nur der Mieter genannt, wobei die Rechtsmeinung auch dessen Haushaltsangehörigen erfasste. Wichtig ist, dass nach wie vor nur der Mieter gegenüber dem Vermieter diesen Anspruch geltend machen kann, nicht jedoch ein Haushaltsangehöriger.

Bei der Interessenabwägung des Vermieters muss dieser das Interesse, die Mietsache unverändert zu erhalten, den Bedürfnissen des Mieters bzw. dessen Haushaltsangehörigen gegenüberstellen. Kommt der Vermieter zu dem Ergebnis, dass die Interessenlagen gleichwertig sind, muss er dem Zustimmungsverlangen des Mieters auf bauliche Veränderungen dennoch entsprechen.

Aus Sicht des Vermieters ist eine solche Entscheidung problematisch, denn seine subjektiv begründete Interessenlage rechtlich klar einzuordnen, kann zu Fehlentscheidungen führen. Setzt daraufhin ein Mieter sein Verlangen auf Zustimmung zu baulichen Veränderungen seiner Mietsache auf dem gerichtlichen Wege durch, nimmt letztlich ein Richter die Interessenabwägung für den Vermieter vor. Dabei kann der Richter durchaus zu einem anderen Ergebnis kommen als die oft sehr subjektiv von Sympathie oder Antipathie geprägte Abwägung des Vermieters.

Der Vermieter darf seine Zustimmung auch nicht von etwaigen Voraussetzungen abhängig machen. So darf beispielsweise der Vermieter die Zustimmung nicht verweigern, wenn sich die Zustimmung zur behindertengerechten Anpassung des Wohnraums ausschließlich darauf stützt, dass der Mieter zuvor etwaige Mietrückstände ausgleicht (AG Flensburg, Urteil vom 11.07.2014, Az. 67 C 3/14, WuM 2015, 733).

Eine weitere Hürde, welche der § 554 BGB in Bezug auf den Zustimmungsanspruch inne hat, ist die Frage, wer die finanzielle Last für die baulichen Veränderungen trägt. Entsprechen der gesetzlichen Vorgaben muss diese Last immer vom Mieter getragen werden. Es besteht keine Möglichkeit, die aus den baulichen Veränderungen entstehenden finanziellen Belastungen auf den Vermieter zu übertragen, es sei denn, dieser willigt freiwillig ein.

Unter bestimmten Umständen kann der Vermieter seine Zustimmung verweigern. Dies ist beispielsweise dann der Fall, wenn der Mieter aus Kostengründen den Umbau in Eigenleistung oder durch sogenannte Verwandtschaftshilfe realisieren möchte. Prinzipiell hat der Vermieter nämlich das Recht, die baulichen Veränderungen von Fachleuten durchführen zu lassen. Das gilt insbesondere dann, wenn er befürchtet, dass die gewünschte Qualität der Leistung nicht durch die Eigenleistung des Mieters oder durch die Verwandtschaftshilfe realisiert werden kann.

Nach § 554 BGB hat der Vermieter zudem das Recht, vom Mieter eine angemessene Sicherheitsleistung für die Wiederherstellung des ursprünglichen Zustandes zu verlangen. Entgegen der Fassung des früheren § 554a BGB kann der Vermieter seine Zustimmung jedoch nicht mehr von der Zahlung dieser Sicherheitsleistung abhängig machen. Bei der Interessenabwägung bleibt allerdings dieser Fakt als ein zu berücksichtigender Belang bestehen, denn sollte der Mieter grundsätzlich nicht zu einer Sicherheitsleistung bereit sein, kann der Vermieter seine Zustimmung verweigern.

Der Vermieter darf von Rechts wegen prinzipiell die Höhe der Sicherheit selbst bestimmen. § 554 BGB regelt, dass die Höhe der Sicherheit *„angemessen"* sein muss. Diese ist nicht – anders als die übliche Mietkaution – auf die Höhe von drei Nettomieten begrenzt. Im übertragenen Sinne bedeutet dies: Nur wenn sich die Sicherheitsleistung an den voraussichtlichen Kosten des Rückbaus orientiert, kann diese angemessen sein. Ein Kostenvoranschlag könnte beispielsweise die Rückbaukosten definieren. Jedoch bezieht sich dieser auf das Preisniveau zum Zeitpunkt der Erteilung der Zustimmung zu den Veränderungen. Mangels anderweitiger Regelung im Gesetz wird in diesem Zusammenhang dem Vermieter ein nicht näher definierter Aufschlag für Preissteigerungen zugesprochen. Jedoch ist der Vermieter für die erforderliche Höhe der Sicherheit beweispflichtig. Das bedeutet, dass der Vermieter in der Lage sein muss, die Höhe der Kosten dezidiert darzulegen. Für den Vermieter ist die Bemessung der Höhe der Sicherheitsleistung daher problematisch, speziell dann, wenn zwischen der Zustimmung und einem möglichen Rückbau voraussichtlich mehrere Jahrzehnte liegen werden. Im Hinblick auf die letztjährigen Preissteigerungsraten im Bauwesen ist es sehr wahrscheinlich, dass die heute bemessene Sicherheitsleistung sowie die mögliche Verzinsung den Kostenaufwand für den Rückbau in der Zukunft kaum decken kann. Hier sollte der Gesetzgeber eine klare rechtliche Grundlage schaffen, die bei einem offensichtlichen Missverhältnis zwischen Sicherheitsleistung und Rückbaukosten eine nachträgliche Anpassung derselben ermöglicht.

Ist eine einvernehmliche Bestimmung der Sicherheitsleistung nicht möglich oder fehlt die Fachkenntnis zur Einschätzung des Kostenaufwands für den Rückbau, sollte eine sachverständige Kostenschätzung eingeholt werden. Ob der Vermieter oder der Mieter die Kosten für eine solche sachverständige Einschätzung zu tragen hat, ist dem Gesetzestext nicht zu entnehmen. Aus dem beabsichtigten Zweck der gesetzlichen Regelung lässt sich jedoch ableiten, dass der Mieter die Kosten zu tragen hat, da grundsätzlich der Mieter die finanzielle Last für die bauliche Veränderung sowie die Rückbaukosten zu tragen hat.

Die Problematik kann sich jedoch auch anders darstellen, beispielsweise wenn ein Mieter die Zustimmung begehrt, einen niveaugleichen Duschplatz zu errichten oder einen schwellenfreien Zugang zu seinem Freisitz zu realisieren. Typischerweise führen solche baulichen Veränderungen zur Erhöhung des Wohnwerts. Eine Erhöhung desselben führt regelmäßig zu einer Erhöhung der Miete.

Aber in dem Fall, dass der Mieter die Veränderung selbst durchführt und der Vermieter keine Investitionen dafür tätigen muss, besteht auch seitens des Vermieters keine Möglichkeit, daraus ein Mieterhöhungsverlangen abzuleiten. Die Frage in diesem Zusammenhang ist jedoch: Muss auch für eine solche bauliche Veränderung eine Sicherheitsleistung geleistet werden, wenn die begehrte bauliche Veränderung zur Erhöhung des Wohnwerts führt? Diese Frage führt zur Überlegung, ob ein Vermieter überhaupt den Rückbau begehrt, wenn der Mieter, der die Zustimmung verlangt hat, das Mietobjekt nicht mehr nutzen will bzw. kann.

Abschließend waren diese Fragen nicht geklärt, als diese Publikation in Druck ging. Mit anderen Worten bedeutet dies: Grundsätzlich können auch für behinderungsbedingte bauliche Veränderungen, die den Wohnwert erhöhen, Mietsicherheitsleistungen verlangt werden. Zwingend erforderlich ist dies jedoch nicht.

In diesem Zusammenhang ist eine schriftlich abgefasste vertragliche Regelung durchaus sinnvoll, um mögliche spätere Ansprüche und Forderungen abschließend zu klären. Darin sollten unter anderem folgende Punkte erfasst werden:

- Grund der begehrten Zustimmung zur baulichen Veränderung
- Ausdrückliche Zustimmung mit Begründung inklusive dezidierter Interessenabwägung
- Beschreibung der baulichen Veränderung in detaillierter Form
- Beginn und Fertigstellungstermin der baulichen Veränderungen
- Name und fachliche Qualifikation sowie fachliche Eignung der ausführenden Person oder des ausführenden Unternehmens
- Höhe der Sicherheitsleistung

Auswirkungen auf die Immobilienbewertung

Aufgrund der vorgenannten Ausführungen muss im Rahmen einer Immobilienbewertung abgeklärt werden, ob ein solcher Zustimmungsanspruch erteilt worden ist und, wenn ja, ob hierfür eine Sicherheitsleistung erbracht worden ist. Dies ist besonders dann erforderlich, wenn die Ermittlung des Immobilienwerts im Rahmen eines Zwangsversteigerungsverfahrens durchgeführt werden muss. Dabei verlangt prinzipiell das verfahrensführende Gericht von dem Bewertungssachverständigen eine Auskunft darüber, ob und, wenn ja, in welcher Höhe (Miet-)Sicherheitsleistungen erbracht worden sind. Dazu zählen ausdrücklich auch Sicherheitsleistungen im Sinne des § 554a BGB.

Erkennt jedoch der Bewertungssachverständige nicht, dass eine bauliche Veränderung im Sinne des § 554 BGB vorgenommen worden ist, kann er auch nicht die konkrete Recherche hinsichtlich einer Mietsicherheitsleistung zum Zweck des Rückbaus der baulichen Veränderung vornehmen. Insgesamt muss festgestellt werden, dass die Nichtbeachtung der Konsequenzen aus den Regelungen des § 554 BGB zu einem Mangel bei einer Immobilienbewertung führen muss.

4.2 Wohnungs- und Teileigentumsrecht

Diese Anforderungen betreffen prinzipiell die gesetzlichen Vorgaben zum Wohnungs- und Teileigentumsrecht, die in den §§ 1 bis 30 des Gesetzes über das Wohnungseigentum und das Dauerwohnrecht (Wohnungseigentumsgesetz – WEG) definiert sind.

Grundsätzlich ist dabei zwischen dem Eigentum der Eigentümergemeinschaft, dem gemeinschaftlichen Eigentum und dem Sondereigentum eines Eigentümers zu unterscheiden. Bei Letzterem entscheidet der Eigentümer des Sondereigentums für den baulichen Bereich, auf den sich das Sondereigentum bezieht, allein über bauliche Veränderungen. Dies kann beispielsweise das Bad innerhalb eines Wohnungseigentums betreffen. Sobald aber das äußere Erscheinungsbild oder Veränderungen an Bauteilen entsprechend der gesetzlichen Regelungen oder der Bestimmungen der Teilungserklärung am Gebäude bzw. der baulichen Anlage vorgenommen werden, erfordert dies eine Zustimmung durch die Eigentümergemeinschaft. Gleiches gilt in Bezug auf bauliche Veränderungen eines Hauseingangs oder in Bezug auf den An- oder Einbau eines Personenaufzuges. Auch hier muss prinzipiell die Eigentümergemeinschaft der baulichen Veränderung zustimmen.

Unter Maßgabe des Zustimmungsanspruchs nach § 554 BGB des Mieters gegenüber dem Vermieter bedeutet dies: Sofern der Vermieter gleichzeitig der Eigentümer ist und sich die bauliche Veränderung ausschließlich auf das Sondereigentum bezieht, kann nur er allein zustimmen. Betrifft der Zustimmungsanspruch auch das gemeinschaftliche Eigentum, kann in diesem Sinne der Mieter eine entsprechende Zustimmung auch von der Eigentümergemeinschaft einfordern.

Seit der Reformierung des WEG im Dezember 2020 ist es nun möglich, dass bei bestimmten baulichen Veränderungen ein einzelner Wohnungseigentümer einen Anspruch auf die Fassung eines Grundlagenbeschlusses zur Umsetzung baulicher Veränderungen hat. Dies trifft insbesondere auf solche Veränderungen zu, welche die bauliche Barrierefreiheit betreffen. Dies lässt sich damit begründen, dass bei der Nutzung von Wohnungen individuelle Wohnbedürfnisse im Vordergrund stehen und die gewünschten baulichen Veränderungen auf die Erfordernisse eines oder mehrerer Bewohner abstellen. Damit sind die Voraussetzungen nach § 20 Abs. 2 WEG erfüllt. Darin heißt es:

„(2) Jeder Wohnungseigentümer kann angemessene bauliche Veränderungen verlangen, die

1. *dem Gebrauch durch Menschen mit Behinderungen*
   […]

dienen. Über die Durchführung ist im Rahmen ordnungsmäßiger Verwaltung zu beschließen.“

Dies bedeutet, dass zur Grundlage der Beschlussfassung die baulichen Veränderungen lediglich dem „Gebrauch durch Menschen mit Behinderungen“ dienen und angemessen sein müssen. Interessant ist, dass der Wortlaut auf den Begriff „Menschen mit Behinderungen“ abstellt.

§ 2 Abs. 1 SGB IX definiert diesen Begriff wie folgt:

„(1) Menschen mit Behinderungen sind Menschen, die körperliche, seelische, geistige oder Sinnesbeeinträchtigungen haben, die sie in Wechselwirkung mit einstellungs- und umweltbedingten Barrieren an der gleichberechtigten Teilhabe an der Gesellschaft mit hoher Wahrscheinlichkeit länger als sechs Monate hindern können. Eine Beeinträchtigung nach Satz 1 liegt vor, wenn der Körper- und Gesundheitszustand von dem für das Lebensalter typischen Zustand abweicht. […]“

In diesem Sinne liegt dann eine Behinderung vor, wenn der Körper- und Gesundheitszustand von dem für das Lebensalter typischen Zustand abweicht. Im Umkehrschluss bedeutet dies, dass das WEG nicht auf Menschen mit physischen und psychischen Einschränkungen abstellt, die für das Lebensalter typisch, also altersbedingt sind. Mit anderen Worten: Wer nur „alt“ ist, hat keinen Anspruch auf einen solchen Grundlagenbeschluss laut WEG. Inwieweit dies in Zukunft auch auf individuelle „Komfortwünsche“ ausgedehnt wird, die sich nicht unmittelbar auf eine Behinderung nach dem Sozialgesetzbuch beziehen, bleibt abzuwarten und wird voraussichtlich noch häufig die Gerichte beschäftigen.

5 Immobilienbewertung unter barrierefreien Aspekten

Bei der Beurteilung der Barrierefreiheit ist – wie bereits beschrieben – grundsätzlich zwischen öffentlich zugänglichen Gebäuden und Wohnungen zu unterscheiden. Dieser Beurteilungsaspekt besteht auch dann, wenn sich die Einstufung nur auf einen Teil der baulichen Anlage bezieht. In einem solchen Fall ist der gewerblich genutzte Teil der baulichen Anlage nach den Anforderungen für öffentlich zugängliche Gebäude und der wohnbaulich genutzte Teil nach den Anforderungen in Bezug auf Wohnungen zu beurteilen (siehe dazu Abschnitt 5.3). Diese Differenzierung trifft insbesondere auf Wohn- und Geschäftshäuser oder gewerblich genutzte Objekte zu, in denen auch Wohnungen für Bedienstete oder Hausmeister vorgesehen sind.

Nach § 50 Abs. 2 MBO gelten als öffentlich zugängliche Gebäude bzw. Teile davon insbesondere:

- Einrichtungen der Kultur und des Bildungswesens
- Sport- und Freizeitstätten
- Einrichtungen des Gesundheitswesens
- Büro-, Verwaltungs- und Gerichtsgebäude
- Verkaufs-, Gast- und Beherbergungsstätten

Für die Barrierefreiheit sind die eigentumsrechtlichen Verhältnisse grundsätzlich unrelevant. Dies belegt beispielsweise das Urteil des OVG Berlin-Brandenburg (Urteil vom 16.12.2005, Az. 10 N 28/05), das die Schalterhalle eines Kreditinstituts als öffentlich zugänglichen Teil des in Rede stehenden Gebäudes definierte. Das betreffende Kreditinstitut war in diesem Verfahren gegenteiliger Meinung, da es sich nach seiner Auffassung um kein öffentlich zugängliches Gebäude handele.

Entsprechend den oben genannten Vorgaben müssen zur Beurteilung der baulichen Barrierefreiheit die Anforderungen für öffentlich zugängliche Gebäude herangezogen werden, und zwar unabhängig von deren Eigentumsverhältnissen. Dies trifft grundsätzlich auch auf Wohnungen zu, da diese sowohl den Wohnbedürfnissen von Eigentümern als auch den Bedürfnissen von Mietern dienen können. Einzuschränken ist hierbei, dass nach § 50 Abs. 1 MBO die genannten Anforderungen jedoch ausschließlich bei Gebäuden mit mehr als zwei Wohnungen gelten, mithin für

- Mehrfamilienhäuser,
- Teile von gemischt genutzten Gebäuden, die zu Wohnzwecken dienen, und
- wohnungsähnliche Nutzungen (die nicht als öffentlich zugängliche Gebäude einzustufen sind), z. B. Wohnungen für Wohngruppen in Wohnheimen.

Einige Bundesländer haben zur Anzahl der Wohnungen oder hinsichtlich der Einstufung der Gebäudeklasse allerdings abweichende Regelungen getroffen.

5.1 Defizitanalyse zur Beurteilung der Barrierefreiheit

Um im Rahmen einer Immobilienbewertung festzustellen, ob und in welchem Umfang ein Bewertungsobjekt barrierefrei ist, sollte man anhand einer punktuell-normativen, bauordnungsrechtlich-normativen oder umfassend-normativen Defizitanalyse die definierte bzw. unterstellte Folgenutzung bestimmen. Diese Analyseformen werden im Folgenden erläutert.

Die Bearbeitungstiefe richtet sich nach den Anforderungen an die Beurteilung der Barrierefreiheit und sollte in jedem Fall zwischen dem Auftraggeber und dem Immobilienbewertungssachverständigen vertraglich vereinbart sein.

5.1.1 Punktuell-normative Defizitanalyse

Eine punktuell-normative Defizitanalyse berücksichtigt die wesentlichen Punkte der Barrierefreiheit baulicher Anlagen und deren Außenanlagen in Bezug auf die Folgenutzung. Dabei sollten sowohl die konstruktiven und geometrischen Anforderungen an Bauelemente als auch die geometrischen Anforderungen an die Bewegungsflächen berücksichtigt werden.

Eine punktuell-normative Defizitanalyse kann dann erfolgen, wenn keine bauordnungsrechtlich-normative oder umfassend-normative Defizitanalyse der Barrierefreiheit im Rahmen einer Immobilienbewertung vorgenommen werden kann oder soll. Eine solche Defizitanalyse führt zwar zu keiner abschließenden Beurteilung der baulichen Barrierefreiheit, kann jedoch indikative Anhaltspunkte zur Beurteilung der baulichen Barrierefreiheit bieten. Beispielsweise genügt eine solche Betrachtung, wenn ein Gebäude ausschließlich über Stufen oder Treppen zugänglich ist. Eine barrierefreie Zugänglichkeit ist somit ausgeschlossen. Dann ist eine detaillierte Betrachtung der Barrierefreiheit (beispielsweise eines Sanitärbereichs) überflüssig, da Personen mit radgebundenen Hilfsmitteln (z. B. Rollstühlen) diesen von Vornherein nicht erreichen können.

In Fällen jedoch, in denen man im Rahmen einer Immobilienbewertung davon ausgeht, dass es Mängel bei der Barrierefreiheit gibt, die sich beseitigen lassen (z. B. eine Stufe vor einem Eingang), wird eine punktuell-normative Defizitanalyse zur Beurteilung des Umfangs der Kosten der Mangelbeseitigung nicht ausreichen. In diesem Fall muss eine bauordnungsrechtlich-normative oder umfassend-normative Defizitanalyse durchgeführt bzw. die Immobilienbewertung auf eine solche abgestellt werden.

5.1.2 Bauordnungsrechtlich-normative Defizitanalyse

Bei einer bauordnungsrechtlich-normativen Defizitanalyse handelt es sich um eine Analyse baulicher Anlagen und deren Außenanlagen entsprechend den Anforderungen aus DIN 18040-1 und/oder DIN 18040-2 und Berücksichtigung der Art und Weise, wie diese in die jeweiligen landsbauordnungsrechtlichen Vorgaben eingebunden sind.

Dieses Vorgehen ist aus Sicht der Immobilienbewertung allerdings nicht unproblematisch, da die Einführung der Anforderungen an die Barrierefreiheit in das Bauordnungsrecht der Länder zwar auf Grundlage bzw. in Anlehnung an diese Normen erfolgte, jedoch in völlig unterschiedlicher Art und Weise.

Das heißt, selbst wenn eine solche Analyse durchgeführt wird, würde ein überregionaler Vergleich zu Differenzen bei der Beurteilung der Barrierefreiheit der zu bewertenden Objekte führen. Denn bauliche Lösungen, die in einem Bundesland die Anforderungen an die Barrierefreiheit erfüllen, können in einem anderen Bundesland diesen Anforderungen entgegenstehen. Allerdings trifft dies prinzipiell auf alle Bereiche des Bauordnungsrechts zu. Dennoch lassen sich Immobilien mit gleichartiger Nutzung anhand von Datenableitungen auch überregional vergleichen, da die baulichen bzw. ursächlich bauordnungsrechtlichen Unterschiede nicht alle wertrelevant sind.

Im Rahmen einer Immobilienbewertung sollte eine normativ-bauordnungsrechtliche Defizitanalyse diejenigen normativen Anforderungen umfassen, die als „allgemein anerkannte Regeln der Technik" im jeweiligen Bundesland eingeführt worden sind. Folglich kann die Beurteilung der Barrierefreiheit auf Basis einer bauordnungsrechtlich-normativen Defizitanalyse nur bundeslandspezifisch sein.

Diese Herangehensweise kommt jedoch den Datenableitungen, -auswertungen und -analysen der örtlichen Gutachterausschüsse für Grundstückswerte entgegen, da diese zwar regional begrenzt, aber immer bundeslandspezifisch eine Aussage zur Marktgängigkeit unterschiedlicher Objekte treffen können. Eine normativ-bauordnungsrechtliche Defizitanalyse führt daher immer zu einer Konformität mit den regionalen Immobilienmarktberichten der jeweils zuständigen Gutachterausschüsse für Grundstückswerte.

Eine Beurteilung einer bauordnungsrechtlichen Legitimierung ist jedoch anhand einer bauordnungsrechtlich-normativen Defizitanalyse nicht möglich, da diese immer auf den Zeitpunkt der Fertigstellung der baulichen Anlagen abstellt und grundsätzlich nicht auf den Zeitpunkt einer Immobilienbewertung. Ausnahmen bestätigen jedoch die Regel; dies ist dann der Fall, wenn dies auftraggeberseitig ausdrücklich gewünscht wird (z. B. bei einer Beleihungswertermittlung). Für eine abschließende Beurteilung ist jedoch eine umfassend-normative Defizitanalyse notwendig.

5.1.3 Umfassend-normative Defizitanalyse

Eine umfassend-normative Defizitanalyse erlaubt eine abschließende Beurteilung der Barrierefreiheit baulicher Anlagen sowohl in Bezug auf das Bewertungsobjekt als auch auf dessen Außenanlagen. Sie umfasst neben einer bauordnungsrechtlich-normativen Defizitanalyse darüber hinaus eine Prüfung der bauordnungsrechtlichen Legalität in Bezug auf die Barrierefreiheit zum Wertermittlungsstichtag. Hierbei werden zudem vorgenommene bzw. zugelassene bauordnungsrechtliche Abweichungen berücksichtigt.

Bei der Prüfung ist eine differenzierte Betrachtung der Nutzung zu beachten. Beispielsweise beziehen sich die Anforderungen an die bauliche Barrierefreiheit öffentlich zugänglicher Gebäude ausschließlich auf die Teile, die dem Besucher- und Benutzerverkehr dienen. Nutzflächen, die nicht dem

Besucher- und Benutzerverkehr dienen, sind entweder als Arbeitsstätte zu betrachten oder sind für die Beurteilung der baulichen Barrierefreiheit nicht relevant (z. B. Technikräume). In der Regel ist davon auszugehen, dass zumindest ein Teil der Nutzfläche einer baulichen Anlage eines öffentlich zugänglichen Gebäudes dem Besucher- und Benutzerverkehr dient. Zur Beurteilung der Barrierefreiheit im Rahmen einer Immobilienbewertung ist daher eine raumscharfe Definition der Nutzung sinnvoll. Wo dies nicht möglich ist, sollten entweder Annahmen zur Beurteilung der Barrierefreiheit des gesamten Raums getroffen werden (z. B. bei einem Besucherfoyer mit Empfangsarbeitsplätzen) oder sollte eine differenzierte Betrachtung der Räume erfolgen (z. B. bei Veranstaltungsräumen, die sich in einen Bühnen- und einen Bestuhlungsbereich unterteilen lassen).

Eine solche Definition muss bereits im Rahmen der Erstellung einer Bauvorlage vorgenommen und bauordnungsrechtlich legitimiert worden sein. In den Bundesländern, in denen die Erstellung eines Barrierefrei-Konzepts zur bauordnungsrechtlichen Legitimierung erforderlich ist (z. B. in Nordrhein-Westfalen), kann aus den entsprechenden Planzeichnungen bzw. aus dem schriftlichen Erläuterungsbericht eine solche Nutzungsabgrenzung bestimmt werden. Daraus lassen sich die resultierenden barrierefreien Schutzziele und deren baulichen Lösungen ableiten. Das Vorliegen eines Barrierefrei-Konzepts erleichtert somit die erforderliche Defizitanalyse zur abschließenden Beurteilung der Barrierefreiheit.

5.2 Beurteilung der Barrierefreiheit gewerblich genutzter baulicher Anlagen

Bei gewerblich genutzten baulichen Anlagen handelt es sich um öffentlich zugängliche bauliche Anlagen – mithin im Sinne der Barrierefreiheit um öffentlich zugängliche Gebäude bzw. Teile davon. Daher ist zur Beurteilung der Barrierefreiheit die DIN 18040-1 maßgebend.

5.2.1 Typische Defizite der Barrierefreiheit bei gewerblich genutzten baulichen Anlagen

Die folgenden Ausführungen erläutern die häufigsten Defizite, die in der Praxis beobachtet werden, wenn die Barrierefreiheit gewerblich genutzter baulicher Anlagen zu beurteilen ist.

5.2.1.1 Wege

Häufig bestehen bereits bei der Zuwegung der öffentlichen Verkehrsfläche zu den baulichen Anlagen Defizite in der Barrierefreiheit. Meist sind die Wege nicht breit genug und die Gehwegbegrenzungen ungenügend.

Nach der DIN 18040-1 sind Gehwegbegrenzungen so zu gestalten, dass sie von blinden Personen mit einem Langstock leicht und sicher wahrgenommen werden können. Dabei handelt es sich in der Norm um eine „Muss"-Anforderung. Als konstruktive Lösung schlägt die Norm Rasenkanten oder Bordsteine mit einer Aufkantung von ≥ 3 cm vor (eine sogenannte „Klopfkante").

Abb. 5.1: Nicht barrierefrei: unbeabsichtigte Veränderung eines Weges durch Wurzelwuchs mit hilfsweiser visueller Abgrenzung der Gefahrenstelle

Dies lässt jedoch Spielraum für andere Lösungen, die der genannten Anforderung ebenfalls gerecht werden. Eine Wegführung an einer Wand oder eine unmittelbar an einen Weg anschließende Rasenfläche kann in bestimmten Situationen auch als Wegbegrenzung wahrgenommen werden. Sofern Sicherheitsaspekte bei der Beurteilung hinzukommen, beispielsweise bei einer Wegführung an einem Hang, reicht jedoch eine solche taktile Information nicht aus und ist als Mangel zu definieren (siehe Abb. 5.1).

5.2.1.2 Zugänglichkeit

Ein wesentlicher Punkt der Barrierefreiheit ist die stufen- und schwellenfreie Zugänglichkeit baulicher Anlagen. Grundsätzlich muss diese von der öffentlichen Verkehrsfläche aus bis zum Ort der zweckentsprechenden Nutzung im Gebäude gegeben sein. Häufig stellt bereits die Eingangstür selbst ein erstes Defizit in Hinblick auf die Barrierefreiheit dar, denn meist ist zwar die in der Norm geforderte Stufenfreiheit, jedoch nicht die Schwellenfreiheit realisiert worden.

Die DIN 18040-1 beschreibt die Barrierefreiheit von Eingangstüren unter anderem wie folgt:

„Untere Türanschläge und Schwellen sind nicht zulässig. Sind sie technisch unabdingbar, dürfen sie nicht höher als 2 cm sein.“

Der Passus *„Sind sie technisch unabdingbar“* wird häufig dazu genutzt, baukonstruktiv die sogenannte 20-mm-Schwelle zu begründen. Diese Schwelle entspricht jedoch nur dann den Vorgaben der Norm, wenn sie auch die dort beschriebenen Bedingungen erfüllt. Das heißt: Eine technische Unabdingbarkeit kann nur belegt werden, wenn

- entweder konstruktive Gründe (z. B. statische Gründe in Bestandsgebäuden oder in Hinblick auf die Barrierefreiheit unzureichende Bauelemente) oder
- höhere (Schutz-)Anforderungen, z. B. Sicherheitsanforderungen, bestehen oder
- keine Bauelemente zur Verfügung stehen, welche für die angedachte Einbauposition eine allgemeine bauaufsichtliche Zulassung besitzen.

Abb. 5.2: Eine Schwelle in Höhe von 20 mm bei einer Eingangstür ist prinzipiell als nicht barrierefrei zu bewerten. Verschiedene Bundesländer legitimieren diese jedoch auch ohne eine technische Unabdingbarkeit.

In diesem Zusammenhang gibt es ein zweites Problem: Bauordnungsrechtlich wird zwar ein schwellenfreier Zugang gefordert. Die Normen für die Abdichtungen baulicher Anlagen verzichten jedoch auf eine eindeutige Darstellung, d. h. auf Lösungsvorschläge (siehe die Normenreihe DIN 18531 Teil 1 bis 5 „Abdichtung von Dächern sowie von Balkonen, Loggien und Laubengängen" und die Normenreihe DIN 18533 Teil 1 bis 3 „Abdichtung von erdberührten Bauteilen" sowie die begleitenden Richtlinien, unter anderem die Flachdachrichtlinie).

Allerdings lässt sich allein aus dem Fehlen einer eindeutigen Darstellung keine technische Unabdingbarkeit ableiten, denn sowohl die normativen Vorgaben als auch die Flachdachrichtlinie beschreiben konstruktive Lösungen in Bezug auf die schwellenfreien Zugänge. Sie bezeichnen diese als abdichtungstechnische Sonderlösungen bzw. -konstruktionen.

20-mm-Schwellen

Im Rahmen einer Immobilienbewertung sollte prinzipiell davon ausgegangen werden, dass eine 20-mm-Schwelle ein barrierefreies Defizit bei der Zugänglichkeit darstellt (siehe Abb. 5.2). Sind höhere Schwellen vorhanden, liegt ein erhebliches barrierefreies Defizit vor, das bei einer Immobilienbewertung ggf. zu einem Ausschluss bestimmter Folgenutzungen führen kann. Bauordnungsrechtliche Vorgaben können jedoch die 20-mm-Schwelle auch ohne die Notwendigkeit einer technischen Unabdingbarkeit legitimieren.

5.2.1.3 Flurbreite

Ein weiteres typisches Defizit in Hinblick auf die Barrierefreiheit ist die lichte Breite von Fluren im Bereich der inneren Erschließung (siehe Abb. 5.3). Nach DIN 18040-1 müssen Flure prinzipiell eine lichte Breite von ≥ 1,50 m

Abb. 5.3: Innenflurbreiten von < 1,20 m sind nicht barrierefrei. Auch wenn das Rohbaumaß noch 1,20 m vorsah, können (wie hier) nachträglich angebrachte Fußbodenleisten die erforderliche Bewegungsfläche reduzieren.

Abb. 5.4: Nicht barrierefrei: Die fehlende Absicherung der Fläche unterhalb des Treppenlaufs stellt eine Gefahr für blinde Personen oder Menschen mit Sehbehinderung dar.

aufweisen. Dabei bezieht sich die Anforderung auf den fertiggestellten Zustand und nicht – wie beispielsweise in Ausführungsplanungen dargestellt – auf sogenannte Rohbaumaße. Oft kommt erschwerend hinzu, dass nachträglich montierte Handläufe im Bereich der Flure die lichte Breite unzulässigerweise reduzieren.

Ferner muss bei längeren Fluren und einer Flurbreite von ≥ 1,50 m bis < 1,80 m im Abstand von maximal 15 m eine Bewegungsfläche von ≥ 1,80 m (B) × ≥ 1,80 m (L) vorhanden sein. Sind diese Anforderungen nicht erfüllt, bestehen hinsichtlich der inneren Erschließung ebenfalls erhebliche Defizite in Bezug auf die Barrierefreiheit.

5.2.1.4 Unterläufigkeit der Treppe oder eines Treppenlaufs

Ein weiteres Beispiel für ein erhebliches Defizit ist die sogenannte Unterläufigkeit einer Treppe bzw. eines Treppenlaufs (siehe Abb. 5.4).

Die DIN 18040-1 verweist in Abschnitt 4.1 darauf:

„Bauteile oder einzelne Ausstattungselemente, die in begehbare Flächen ragen, wie z. B. ein Treppenlauf in einer Eingangshalle, müssen auch für blinde und sehbehinderte Menschen wahrnehmbar sein […].“

Zur Vermeidung von Unfällen muss der Bereich unter der Treppe abgesichert werden, in dem die lichte Höhe 2,20 m unterschreitet. Grundsätzlich kann dies nicht mittels einer losen Bestuhlung erfolgen, denn eine solche „Sitzgruppe“ birgt eine erhöhte Unfallgefahr. Entsprechend sind diese Bereiche baulich abzusichern.

5.2.1.5 Treppen

Treppen bieten Personen mit begrenzten motorischen Einschränkungen sowie blinden und sehbehinderten Personen die Möglichkeit, Räume selbstständig zu erreichen, die nicht stufenlos zugänglich sind. Personen mit radbasierten Fortbewegungshilfsmitteln sind jedoch von deren Nutzung ausgeschlossen. Daher können Treppen allein keine barrierefreie Erschließung gewährleisten.

Es besteht dennoch prinzipiell die Möglichkeit, dass eine Treppe im Sinne der DIN 18040-1 barrierefrei ist, sofern sie die Anforderungen der Norm erfüllt. Diese beziehen sich nicht nur auf Gebäudetreppen, sondern auch auf Treppen im Bereich der äußeren Erschließung auf dem Grundstück. Diese Anforderungen sind jedoch nicht in Abschnitt 4.2 „Äußere Erschließung auf dem Grundstück", sondern in Abschnitt 4.3.6 „Treppen" zu finden. Abschnitt 4.3.6 ist allerdings Teil der Untergliederung des Abschnitts 4.3 „Innere Erschließung des Gebäudes".

In der Praxis kommt es daher häufig vor, dass zwar die Treppen innerhalb des Gebäudes den normativen Anforderungen entsprechen, die Treppen im Außenbereich des Grundstückes jedoch nicht. Ein wesentlicher Punkt dabei ist, dass barrierefreie Treppen nach DIN 18040-1 mit **Setzstufen** ausgestattet sein müssen. Als Ausnahmen sind Stufenunterschneidungen bis ≤ 2 cm Tiefe möglich, jedoch nur dann, wenn die Setzstufen schräg gestellt werden, d. h., wenn deren unteres Ende gegenüber dem oberen zurücktritt.

Barrierefreie Treppen sind außerdem beidseitig mit Handläufen auszustatten. Grundsätzlich können Treppen ohne Setzstufen bzw. mit einseitigem Handlauf die Anforderungen an die Barrierefreiheit nicht erfüllen, da auf ihnen ein erhöhtes Risiko für Unfälle und Verletzungen besteht (siehe Abb. 5.5 sowie Abb. 5.4).

Auch die **Handläufe** weisen in der Praxis oft erhebliche Defizite in der Barrierefreiheit auf. Für sie gelten klare Vorgaben – sowohl hinsichtlich der Ergonomie als auch für ihre Führung. Insbesondere die Anforderung aus Abschnitt 4.3.6.3, dass *„die Handlaufenden am Anfang und Ende der Treppenläufe […] noch mindestens 30 cm waagerecht weitergeführt werden"*, wird oft nicht eingehalten.

In diesem Bezug bedeutet *„waagerecht"* jedoch nicht zwangsläufig „in Richtung der sogenannten Lauflinie einer Treppe". Konstruktive Lösungen, bei denen ein Handlauf beispielsweise unmittelbar um ein Treppenauge und dabei horizontal geführt wird, sind ebenfalls möglich.

Eine vertikale Führung des Handlaufes wie in Abb. 5.6 stellt einen Mangel dar, denn das Risiko ist groß, beim Hinabsteigen an der Stelle vom Handlauf abzurutschen, wo er in die Vertikale übergeht. Für Personen, die sich am Handlauf die Treppe hinaufziehen, stellt die Vertikale eine zusätzliche Erschwernis dar.

Zudem sind Handläufe nur zulässig, wenn sie sich ununterbrochen über Treppen und Treppenpodeste erstrecken. Häufig kann dies jedoch an Treppenpodesten nicht eingehalten werden, wenn Fenster zu tief angeordnet sind und diese mittels Dreh-/Kippbeschlag vollständig nach innen geöffnet wer-

Abb. 5.5: Nicht barrierefrei: Treppe im Innenbereich ohne Setzstufen und ungenügendem Handlaufabschluss

Abb. 5.6: Nicht barrierefrei: Vertikale Handlaufführung am Zwischenpodest der Treppe. Eine Person, die auf den Handlauf gestützt die Treppe hinabgeht, könnte an der Stelle abrutschen, an der der Handlauf in die Vertikale abknickt.

Abb. 5.7: Nicht barrierefrei: Der Handlauf ist im Bereich des Podestes durch ein Fenster unterbrochen.

den sollen (siehe Abb. 5.7). In diesem Fall würde ein vor dem Fenster entlanggeführter Handlauf die Öffnungsfunktion des Fensters erheblich beeinträchtigen.

Offenbar stellen auch **Orientierungshilfen** an Treppen und Einzelstufen in der Praxis ein erhebliches konstruktives Problem dar. Dieses umfasst unter anderem Stufenmarkierungen, taktile Informationen an Handläufen sowie Bodenindikatoren.

Abb. 5.8: Nicht barrierefrei: Der ursprünglich gut gemeinte Versuch, den Kontrast mit gestreiftem Klebeband zu erhöhen, wird durch die Unregelmäßigkeit zur Gefahr für Personen mit Sehbehinderung.

Die Bestimmungen der DIN 18040-1 zur Markierung von Stufen sind Muss-Anforderungen; taktile Informationen an Handläufen und Bodenindikatoren sind hingegen dringende Empfehlungen. Das heißt, taktile Informationen an Handläufen und Bodenindikatoren sind nur dann erforderlich, wenn im baulichen Kontext nur mit ihnen eine sichere Benutzung der Treppe erreicht wird.

Defizite bei der Barrierefreiheit von Treppen beziehen sich größtenteils darauf, wie und in welchem Umfang **Stufenmarkierungen** vorgesehen wurden. Oft werden lediglich die erste und letzte Stufe einer Treppe markiert. Die DIN 18040-1 lässt dies jedoch ausschließlich bei Treppenräumen – in der Norm als „Treppenhäuser" bezeichnet – zu.

Auch werden in der Praxis oft Ausführungen der Stufenmarkierung gewählt, die weder den Anforderungen an die Positionierung noch an die Maße gerecht werden (siehe Abb. 5.8).

Treppen: das größte Hindernis und uneinheitlich geregelt

Insgesamt betrachtet, haben Treppen im Bereich der inneren und äußeren Erschließung das größte Potenzial, barrierefreie Defizite aufzuweisen.

Gerade in Bezug auf die Barrierefreiheit von Treppen ist zu beachten, dass die bauordnungsrechtlichen Bestimmungen in den einzelnen Bundesländern die Vorgaben der Norm DIN 18040-1 teils erheblich einschränken oder nur für sogenannte notwendige Treppen (z. B. Schleswig-Holstein) fordern! Verschiedene Bundesländer schließen auch noch Haupterschließungstreppen (z. B. Thüringen) mit ein, selbstverständlich ist dies jedoch nicht.

5.2.1.6 Bewegungsflächen

Ein weiterer häufig vorkommender Mangel bei der Umsetzung der Normen DIN 18040-1 und DIN 18040-2 ist die Bemessung und Gestaltung von Bewegungsflächen. Diese entsprechen oftmals nicht den geometrischen Anforderungen der Normen.

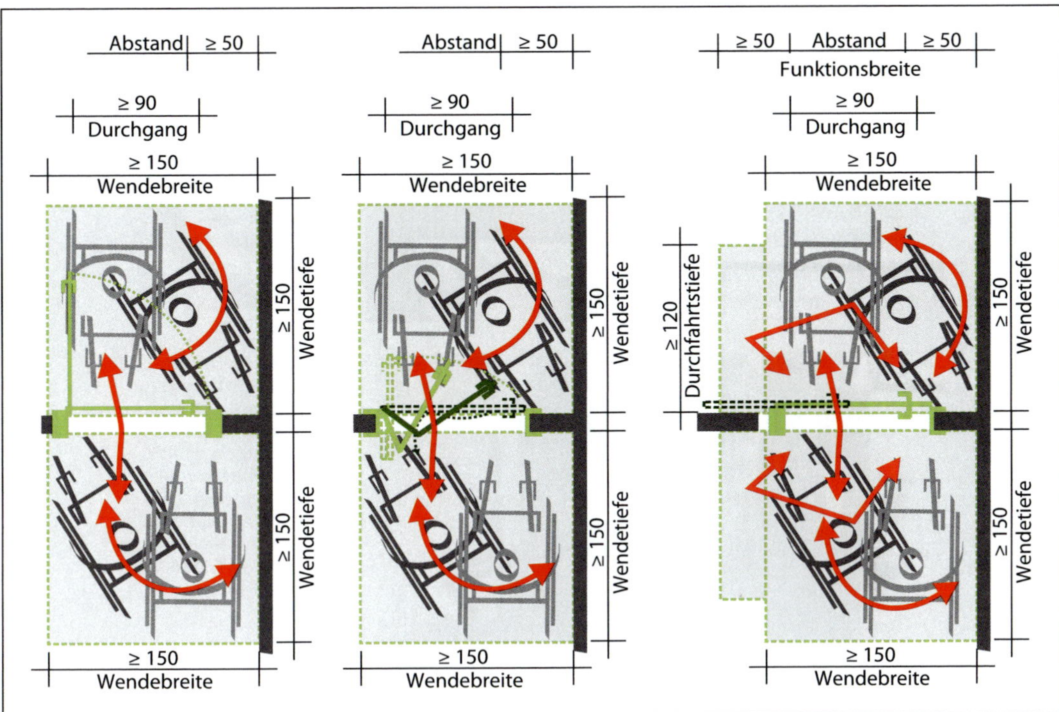

Abb. 5.9: Grafische Darstellung der Bewegungsflächen bei einer Drehflügeltür (links), Raumspartür (Mitte) sowie Schiebetür (rechts) (Quelle: Metlitzky/Engelhardt, 2021, Abb. C 4.18)

Oft basieren diese Mängel auf einer unzureichenden Rohbauplanung. In solchen Fällen sind die Planer in der Regel davon ausgegangen, dass sich die maßlichen Anforderungen der DIN 18040-1 auf die Rohbaumaße beziehen. Die Einhaltung der geometrischen Anforderungen im fertiggestellten Zustand wurde demnach nicht berücksichtigt. Allerdings ist es wichtig, die unvermeidlichen maßlichen Abweichungen zwischen der Planung und Ausführung, die als **Toleranzen** bezeichnet werden, bereits im Bauprozess adäquat zu berücksichtigen (siehe Kapitel 3).

Dieses Problem ist als immer wiederkehrendes negatives Beispiel bei Bewegungsflächen im Bereich von Eingangs- und Innentüren zu beobachten. Grundsätzlich sind Bewegungsflächen beidseitig der Tür erforderlich. Abb. 5.9 zeigt beispielhaft die Bewegungsflächen an einer Drehflügel-, einer Raumspartür und einer Schiebetür mit einem lichten horizontalen Öffnungsmaß von ≥ 90 cm (von links nach rechts).

Die Positionierung der Bewegungsflächen an Türen wird grundsätzlich vom horizontalen Abstand zwischen der vertikalen Achse des Türdrückers und einem anschließenden Bauteil (z. B. einer Wand) bzw. einem Einbau (z. B. einer Möblierung) bestimmt. Damit die Tür vom Rollstuhl aus bedient werden kann, muss dieser Abstand ≥ 50 cm betragen. Bei Drehflügel- und Raumspartüren reicht es, wenn der Abstand auf einer Seite des Durchgangs vorhanden ist. Bei Schiebetüren muss er auf beiden Seiten vorhanden sein, denn hier ist die Wendebreite zum Bedienen der Tür größer (siehe Abb. 5.9 rechts).

Abb. 5.10: Nicht barrierefrei: Der seitliche Abstand zwischen dem Türbedienelement und der links anschließenden Wand beträgt weniger als 50 cm. Ein Rollstuhlfahrer könnte diese Tür nur unter Schwierigkeiten anfahren und bedienen.

Abb. 5.11: Nicht barrierefrei: Es gibt nur einen Handlauf und die Vorsprünge an der Wand bergen ein Risiko für Nutzer von radgebundenen Hilfsmitteln. Das Handlaufende muss nach unten oder an das Geländer herangeführt werden.

In der Praxis wird gerade diese maßliche Anforderung nicht hinreichend berücksichtigt, da die erforderliche Bewegungsfläche oftmals entweder durch Wände oder eine Möblierung eingeschränkt wird (siehe Abb. 5.10).

Damit ist – je nach Umfang der Einschränkung – die Zugänglichkeit insbesondere für Personen mit Rollstuhl eingeschränkt oder in Einzelfällen gar nicht möglich, was letztlich ein erhebliches barrierefreies Defizit darstellt.

5.2.1.7 Rampen

Zur stufenfreien Erschließung baulicher Anlagen bieten sich Rampen an, wenn nur geringe Höhenunterschiede überwunden werden müssen. Da die DIN 18040-1 die Rampenneigung auf ≤ 6 % begrenzt und die Rampenlänge auf ≤ 6 m einschränkt, hat das zur Folge, dass Rampen in einem Raum viel Platz in Anspruch nehmen.

Obwohl Rampen generell nützlich sind, weisen sie in der Praxis oft Defizite in Hinblick auf die Barrierefreiheit auf. Meist ist die Positionierung der Handläufe das Problem. Die Norm verlangt beidseitige Handläufe. Häufig wird aber unzulässigerweise auf einen Handlauf verzichtet, wenn der Rampenlauf direkt an einer Wand entlanggeführt wird (siehe Abb. 5.11).

Normgerecht ist es jedoch nur, auf den wandseitigen Radabweiser zu verzichten, wenn durch den Abstand der Rampe zur Wand ein Verkeilen der Räder radgebundener Hilfsmittel ausgeschlossen werden kann. Abb. 5.11

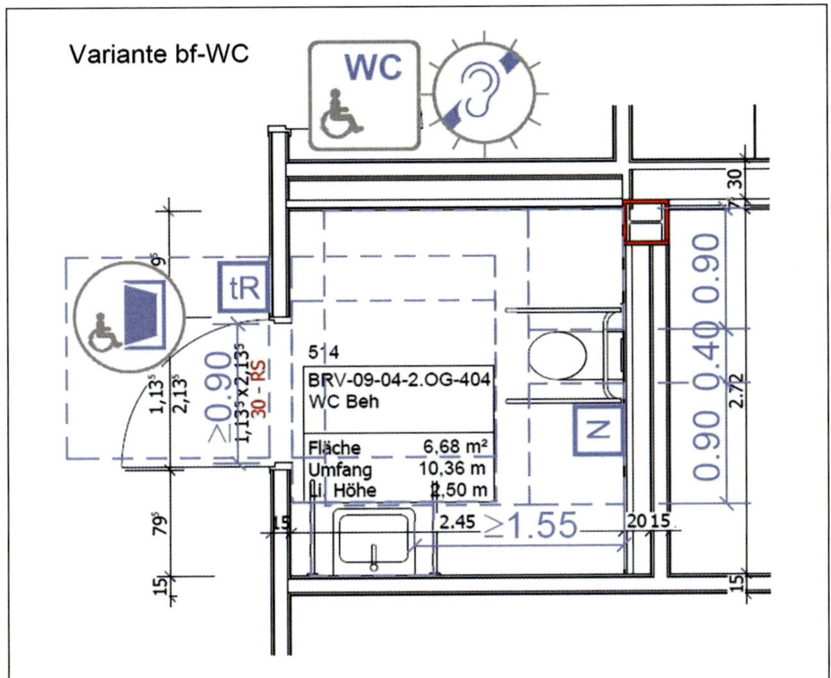

Abb. 5.12: Barrierefreies WC mit Piktogrammen zur Ausstattung. Das Symbol mit dem eingekreisten Ohr steht für eine Anlage zur Alarmierung von Personen mit Hörbehinderungen (z. B. durch Blitzleuchten).

zeigt auch hier ein Negativbeispiel: Die vorspringenden Säulen an der Wand sind ein Unfallrisiko.

Auch die Führung der Handläufe, speziell am Anfang und Ende der Rampen, entspricht häufig nicht den Anforderungen an die Barrierefreiheit, wenn diese 30 cm über das Ende hinausgeführt werden und damit in die vor- und nachgelagerten rollstuhlgerechten Bewegungsflächen einschränken. Normativ besteht hier ein erheblicher Unterschied in Bezug auf die Gestaltung der Handläufe bei Treppen.

5.2.1.8 Alarmierung und Evakuierung

Grundsätzlich sind in Brandschutzkonzepten immer die Belange von Menschen mit motorischen und sensorischen Einschränkungen zu berücksichtigen, um allen Personengruppen eine entsprechende Rettung im Notfall zu ermöglichen. Dazu gehören unter anderem sichere Bereiche für den Zwischenaufenthalt, die jedoch nicht von Personen genutzt werden sollen, die zur Eigenrettung fähig sind.

Alarmierungssignale, die mit zwei Sinnen wahrgenommen werden können, zählen ebenfalls zu diesem Schwerpunkt. Sie sind immer dort zu berücksichtigen, wo die Möglichkeit besteht, dass sich Personen mit z. B. einer Hörbehinderung allein aufhalten könnten, beispielsweise in Sanitärräumen (siehe Abb. 5.12).

Die in der DIN 18040-1 in Abschnitt 4.7 erwähnte Alternative, die Alarmierung und Evakuierung „durch betriebliche/organisatorische Vorkehrungen“ zu realisieren, stößt in der Praxis regelmäßig an ihre realisierbaren Grenzen. Daher ist es wichtig, bei der Bewertung der Immobilie auf das Vorhandensein der sicheren Bereiche und das Vorhandensein von Alarmierungssignalen nach dem Zwei-Sinne-Prinzip zu achten.

Im Rahmen einer umfassend-normativen Defizitanalyse sollte daher auch eine **Prüfung des Brandschutzkonzeptes** vorgenommen werden. In der DIN 18040-1 wird in Abschnitt 4.7 gefordert:

„In Brandschutzkonzepten sind die Belange von Menschen mit motorischen und sensorischen Einschränkungen zu berücksichtigen […]“

Inwieweit diese Nutzergruppen im Brandschutzkonzept der zu bewertenden Immobilie vorkommen, muss im Einzelfall geprüft werden. In der Praxis sind oft erhebliche Defizite festzustellen, da oft Räume, in denen sich Personen mit sensorischen Behinderungen allein aufhalten können, nicht in die Alarmierung mit einbezogen werden.

5.2.2 Räume

Unter dem Begriff „Räume“ versteht die DIN 18040-1 abgegrenzte Nutzflächen, durch welche die zweckentsprechende Nutzung der baulichen Anlagen erfolgt oder erst ermöglicht wird. Die Norm beschreibt in diesem Bezug besondere Anforderungen, beispielsweise an Räume für Veranstaltungen oder an Sanitärräume.

Veranstaltungsräume

Bei Räumen für Veranstaltungen steht unmittelbar die Nutzung unter Berücksichtigung der Möblierung im Vordergrund. Die DIN 18040-1 stellt dabei auf feste Bestuhlungen ab. Dies ist immer dann der Fall, wenn eine Person allein diese nicht mehr verschieben kann. Dabei ist es unerheblich, ob dies aus einer stehenden oder sitzenden Position heraus erfolgen soll.

Grundsätzlich müssen auch Personen mit Rollstuhl und Begleitpersonen die Möglichkeit haben, diese Räume zweckentsprechend zu nutzen. Dies setzt ausreichende Aufstell- und Bewegungsflächen voraus (siehe auch Abschnitt 2.2.3).

Möblierung berücksichtigen

Die Vernachlässigung dieser Anforderungen führt häufig dazu, dass keine Flächen für Personen mit Rollstuhl vorgesehen werden, um dadurch die Anzahl der Bestuhlung aus wirtschaftlicher Sicht zu erhöhen. Daran sieht man deutlich, dass eine abschließende Beurteilung der Barrierefreiheit nur dann möglich ist, wenn die Möblierung berücksichtigt wird.

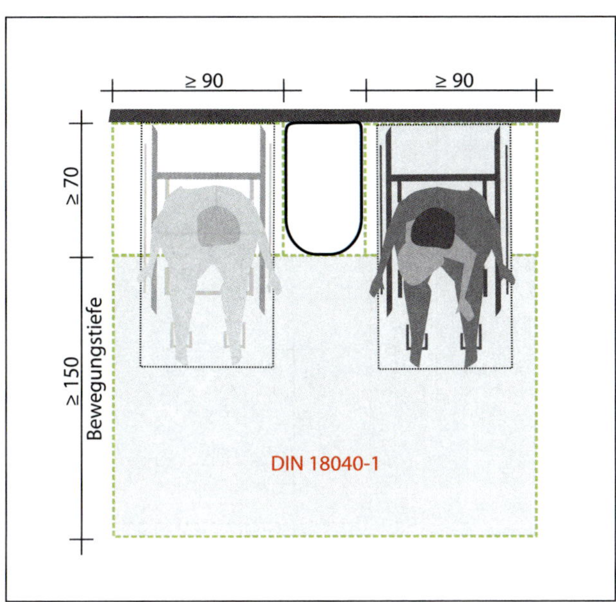

Abb. 5.13: Bewegungsraum im Bereich des WC-Beckens (beidseitig anfahrbar) (Quelle: Metlitzky/Engelhardt, 2021, Abb. B 19.1-2)

Sanitärräume

Gleiches gilt bei Sanitärräumen: Ohne die zur zweckentsprechenden Nutzung erforderlichen Sanitärelemente ist zumindest im Rahmen einer bauordnungsrechtlich-normativen und umfassend-normativen Defizitanalyse die Beurteilung der Barrierefreiheit eines öffentlich zugänglichen Gebäudes nicht möglich. Dies gründet darauf, dass in oder an bestimmten Sanitärelementen Bewegungsflächen vorgesehen werden müssen und dadurch ohne eine konkrete Position dieser Elemente keine abschließende Beurteilung der Barrierefreiheit eines Sanitärraums möglich ist.

Hinsichtlich der Bewegungsflächen gilt grundsätzlich, dass diese vor einem WC-Becken, einem Waschtisch und im Bereich des Duschplatzes vorhanden sein müssen, um Betroffenen eine uneingeschränkte Nutzung zu ermöglichen. Eine Besonderheit ist die Bewegungsfläche vor einem WC-Becken. Abb. 5.13 zeigt einen Bewegungsraum, der zusätzlich zu der normativ erforderlichen rollstuhlgerechten Bewegungsfläche grundsätzlich vorhanden sein muss.

Grundsätzlich sind Bewegungsflächen vor Einbauten freizuhalten. Oft werden jedoch gerade hier weitere Sanitär- oder Ausstattungsgegenstände positioniert, die grundsätzlich die Nutzung insbesondere für Personen mit Rollstühlen einschränken oder unmöglich machen.

Dabei ist es unter bestimmten Umständen durchaus möglich, dort beispielsweise einen Waschtisch zu positionieren. Dafür muss eine Bewegungsfläche vor dem WC-Becken von ≥ 1,50 m (B) × 1,50 m (L) nachgewiesen und gleichzeitig ein horizontaler Abstand zwischen der Vorderkante des WC-Beckens und der Vorderkante des Waschtisches von ≥ 90 cm eingehalten wer-

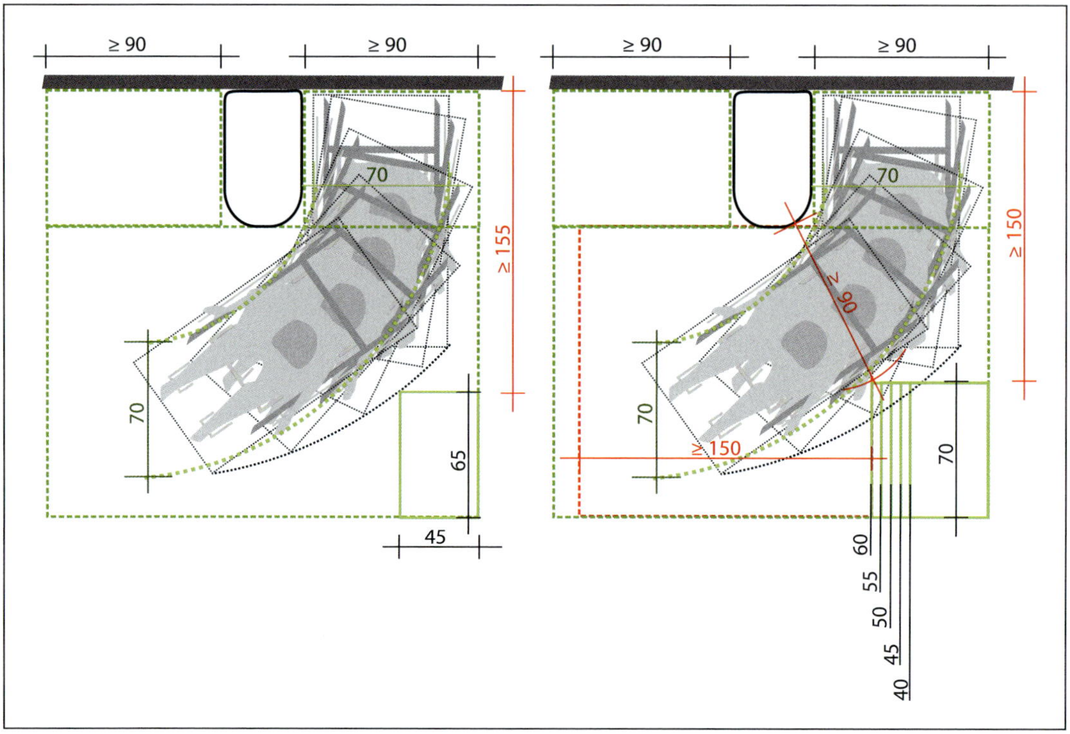

Abb. 5.14: Anordnung eines Waschtisches im Bewegungsraum vor einem WC-Becken (Quelle: Metlitzky/Engelhardt, 2021, Abb. B 19.1-5)

den. Dies ist notwendig, um die beidseitige Anfahrbarkeit des WC-Beckens sicherzustellen. Abb. 5.14 zeigt eine solche Ausführungsvariante.

Türen von Sanitärräumen müssen sich nach außen öffnen

In Abschnitt 5.3.1 der DIN 18040-1 wird eine weitere Anforderung an Türen beschrieben, die in der Praxis oft missachtet wird. Um als barrierefrei zu gelten, müssen Drehflügeltüren von Sanitärräumen immer nach außen zu öffnen sein. Sie müssen auch von außen entriegelt werden können.

5.3 Beurteilung der Barrierefreiheit wohnbaulich genutzter baulicher Anlagen

Bei Immobilien mit Wohnungen verhält es sich anders. Grundsätzlich beziehen sich die öffentlich-rechtlichen Anforderungen nur auf die bauordnungsrechtlich notwendige quotierte Anzahl der Wohnungen sowie auf deren Außenanlagen. Dies schließt die barrierefreie Zugänglichkeit mit ein. Mit anderen Worten: Die bauliche Barrierefreiheit beginnt an der Grundstücksgrenze und endet in der bauordnungsrechtlich erforderlichen Wohnung bzw. in den bauordnungsrechtlich erforderlichen Wohnungen.

Dabei unterscheiden sich die Anforderungen nach DIN 18040-2 gegenüber denen aus der DIN 18040-1 im Bereich der äußeren Erschließung auf dem Grundstück und der inneren Erschließung des Gebäudes nur in wenigen Punkten. Grundsätzlich wird im Bereich der Erschließung nach DIN 18040-2 auf Personen eingegangen, deren Hilfsmittel ein Rollstuhl ist. Dies trifft jedoch nicht uneingeschränkt auf den Abschnitt 5 „Räume in Wohnungen" zu. In diesem wird zwar die Barrierefreiheit gefordert, die uneingeschränkte Nutzung mit dem Rollstuhl ist hingegen nicht normativ vorgegeben.

Ein wesentlicher Punkt dabei sind die Breiten der Innentüren und die Bewegungsflächen. Die Türbreiten wurden in der Norm auf nur ≥ 80 cm und die Bewegungsflächen auf ≥ 1,20 m (B) × ≥ 1,20 m (L) reduziert. Hinzu kommt, dass diese Bewegungsflächen nur im Bereich der Sanitärelemente und zwischen Möblierungen (bzw. zwischen Möblierungen und anschließenden Bauteilen) berücksichtigt werden müssen – nicht jedoch an den maßlich reduzierten Innentüren der Wohnung.

Das Problem mit den Bezeichnungen

In der Bewertungspraxis hat sich ein Problem bei der Bezeichnung von Wohnungen herausgestellt, welche nur teilweise den öffentlich-rechtlichen Anforderungen an barrierefreie Wohnungen entsprechen. Begriffe wie „seniorengerecht", „behindertengerecht" oder „altersgerecht" werden für Wohnungen verwendet, die beispielsweise nur einen mehr oder weniger schwellenfreien Zugang besitzen oder lediglich mit einem niveaugleichen Duschplatz ausgestattet sind. Dabei handelt es sich um unklare Ausstattungs- oder Qualitätsdefinitionen, die regelmäßig zu Verwirrung und Missverständnissen führen, anstatt zur Klärung des Ausstattungsumfangs beizutragen.

Zur Klarstellung: Nur weil eine Wohnung ein oder mehrere barrierefreie Merkmale aufweist, ist sie längst nicht barrierefrei. Nur wenn die öffentlich-rechtlichen Anforderungen vollständig erfüllt worden sind, darf in Bezug auf die Beschreibung der Eigenschaft der Wohnung der Begriff „barrierefrei" verwendet werden.

Dies ist bei der Immobilienbewertung unbedingt zu beachten. Wenn in der gutachterlichen Beschreibung von einer „barrierefreien Wohnung" die Rede ist, muss diese auch alle öffentlich-rechtlichen Anforderungen an die Barrierefreiheit erfüllen.

Ist dies nicht der Fall, sollte entweder nur die Rede von einer bestimmten Ausstattung sein oder auf eine Art der Behinderung oder auf die Nutzung eines bestimmten Hilfsmittels Bezug genommen werden, mit dem die Wohnung ohne besondere Erschwernis nutzbar ist. Möglich sind beispielsweise die Bezeichnungen

- „Wohnung mit niveaugleichem Duschplatz",
- „Wohnung mit schwellenfreiem Zugang",
- „gehbehinderungsregechte Wohnung" oder
- „rollstuhlgerechte Wohnung".

Meist ist dies ein schmaler Grat zur Bezeichnung „behindertengerechte Wohnung“, die an sich nicht zutreffen kann, da hierbei keine Angabe zur Art der Behinderung oder zur Nutzung eines bestimmten Hilfsmittels gemacht wird. Diese Angabe würde aber letztlich den Umfang der erforderlichen baulichen Barrierefreiheit definieren.

In Bezug auf die barrierefreien Ausstattungsqualitäten von Wohnungen sind in der Bundesrepublik Deutschland bereits verschiedene qualifizierte Mietspiegel veröffentlicht worden (siehe Kapitel 6), die im Rahmen einer Immobilienbewertung eine differenzierte Betrachtung bzw. Schätzung des Ertrags möglich machen.

5.3.1 Typische Defizite der Barrierefreiheit bei Immobilien mit Wohnungen

In den folgenden Abschnitten werden – grob nach der Reihenfolge in Kapitel 2.3 – die Teile baulicher Anlagen und ihrer Außenanlagen betrachtet, bei denen sich in der Praxis am häufigsten Mängel in der Barrierefreiheit beobachten lassen. Bei der Bewertung von Immobilien ist daher besonders auf diese Punkte zu achten.

Wenn es Differenzen zwischen den Normen DIN 18040-1 und DIN 18040-2 einerseits und den Landesbauordnungen und ihren Technischen Baubestimmungen andererseits gibt, die für die Bewertung eine Rolle spielen, wird gesondert darauf hingewiesen.

5.3.1.1 Wege

Bei der Erschließung barrierefreier Wohnungen wird in der Regel die öffentliche Verkehrsfläche bis zum Gebäudeeingang betrachtet. Der Weg muss so beschaffen sein, dass er den Anforderungen an die Barrierefreiheit entspricht. Hierfür sind neben der Einhaltung des Zwei-Sinne-Prinzips ebenso die geometrischen Anforderungen zu berücksichtigen, die auf die Personen mit dem größten Platzbedarf abstellen, d. h. auf Personen mit Rollstuhl oder Gehhilfen. Bei der Nutzung radgebundener Hilfsmittel zur Fortbewegung muss der Weg prinzipiell stufenfrei sein. Dies schließt jedoch eine zusätzliche Wegführung über eine Treppe und/oder Stufenanlage nicht aus.

Oftmals wird in der Bewertungspraxis die barrierefreie Nutzung von Wohnungen bereits durch die Wegführung ausgeschlossen (siehe Abb. 5.15).

Dies ist beispielsweise dann der Fall, wenn bei der einzig möglichen Erschließung des Wohnraums ausschließlich Treppen oder Stufenanlagen vorhanden sind. Bei besonderen Topografien, z. B. Wohnbebauungen in Hanglagen, stellt sich häufig folgende Frage: Muss die Wegführung von der Grundstücksgrenze bis zum Gebäudeeingang den normativen Anforderungen entsprechen, wenn schon nicht sichergestellt werden kann, dass Personen mit Rollstuhl das Grundstück über die öffentliche Verkehrsfläche erreichen können?

Diese Frage muss bejaht werden, denn prinzipiell ist die Erreichbarkeit von barrierefreien Wohnungen beispielsweise für Personen mit Rollstuhl möglich, wenn sie z. B. mit einem Pkw zum Zugang des Grundstücks gelangen

Abb. 5.15: Nicht barrierefrei: unebene und zu schmale Wegführung (< 1,20 m) im Außenbereich eines Grundstücks

können. Gleiches gilt, wenn Personen mit Rollstuhl mithilfe eines Pkws zum barrierefreien Pkw-Stellplatz auf dem Grundstück fahren.

5.3.1.2 Pkw-Stellplätze

Selbstverständlich müssen auch die barrierefreie Wohnungen von den barrierefreien Pkw-Stellplätzen aus erreichbar sein. Aus der DIN 18040-2 lässt sich jedoch keine Notwendigkeit herleiten, die Barrierefreiheit von Pkw-Stellplätzen sicherzustellen. In der Norm wird lediglich empfohlen, Wohnungen im R-Standard solche Stellplätze zuzuordnen. Zur Notwendigkeit der Herstellung bei Wohnungen im B-Standard trifft die Norm keine Aussage.

In verschiedenen Landesbauordnungen werden jedoch hierzu abweichende Regelungen getroffen, beispielsweise in der Landesbauordnung Schleswig-Holstein (LBO SH): Nach § 50 Abs. 10 müssen diese Stellplätze in Bezug auf die erforderlichen barrierefreien Wohnungen in ausreichender Anzahl vorhanden sein.

Auf die eigentumsrechtliche Zuordnung der Pkw-Stellplätze achten

Bei der Bewertung von Wohnungseigentum hat diese Regelung einen brisanten Aspekt. Denn zur Erfüllung bauordnungsrechtlicher, d. h. öffentlich-rechtlicher Anforderungen genügt es in diesen Bundesländern, dass barrierefreie Pkw-Stellplätze errichtet werden. Eine eigentumsrechtliche Zuordnung dieser Pkw-Stellplatz zu den barrierefreien Wohnungen ist damit aber nicht vorgegeben, denn über die Landesbauordnung ist eine solche nicht möglich. In diesem Bezug sind gesonderte gesetzliche Regelungen erforderlich, in erster Linie das Wohnungseigentumsgesetz (WEG).

Diese „Gesetzeslücke" führt in den betreffenden Bundesländern teils dazu, dass in der Teilungserklärung, die zur eigentumsrechtlichen Definition erforderlich ist, die barrierefreien Wohnungen als Wohnungseigentum und die barrierefreien Stellplätze als Teileigentum definiert werden. Begrenzt ist dies jedoch auf in sich abgeschlossene Garagen oder gekennzeichnete Stellplätze in Gemeinschaftsgaragen, beispielsweise Tiefgaragen.

Diese eigentumsrechtliche Definition bietet die Möglichkeit, dass grundsätzlich der Verkauf des barrierefreien Stellplatzes getrennt von der entsprechenden Wohnung möglich ist. In der Bewertungspraxis kann es daher vorkommen, dass – auch wenn bauordnungsrechtlich die Herstellung von barrierefreien Stellplätzen erforderlich war – diese Stellplätze von den Eigentümern oder Mietern der Wohnungen nicht genutzt werden können, da sie sich im Fremdeigentum befinden. Leider wird damit der Sinn der gesetzlichen Vorgabe zur Herstellung der baulichen Barrierefreiheit ad absurdum geführt.

Dabei bietet das WEG durchaus eine gesetzliche Regelung, die eine eindeutige, dauerhafte Zuordnung von Stellplätzen zu Wohnungen sicherstellt. Hierbei handelt es sich um die Möglichkeit, bezogen auf ein Sondereigentum entsprechende Sondernutzungsrechte auszuweisen. Das heißt, ein Käufer erwirbt neben dem Eigentum an einer Wohnung auch das Recht, einen bestimmten Stellplatz zu nutzen. Selbstredend sollte es sich bei einer barrierefreien Wohnung um einen barrierefreien Stellplatz handeln. Eine gesetzliche Verpflichtung dafür lässt sich aus dem WEG jedoch nicht ableiten.

Barrierefreie Stellplätze für Pkw werden häufig in Gemeinschaftsgaragen realisiert. Um deren Zugänglichkeit und Sicherheit zu gewährleisten, werden diese Garagen oft mit Toranlagen verschlossen. In einem solchen Fall müssen die Toranlagen mit automatischen Öffnungssystemen versehen werden, da nicht unterstellt werden kann, dass Menschen mit Behinderungen eine manuelle Toranlage selbstständig und ohne fremde Hilfe bedienen können. Jedoch lässt sich umgekehrt die Herstellung einer Toranlage mit einem automatischen Öffnungssystem nicht aus den Anforderungen der Normenreihe DIN 18040 an die bauliche Barrierefreiheit ableiten.

5.3.1.3 Zugänglichkeit

Für die Zugänglichkeit baulicher Anlagen ist der neuralgischste Punkt die Gebäudeeingangstür. Hierzu definiert die DIN 18040-2 in Bezug auf die innere Erschließung des Gebäudes, dass an (Eingangs-)Türen untere Türanschläge und Schwellen unzulässig sind, es sei denn, sie sind „technisch unabdingbar". In einem solchen Fall dürfen sie nicht höher als 2 cm sein.

Auch in Bezug auf Wohnungen führt die Bemerkung zur technischen Unabdingbarkeit zu erheblichen Missverständnissen. Hierbei verhält es sich genauso wie bei öffentlich zugänglichen Gebäuden. Das heißt, die technische Unabdingbarkeit ist nur dann nachweisbar, wenn höhere Schutzziele dem Ziel „schwellenlose Türen" entgegenstehen oder keine zugelassenen baukonstruktiven Elemente zur Verfügung stehen. Ersteres kann insbesondere bei Wohnungen kaum nachgewiesen werden, und Letzteres trifft – wie bereits bei der Erschließung öffentlich zugänglicher Gebäude dargelegt – nicht zu.

Selbstverständlich bezieht sich die Vorgabe zur schwellenfreien Zugänglichkeit nur auf die (Eingangs-)Türen, die zur Erschließung der bauordnungsrechtlich notwendigen oder privatrechtlich definierten barrierefreien Wohnungen erforderlich sind. Im Umkehrschluss bedeutet dies, dass die Vorgabe nicht auf (Eingangs-)Türen zu Wohnungen zutrifft, bei denen keine Anforderungen an die bauliche Barrierefreiheit gestellt werden oder bei denen bauordnungsrechtlich lediglich eine stufenlose Zugänglichkeit gefordert wird.

Letzteres ist dann der Fall, wenn Wohnungen über Personenaufzüge erschlossen werden. Diese Zugänglichkeit wird bauordnungsrechtlich oftmals auch als „barrierefreie" Zugänglichkeit bezeichnet, was in der Bewertungspraxis zu erheblichen Missverständnissen führt (siehe z. B. § 40 Absatz 4 der LBO Schleswig-Holstein). Im eigentlichen Sinne ist hier jedoch eine „stufenfreie" Zugänglichkeit gemeint. Eine abschließende Beurteilung dieser bauordnungsrechtlichen Vorgabe lässt sich hingegen nur durch einen Abgleich mit den bundeslandspezifischen Technischen Baubestimmungen erzielen.

5.3.1.4 Flurbreite

Ein weiteres typisches Beispiel für ein Defizit in der Barrierefreiheit ist die normabweichende Flurbreite innerhalb des Gebäudes. Nach DIN 18040-2 muss diese bei der inneren Erschließung des Gebäudes ≥ 1,50 m betragen. Eine Reduzierung der Breite des Flurs auf ≥ 1,20 m ist möglich, wenn mindestens alle 15 m Bewegungsflächen von 1,50 m (B) × 1,50 m (L) angeordnet werden. Auch hierbei bezieht sich die Anforderung auf die lichte Breite im fertiggestellten Zustand und nicht – wie beispielsweise bei Ausführungsplanungen – auf das sogenannte Rohbaumaß.

Mit anderen Worten: Wenn in einem Grundriss, bezogen auf den Rohbau eine lichte Breite von z. B. 1,51 m bzw. 1,21 m definiert ist, kann – sofern beidseitig eine Oberflächenverkleidung (z. B. ein Innenputz) vorgesehen ist – die Anforderung an die Barrierefreiheit im fertiggestellten Zustand nicht erfüllt werden.

Erschwerend kommt oft hinzu, dass nach der Fertigstellung der baulichen Anlagen zusätzliche Bauelemente, z. B. Handläufe oder Wandschutzsysteme, montiert werden. Wenn in einem solchen Fall die lichte Flurbreite < 1,50 m (und ≥ 1,20 m) entspricht, müssen mindestens alle 15 m Bewegungsflächen vorhanden sein.

Sind diese Bewegungsflächen jedoch bei der Planung nicht berücksichtigt worden, da von einer Flurbreite im fertiggestellten Zustand von ≥ 1,50 m ausgegangen wurde, besteht ein erhebliches Defizit in der Barrierefreiheit, denn somit wird die Barrierefreiheit der an diese Flure angeschlossenen barrierefreien Wohnungen grundsätzlich infrage gestellt.

Wenn bereits der zur Erschließung einer barrierefreien Wohnung erforderliche Flur den Anforderungen gemäß DIN 18040-2 widerspricht, können allein Wohnungen, die den barrierefreien Anforderungen genügen, die bauordnungsrechtliche Legitimität an sich nicht begründen. Das ist ein fataler Mangel, der in der Bewertungspraxis jedoch häufig übersehen wird.

Wie wird gemessen?

Bei langen Fluren werden mehrere Bewegungsflächen notwendig. Die normativen Vorgaben nach Abschnitt 4.3.2 der DIN 18040-2 bleiben in Bezug auf die genaue Abstandsdefinition jedoch ungenau. Unklar ist in diesem Kontext, ob der Abstand zwischen den Bewegungsflächen oder dem Achsmaß der Bewegungsflächen gemeint ist (siehe Abb. 5.16).

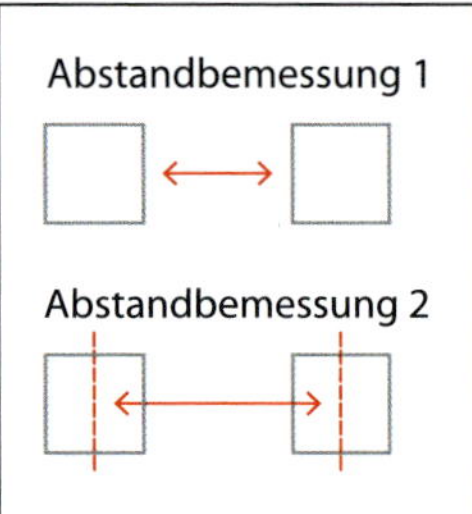

Abb. 5.16: Messung des Abstandes zwischen Bewegungsflächen bzw. zwischen dem Achsmaß der Flächen

Unter Berücksichtigung der funktionalen Anforderung, dass es Personen im Rollstuhl möglich sein muss, eine Wendung bzw. Richtungsänderung vorzunehmen, kann davon ausgegangen werden, dass die Abstandbemessung 1 noch vertretbar ist. Gleiches trifft zu, wenn nutzungstypische Möblierungen im Bereich der Erschließung positioniert werden.

5.3.1.5 Treppen

Auch in wohnbaulich genutzten Anlagen und Gebäuden werden bei Treppen erhebliche Defizite in Hinblick auf die Barrierefreiheit festgestellt. Treppen bieten Personen mit begrenzten motorischen Einschränkungen sowie blinden und sehbehinderten Personen zwar die Möglichkeit, ihre Wohnungen zu erreichen, die nicht stufenlos zugänglich sind. Personen mit radbasierten Fortbewegungshilfsmitteln können Treppen jedoch grundsätzlich nicht nutzen.

Um die Anforderungen an die Barrierefreiheit von Treppen zu erfüllen, liegt der Schwerpunkt auf der **Ausbildung der Stufen** sowie der **Umsetzung des Zwei-Sinne-Prinzips**. Einschränkungen gelten jedoch auch hierbei, da fast alle Landesbauordnungen die Vorgaben der Normen DIN 18040-1 und DIN 18040-2 vollständig oder teilweise ausschließen. Dies ist aus der Sicht der Verkehrssicherheit unverständlich, da besonders bei der Nutzung von Treppen eine erhebliche Unfallgefahr besteht.

Die Anforderungen an die Laufgestaltung und Stufenausbildung nach DIN 18040-2 entsprechen grundsätzlich denen nach DIN 18040-1. Die DIN 18040-2 weist im Abschnitt 4.3.6.1 darauf hin, dass die Vorgaben ebenso für *„Treppen im Bereich der äußeren Erschließung auf dem Grundstück“* gelten. Entsprechend kann es in der Praxis zu Missverständnissen in Bezug auf die Ausführung kommen.

Abb. 5.17: Nicht barrierefrei: unterbrochener Handlauf im Bereich des Zwischenpodestes

Gerade Treppenläufe in Immobilien mit Wohnungen

Ein wesentliches Unterscheidungsmerkmal bei den barrierefreien Anforderungen zwischen den beiden Teilen der Normenreihe besteht darin, dass bei wohnbaulich genutzten Anlagen ausschließlich gerade Treppenläufe zulässig sind. Diese müssen ebenfalls mit Setzstufen ausgestattet sein. Stufenunterschneidungen sind demnach in einem begrenzten Umfang möglich, entsprechend analog zur DIN 18040-1.

Handläufe müssen zudem beidseitig vorhanden sein. Ebenfalls dürfen sie auch im Bereich von Zwischenpodesten nicht unterbrochen werden. In der Praxis werden diese Vorgaben jedoch nicht immer eingehalten. Dies ist meist dann der Fall, wenn beispielsweise bei Fenstern die Drehfunktion des Fensterflügels eingeschränkt wird (siehe Abb. 5.17). Letztlich handelt es sich um einen Zielkonflikt seitens der Planung: In diesem Bezug kann entweder ein Handlauf in der normativ erforderlichen Höhe *oder* ein Fenster mit einer Standardbrüstung vorgesehen werden.

Für blinde Personen müssen sowohl der Anfang als auch das Ende einer Treppe über die Handläufe eindeutig erkennbar sein. Dementsprechend sind die Handläufe über die Treppenenden ≥ 30 cm waagerecht weiterzuführen. Hierbei hat die Handlaufgestaltung erheblichen Einfluss auf die geometrische Ausführung der Treppe im Bereich der Zwischenpodeste, z. B. bei der Breite des Treppenauges und letztlich bezogen auf die Grundfläche des Treppenraums.

Orientierungshilfen an Treppen und Einzelstufen sind ein weiterer Punkt, auf den bei wohnbaulich genutzten baulichen Anlagen in der Praxis weitgehend verzichtet wird. Dabei sind Stufenmarkierungen aus durchgehenden Streifen bei der Gestaltung der Treppe fast kostenneutral zu realisieren. Problematisch ist jedoch deren Nachrüstung. Denn eine korrekte nachträgliche Montage ist nur möglich, wenn die Markierungen an den Vorderkanten der

Abb. 5.18: Nicht barrierefrei: Die Trittstufenmarkierungen mit gestreiftem Klebeband wurden ca. 2 cm hinter die Vorderkante der Trittstufen geklebt. Außerdem hat diese Treppe nur einen einseitigen Handlauf.

Stufen beginnen bzw. vorgesehen werden. Dabei entsprechen Lösungen, bei denen ausschließlich die Tritt- oder die Setzstufe markiert werden, prinzipiell nicht den normativen Anforderungen im Wohnungsbau (siehe Abb. 5.18). Ein Beispiel für die korrekte Markierung von Treppenstufen ist in Abb. 2.45 zu sehen.

Widersprüche zu den Technischen Baubestimmungen

In der Bewertungspraxis sind häufig Treppen vorzufinden, die nicht den Anforderungen der Normen DIN 18040-1 bzw. DIN 18040-2 entsprechen, da diese in den bundeslandspezifischen Verwaltungsvorschriften durch Technische Baubestimmungen ganz oder teilweise ausgeschlossen sind. Diese Tatsache erschwert es extrem, die bauliche Barrierefreiheit von wohnbaulich genutzten Anlagen und Gebäuden bundeslandübergreifend zu vergleichen.

5.3.1.6 Rampen

Zur Überwindung von eher geringen Höhenunterschieden bieten sich auch bei wohnbaulich genutzten baulichen Anlagen Rampen an. Hierbei unterscheiden sich die Anforderungen prinzipiell nicht von den Anforderungen an Rampen, die im öffentlich zugänglichen Bereich von gewerblich genutzten baulichen Anlagen zum Einsatz kommen müssen.

Auch in diesem Bezug begrenzen die maximale Länge eines Rampenlaufs mit ≤ 6 m (ggf. zuzüglich Zwischenpodesten) und die maximale Neigung von ≤ 6 % die räumlichen Einsatzmöglichkeiten. Bei der Bewertung von wohnbaulich genutzten Objekten sind häufig Rampen vorzufinden, die deutlich stärker geneigt sind, als es laut DIN 18040-1 bzw. DIN 18040-2 zulässig wäre. Zudem sind Handläufe und Radabweiser nicht oder nicht vollständig vorhanden, sodass diese Rampen grundsätzlich nicht als Mittel zur barrierefreien Erschließung einer baulichen Anlage angesehen werden können. Diese Rampen dienen lediglich der stufenfreien Erschließung,

Abb. 5.19: Nicht barrierefrei: Diese Rampe zur Erschließung eines Wohngebäudes ist viel zu steil, besitzt keine Radabweiser und nur einen einseitigen Handlauf. Die Stufen in der Mitte sind ein zusätzliches Unfallrisiko.

beispielsweise für Personen mit Kinderwagen. Abb. 5.19 zeigt ein solches Negativbeispiel.

5.3.1.7 Wohnungstypen

In Bezug auf die barrierefreien Anforderungen wird nach DIN 18040-2 zwischen barrierefreien (**B-Wohnungen**) und barrierefreien und uneingeschränkt mit dem Rollstuhl nutzbaren Wohnungen (**R-Wohnungen**) unterschieden. Entsprechend den landesbauordnungsrechtlichen Bestimmungen bestehen Quotenregelungen zur Herstellung barrierefreier Wohnungen. Dies gilt teilweise auch für barrierefreie und uneingeschränkt mit dem Rollstuhl nutzbare Wohnungen.

In der Bewertungspraxis haben gerade diese Wohnungen eine besonders hohe Qualität, die sich letztlich aus dem praktischen Komfortgewinn und der Möglichkeit einer möglichst langen selbstständigen Nutzung für die Bewohner ableiten lässt.

Leider ist die Identifikation solcher Wohnungen in der Bewertungspraxis häufig erschwert, da bei der Realisierung meist erhebliche Abstriche gegenüber den Anforderungen nach DIN 18040-2 festzustellen sind. In vielen Fällen werden nur einzelne Ausstattungselemente umgesetzt, wie beispielsweise eine niveaugleiche Duschfläche, aber die Ansprüche an die Barrierefreiheit insgesamt können nicht erfüllt werden.

Schätzung von nur teilweise barrierefrei realisierten Wohnungen

Bei einer Immobilienbewertung ist zur Schätzung des Ertrags (d. h. der Miete) gerade der Komfortgewinn einer barrierefreien Wohnung gegenüber einer Wohnung ohne diese Eigenschaften von entscheidender Bedeutung. Entspricht eine Wohnung hingegen nur teilweise den barrierefreien Anforderungen, sind die Ertragsvorteile – sofern möglich – bauteilbezogen zu bestimmen. Verschiedene qualifizierte Mietpreisspiegel können hier als Orientierungshilfe herangezogen werden (siehe Kapitel 6).

5.3.1.8 Wohnungseingangstüren

Wohnungseingangstüren stellen das Bindeglied zwischen der inneren Erschließung des Gebäudes und den (Wohn-)Räumen dar. Damit gewinnt die Barrierefreiheit der Wohnungseingangstür eine besondere Bedeutung. Denn erfüllt diese nicht die Anforderungen im Sinne der DIN 18040-2, ist dies ein K.-o.-Kriterium für die Barrierefreiheit einer Wohnung. Nur wenn die Zugänglichkeit zu einer Wohnung barrierefrei, d. h. stufen- und schwellenfrei, möglich ist, kann eine Wohnung als barrierefrei bewertet werden. Die DIN 18040-2 macht in Bezug auf die Schwellenfreiheit Ausnahmen, falls eine technische Unabdingbarkeit vorliegt.

Aus den differenzierten Vorgaben für Wohnungen im B- und R-Standard resultieren ebenfalls unterschiedliche Anforderungen an die notwendigen Bewegungsflächen in Bezug auf Wohnungseingangstüren. Generell müssen rollstuhlgerechte Bewegungsflächen erschließungsseitig (d. h. außerhalb der Wohnung) vorhanden sein; wohnungsseitig jedoch nur bei R-Wohnungen. In Bezug auf B-Wohnungen bestehen im Bereich der Wohnung hingegen keine normativen Anforderungen.

Die geometrischen Anforderungen an Türen unterscheiden sich dennoch nicht gegenüber Türen im Bereich der inneren Erschließung des Gebäudes. Generell ist eine lichte Breite von ≥ 90 cm erforderlich. Dabei muss – je nach Öffnungsmöglichkeit des Türblatts – die lichte Breite auch dann vorhanden sein, wenn das Türblatt nur zu 90° geöffnet werden kann. Häufig ist dies nicht der Fall, wenn wohnungsseitig ein Flur im 90°-Winkel an die Wohnungseingangstür anschließt und die Türgeometrie dementsprechend keine bündige Positionierung von Tür und Türzarge zulässt.

Zudem müssen bei der Bemessung der Türöffnungsbreite auch mögliche zusätzliche Bedienelemente (beispielsweise Zuziehhilfen) berücksichtigt werden, da diese grundsätzlich die lichte Breite der Türöffnung reduzieren.

Sofern die lichte Breite der Tür an die Zuziehhilfe angepasst wurde, stellt eine solche Hilfe aus funktionaler Sicht eine sinnvolle Ergänzung dar. Wird jedoch eine Zuziehhilfe montiert und damit die lichte Breite der Türöffnung auf < 90 cm reduziert, ist diese Ausführung nicht barrierefrei.

5.3.1.9 Flure (innerhalb der Wohnung)

Bei Grundrissen von Wohnungen aus der sogenannten Gründerzeit sind Flure zur Erschließung der Räume innerhalb der Wohnung elementar. Dies änderte sich erst mit der grundlegenden Neuausrichtung der Architektur in den 1920er-Jahren. Sie stellte die klassische Grundrissaufteilung infrage und zeigte die Möglichkeit auf, dass ein Flur neben seiner eigentlichen Erschließungsfunktion auch ein Wohnbereich sein kann.

Aus Sicht des barrierefreien Bauens hat ein Gründerzeitgrundriss verschiedene Nachteile, z. B. die Breite des Flurs. Bei Wohnungen im B-Standard wird zwar nur eine Breite von ≥ 1,20 m gefordert, diese ist jedoch im bereits erwähnten 90°-Winkel zur Wohnungseingangstür angeordnet. Dementsprechend ergeben sich erhebliche Nachteile aus Sicht der Barrierefreiheit. Hinzu kommt, dass häufig die Flure selbst als Möbelstellflächen (Garderoben,

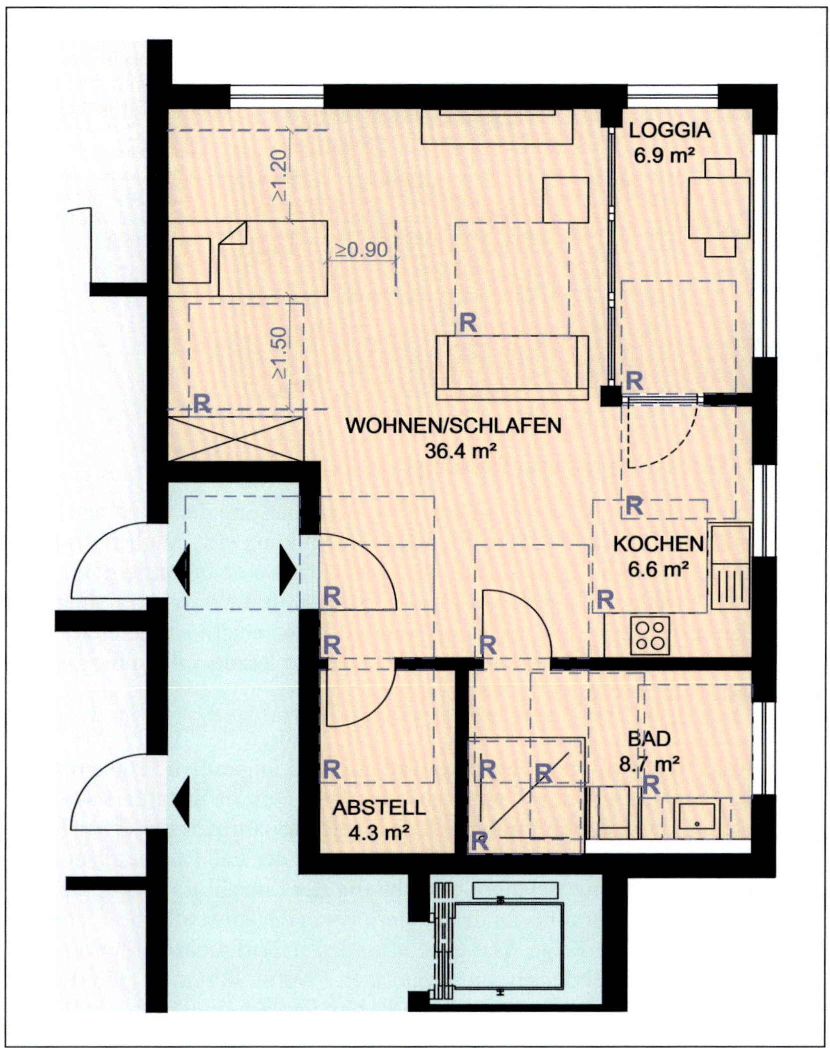

Abb. 5.20: Wohnungsinterne Erschließung ohne Innenflur bei einer R-Wohnung

Schuhschränke, Putzschränke etc.) genutzt werden, die so die lichte Flurbreite weiter reduzieren.

Aus Sicht der baulichen Barrierefreiheit bieten wohnungsinterne Erschließungsflächen, die nicht als Flur separiert, sondern unmittelbar in den Wohnbereich einbezogen sind, deutlich mehr Vorteile (siehe Abb. 5.20).

Beispielsweise können die Türen – auch bei der Verwendung von Hilfsmitteln (Gehhilfen, Rollatoren, Rollstühlen etc.) – in einem so gestalteten Flurbereich wesentlich leichter erreicht und bedient werden.

Abb. 5.21: Nicht barrierefrei: Die Duschfläche im Sanitärraum (im Bild nicht dargestellt) ist zwar schwellenfrei, der Niveauunterschied von Sanitärraum und Flur wurde jedoch als Stufe ausgebildet.

5.3.1.10 Türen (innerhalb der Wohnung)

Türen innerhalb der Wohnung machen die Erschließung der einzelnen (Wohn-)Räume und dementsprechend deren Nutzung erst möglich. In Hinblick auf die Barrierefreiheit kommt ihnen ebenfalls eine besondere Bedeutung zu: Nur wenn die Türen den Anforderungen an die Barrierefreiheit genügen, kann die Raumfunktion der durch die Türen erschlossenen Räume als barrierefrei definiert werden – beispielsweise in Bezug auf ein barrierefreies Bad.

Ein wesentlicher Punkt dabei ist die **Schwellenfreiheit** der Tür. Bei der Modernisierung von Wohnungen kommt es oft zu folgendem Problem: Im Sinne der Barrierefreiheit soll eine schwellenfreie Dusche installiert werden. Entscheidend dabei ist, ob im Bereich des Fußbodenaufbaus der Geruchsverschluss angeordnet werden kann. Ist dies nicht der Fall (z. B. aufgrund brandschutztechnischer Belange), wird häufig der Entschluss gefasst, den Fußboden des Sanitärraums an das Höhenniveau der Duschfläche anzupassen. Das hat dann zur Folge, dass der Fußboden in Bad mehrere Zentimeter höher ist als das Fußbodenniveau der übrigen (Wohn-)Räume – und demnach die gesamte Wohnung nicht mehr als barrierefrei eingestuft werden kann (siehe Abb. 5.21).

Gerade bei der Modernisierung von Wohnungen ist es also entscheidend, das Höhenniveau der Duschfläche mit dem Niveau der übrigen (Wohn-)Räume, der Wohnungseingangstür sowie der Gebäudeeingangstür bzw. der vertikalen Erschließung (Geschosstreppe, Aufzug oder Rampe) abzustimmen. Nur unter Berücksichtigung dieser Aspekte kann eine Wohnung barrierefrei sein.

Bei der Gestaltung einer barrierefreien Umgebung muss zudem die **Breite der Türen (Wohnungsinnentüren)** berücksichtigt werden. In der DIN 18040-2 ist für eine Wohnung im B-Standard eine lichte Türbreite von ≥ 80 cm als Lösung beschrieben. Nach der Norm soll diese Türbreite eingeschränkt mit einem Rollstuhl nutzbar sein. Nur für Wohnungen im R-Standard sind lichte Türbreiten von ≥ 90 cm vorzusehen, wobei im Bereich der Türen auch die rollstuhlgerechten Bewegungsflächen von ≥ 1,50 m (B) × ≥ 1,50 m (L) zu berücksichtigen sind. Dies ist bei ≥ 80 cm breiten Türen in B-Wohnungen

Abb. 5.22: Nicht barrierefrei: Wohnungsinnentür ≥ 80 cm in einer Wohnung im B-Standard, ohne Berücksichtigung einer raumseitigen Bewegungsfläche

nicht der Fall. Mit anderen Worten: Es ist sehr zweifelhaft, wie eine Tür von Personen mit Rollstuhl benutzt werden soll, wenn die hierfür erforderlichen Bewegungsflächen nicht vorgesehen sind (siehe Abb. 5.22). In der Baupraxis wurde diese Schwäche der Norm erkannt. Dementsprechend bestimmen verschiedene Bundesländer über ihre jeweilige **Verwaltungsvorschrift Technische Baubestimmungen**, dass außer der Wohnungseingangstür auch die Innentüren einer Wohnung eine lichte Breite von ≥ 90 cm besitzen müssen. Folgerichtig ist es dann, im Bereich dieser Türen auch entsprechende rollstuhlgerechte Bewegungsflächen vorzusehen.

Türen von Sanitärräumen

In Bezug auf die sogenannte **Schlagrichtung** einer Tür beschreibt die DIN 18040-2 die Notwendigkeit, dass Drehflügeltüren nicht in Sanitärräume schlagen dürfen. (Leider ist dieser Hinweis nicht in Abschnitt 5.3 „Türen, Fenster" der DIN 18040-2 zu finden, sondern in Abschnitt 5.5. „Sanitärräume".) Abschnitt 5.5 beschreibt darüber hinaus die Notwendigkeit, dass diese Türen von außen zu entriegeln sein müssen. Dadurch kann das Eingreifen von Hilfskräften im Notfall sichergestellt werden. Auf beides ist bei der Bewertung einer Wohnung zu achten.

Entsprechend der normativen Funktionsbeschreibung von Türen ist jedoch auch der Einsatz von Schiebe- oder Falttüren möglich. Ein Musterbeispiel für die Funktionalität für Personen mit Mobilitätshilfen bieten hier sogenannte **Raumspartüren**. Diese sind prinzipiell auch bei Sanitärräumen möglich, obwohl diese zumindest teilweise in diese Räume schlagen. Dafür bieten Raumspartüren Entriegelungssysteme an, die es ermöglichen, die Knickgelenke im Bereich des faltbaren Türblattes von außen zu entriegeln.

Abb. 5.23: Nicht barrierefrei: Die Türschwellen in dieser Fenstertür zu einem Freisitz sind höher als 2 cm.

5.3.1.11 Türen zu Freisitzen

Ein Sonderfall in Bezug auf Türen in (Wohn-)Räumen sind die Türen zu Freisitzen. Normativ sind die Anforderungen an diese nicht in Abschnitt 5.3.1 „Türen“ der DIN 18040-2 beschrieben, sondern in Abschnitt 5.6 „Freisitz“ zusammengefasst.

In Bezug auf den Freisitz heißt es:

„Er muss dazu von der Wohnung aus schwellenlos (siehe 5.3.1.2) erreichbar sein […].“

Diese schwellenlose Erreichbarkeit wurde in verschiedenen bundeslandspezifischen Verwaltungsvorschriften Technische Baubestimmungen ausgehebelt. Beispielsweise heißt es in der Verwaltungsvorschrift Technische Baubestimmungen NRW (VV TB NRW) in Bezug auf den Abschnitt 5.6 der DIN 18040-2:

„An Außentüren und Fenstertüren, die einen unmittelbaren Zugang von einer Wohnung zu einem ihr zugeordneten Freisitz ermöglichen, sind untere Anschläge oder Schwellen mit einer Höhe bis zu 2 cm zulässig.“

Abb. 5.23 zeigt jedoch eine Lösung, die weiterhin als nicht barrierefrei eingestuft werden muss, da die Höhe der Schwelle > 2 cm ist. Außerdem gibt es gleich mehrere Schwellen.

Dies ist umso erstaunlicher, als die DIN 18040-2 in Absatz 5.6 auf die Schwellenfreiheit laut Abschnitt 5.3.1.2 verweist. Dieser Abschnitt charakterisiert jedoch keine Ausnahmen hinsichtlich der Schwellenfreiheit, wie beispielsweise die technische Unabdingbarkeit der Schwellenfreiheit bei Gebäudeeingangstüren nach Abschnitt 4.3.3.1. Mit anderen Worten: In den bundeslandspezifischen Regelungen, die auf eine sogenannte 20-mm-Schwelle abstellen, nimmt der Gesetzgeber die Anforderungen in Bezug auf die bauliche Barrierefreiheit von Wohnungen deutlich zurück.

In der Praxis wird auch in Bezug auf die Schwellenfreiheit an Türen zu Freisitzen eingewandt, dass die normativen Rahmenbedingungen in Bezug auf die (Bauwerks-)Abdichtung nur sogenannte **Sonderlösungen** zulassen. Das heißt, an diesem baukonstruktiv neuralgischen Punkt werden bauordnungsrechtliche Lösungen gefordert, die normativ nicht abschließend definiert sind.

Im Einzelfall bewerten

Aus wertermittlungstechnischer Sicht hat dieses Problem besondere Brisanz. Denn der Immobiliensachverständige bzw. -bewerter hat im konkreten Einzelfall zu beurteilen, ob eine Türschwelle zum Freisitz akzeptabel ist oder einen Werteinfluss begründet. Selbstredend sollte dies entsprechend begründet und nicht aufgrund eines „Bauchgefühls" entschieden werden.

5.3.1.12 Wohn- und Schlafräume sowie Küchen

Die Barrierefreiheit in Wohnräumen, Schlafräumen und Küchen ist im Wesentlichen von den vorhandenen Bewegungsflächen bestimmt. Bei Wohnungen im B-Standard beträgt diese Fläche grundsätzlich ≥ 1,20 m (B) × ≥ 1,20 m (L), bei Wohnungen im R-Standard ≥ 1,50 m (B) × ≥ 1,50 m (L).

Diese Bewegungsflächen sind sowohl zwischen Bauelementen als auch zwischen Bauelementen und Möblierungen oder Möblierungen untereinander nachzuweisen, wobei in diesem Zusammenhang von einer nutzungstypischen Möblierung ausgegangen wird. Im Umkehrschluss bedeutet dies, dass die bauliche Barrierefreiheit in Wohnräumen, Schlafräumen und Küchen nicht ohne deren nutzungstypische Möblierung beurteilt werden kann.

Was ist nutzungstypische Möblierung?

In welchem Umfang diese nutzungstypische Möblierung zu bemessen ist, lässt sich jedoch aus den normativen Bezügen nicht abschließend herleiten. In der Bewertungspraxis ist von einer Minimalmöblierung auszugehen, da diese zweifelsfrei zu belegen ist. Bei Schlafzimmern wird beispielsweise von einem Bett und einem Schrank ausgegangen. Bereits ein Nachtisch, Stuhl oder Schminktisch lassen Zweifel an deren zwingender Notwendigkeit für die Nutzung des Raumes aufkommen. Letztlich muss der Immobiliensachverständige konkrete Annahmen darlegen, ob ein bestimmter Möblierungsumfang einer nutzungstypischen Möblierung entspricht.

Auch in Bezug auf **Küchen** lässt die DIN 18040-2 den Immobiliensachverständigen erheblichen Beurteilungsspielraum. Bei B-Wohnungen heißt es lediglich, dass vor Kücheneinrichtungen eine Bewegungsfläche mit einer Tiefe von ≥ 1,20 m vorhanden sein muss. Dies ist eine unglückliche Formulierung in der Norm, denn entsprechende Angaben zur Breite der Bewegungsfläche fehlen. Diese sollte anhand des Platzbedarfs der Haushaltsangehörigen beurteilt werden. Ist die Küche zu klein, kann von keiner Barrierefreiheit im Sinne einer selbstständigen Nutzung ohne fremde Hilfe ausgegangen werden.

Abb. 5.24: Übereckanordnung von Küchenelementen mit gleichzeitig teilweiser Unterfahrbarkeit in einer Wohnung im R-Standard (Quelle: Martina Pipprich für Monika Schäfers, Mainz)

Gleiches gilt für Wohnungen im R-Standard. Hier sagt die DIN 18040-2 in Abschnitt 5.4 lediglich:

„Bei der Planung der haustechnischen Anschlüsse in einer Küche für Rollstuhlnutzer ist die Anordnung von Herd, Arbeitsplatte und Spüle übereck zu empfehlen."

Das Erstaunliche dabei ist, dass keine Unterfahrbarkeit gefordert wird, damit auch Personen mit Rollstuhl die Arbeitsplatten etc. nutzen können. Abb. 5.24 zeigt eine Küche, in der die Spüle, ein Teil der Arbeitsplatte und der Herd unterfahrbar eingebaut wurden. So kann eine Person im Rollstuhl eigenständig die wesentlichen Funktionen einer Küche nutzen (siehe auch Abb. 2.54). Auch beim Einbau des Backofens und des Kühlschranks wurde darauf geachtet, dass sie vom Rollstuhl aus erreichbar und zu benutzen sind.

Auch lässt sich aus der Norm kein Hinweis entnehmen, ob und in welchem Umfang Sitzgelegenheiten in einer Küche vorhanden sein müssen bzw. im Bereich der Küche vorgesehen sein können. Daraus folgt, dass die Beurteilung der baulichen Barrierefreiheit im Rahmen einer Immobilienbewertung nur unter Berücksichtigung einer nutzungstypischen Möblierung realisiert werden kann. Hierbei muss es sich nicht um diejenige Möblierung handeln, die bei einer Ortsbesichtigung im Rahmen einer Immobilienbewertung vorgefunden wird. Besteht demnach eine erhebliche Diskrepanz, sollten bei der Immobilienbewertung entsprechende Annahmen getroffen werden.

5.3.1.13 Sanitärräume

Sanitärräume tragen entscheidend dazu bei, dass eine Wohnung barrierefrei ist. Im Rahmen einer Immobilienbewertung kann eine Wohnung nur dann als barrierefrei bezeichnet werden, wenn die notwendigen Tätigkeiten zur Körperpflege bzw. -hygiene innerhalb dieser Wohnung stattfinden können. In diesem Bezug müssen jedoch nicht alle Sanitärräume den barrierefreien Anforderungen entsprechen. Bei Wohnungen, in denen beispielsweise neben einem Bad auch eine Gästetoilette vorhanden ist, müssen nicht alle Sanitärräume den Anforderungen nach Abschnitt 5.5 der DIN 18040-2 entsprechen.

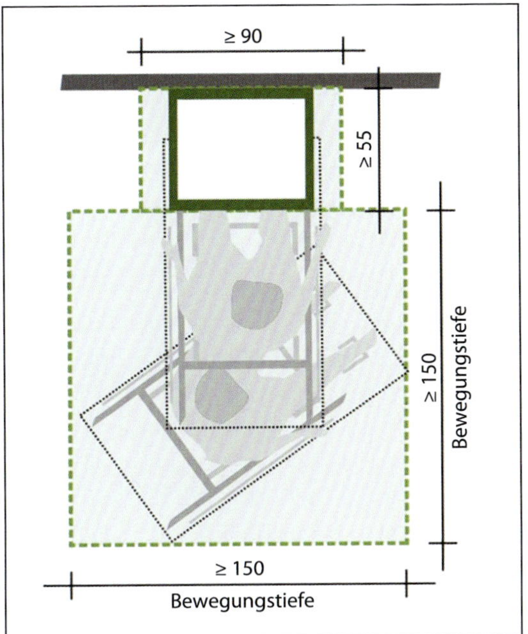

Abb. 5.25: Erforderliche Bewegungsfläche und Maß für die Unterfahrbarkeit des Waschtisches bei einer Wohnung im R-Standard

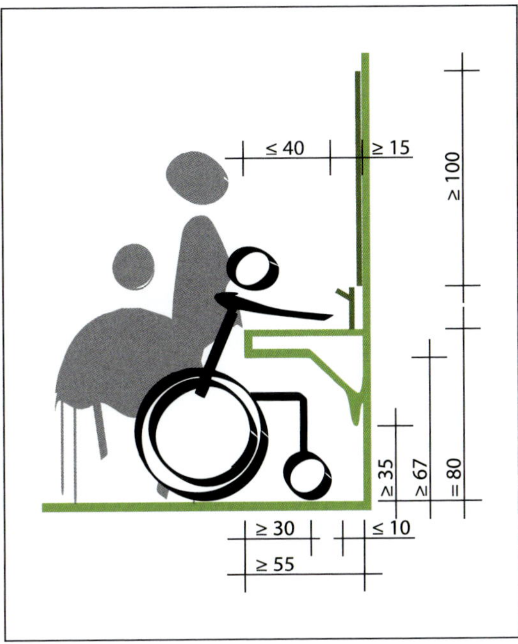

Abb. 5.26: Weitere Maße für die Unterfahrbarkeit eines Waschtisches (Quelle: Metlitzky/Engelhardt, 2021, Abb. C 14.35)

Die wesentlichste normative Vorgabe bezieht sich auf das Vorhandensein von **Bewegungsflächen** innerhalb barrierefreier Sanitärräume. Solche Flächen müssen vor dem WC-Becken, dem Waschtisch, der Badewanne und im Duschplatz vorhanden sein. Für eine effektive Grundrissgestaltung dürfen sich diese selbstverständlich auch hier ganz oder teilweise überlagern.

Zudem bietet die Norm in Bezug auf die Anordnung der **Sanitärelemente** Lösungsvorschläge. WC-Becken müssen beispielsweise einen seitlichen Mindestabstand von ≥ 20 cm zu einer Wand oder zu anderen Sanitärobjekten aufweisen. Nur ist gerade diese geometrische Vorgabe zweifelhaft, da in der Norm ebenfalls gefordert wird, dass senkrechte und waagerechte Stütz- und/oder Haltegriffe neben dem WC-Becken sowie im Bereich der Dusche und der Badewanne nachgerüstet werden können. Eine solche Nachrüstung bedingt im Bereich neben dem WC-Becken jedoch einen seitlichen Mindestabstand von ≥ 30 cm, wie dieser auch beim R-Standard gefordert ist.

Zudem definiert die DIN 18040-2 umfassende Vorgaben hinsichtlich der Ausstattung als Lösungsvorschläge, beispielsweise in Bezug auf **Waschtische**. Diese müssen so gestaltet sein, dass eine Nutzung sowohl aus einer sitzenden als auch aus einer stehenden Position möglich ist. Diese Forderung ist erfüllt, wenn unter anderem ein Beinfreiraum unter dem Waschtisch vorhanden ist. Dieser Beinfreiraum ist jedoch im B-Standard nicht abschließend definiert. Auch im R-Standard sind die maßlichen Anforderungen nicht abschließend bestimmt (siehe Abb. 5.25 und 5.26). Unerklärlicherweise stellt die normativ angefügte Darstellung auf einen horizontalen Abstand zwi-

Abb. 5.27: Schwellenfrei zugänglicher Duschplatz mit Bewegungsfläche im B-Standard

schen der Montagefläche des Waschtisches an der Wand und der Brust bzw. dem Bauch einer Person mit Rollstuhl ab. Das würde aber auch ein standardisiertes Längenverhältnis der menschlichen Extremitäten und von Brust/Bauch voraussetzen, was jedoch nicht der Fall ist.

Hingegen werden bei **Duschflächen** klare Vorgaben hinsichtlich der Höhe bzw. des Aufbaus gemacht. Zur Erfüllung barrierefreier Anforderungen muss die Duschfläche niveaugleich zum angrenzenden Bodenbereich des Sanitärraums gestaltet sein. Dies ermöglicht einen flexiblen Umgang mit der dort vorhandenen Bewegungsfläche. Denn in der Norm wird nicht gefordert, dass die Duschfläche eine bestimmte Abmessung haben muss, lediglich die Bewegungsflächen müssen den Vorgaben hinsichtlich des B- oder R-Standards entsprechen (siehe Abb. 5.27).

Im Rahmen einer Immobilienbewertung ist darauf zu achten, ob diese Fläche tatsächlich vorhanden ist – speziell dann, wenn Duschtrennwände die Bewegungsflächen im Bereich der Duschfläche begrenzen. Dies gilt auch, wenn **industriell vorgefertigte niveaugleiche Duschtassen** vorhanden sind. Diese bieten zwar eine höhere konstruktive Sicherheit in Bezug auf die Abdichtung bzw. die Entwässerung der Duschfläche, haben aber den Nachteil, dass diese standardmäßig beispielsweise mit Abmessungen von ≥ 1,20 m (B) × ≥ 1,20 m (L) produziert werden. Kommen dementsprechend Duschkabinen zum Einsatz, werden diese meist auf den Rändern dieser Duschtassen positioniert. Dies führt unter anderem dazu, dass nach der Montage bzw. bei der Nutzung der Duschfläche die Mindestbewegungsfläche in diesem Bereich nicht mehr vorhanden ist.

Duschvorhänge bieten zwar eine „konstruktive“ Lösung, sind aus Komfortgesichtspunkten jedoch indiskutabel. Hilfreich ist hier der Verzicht auf Duschkabinen, was mit ausreichenden Spritzschutzelementen in der Regel auch möglich ist.

5.4 Der Sonderfall Ein- und Zweifamilienhaus

Individuelle Wohnimmobilien, beispielsweise Ein- und Zweifamilienhäuser, haben in Deutschland nominal das größte Bewertungspotenzial. Sie bieten den Nutzern generell die größten Möglichkeiten, ihr Wohnumfeld individuell zu gestalten.

In der Vergangenheit wurden meist bauliche Lösungen umgesetzt, welche die Möglichkeit der Nutzung der baulichen Anlage und deren Außenanlage für Personen mit einer Behinderung ausschließen oder erheblich erschweren. Dieser Umstand ist auf zwei Gründe zurückzuführen:

- auf das mangelnde Bewusstsein der Bauherren, welche Veränderungen der menschliche Körpers bei einer Krankheit, einem Unfall und im weitesten Sinn während des Alterns durchmacht
- auf die gesellschaftlich akzeptierte Vorstellung von individuellem Wohnen

In den letzten beiden Jahrzehnten hat sich jedoch das Bewusstsein in Hinblick auf die bauliche Barrierefreiheit deutlich gewandelt. Barrierefreies Bauen wird heute zunehmend als Verbesserung des Wohnkomforts angesehen und weniger klinischen Aspekten zugeordnet.

Doch gerade individuelle Wohnimmobilien entziehen sich der Betrachtung der baulichen Barrierefreiheit, demnach auch der Vorstellung, wie eine Vergleichbarkeit hergestellt werden soll. Ursachen hierfür sind die fehlenden öffentlich-rechtlichen Anforderungen in Bezug auf diesen Gebäudetypus. In der Regel stellen der Umfang sowie die Art und Weise, wie die Anforderungen an eine bauliche Barrierefreiheit umgesetzt werden, auf die individuellen Bedürfnisse des Nutzers an seine direkte Wohnumgebung ab.

Nutzer der Immobilie kann, muss jedoch nicht der Eigentümer bzw. Bauherr sein. Folglich handelt es sich in Bezug auf Ein- und Zweifamilienhäuser nicht um ein barrierefreies, sondern um ein **behinderungsspezifisches bzw. behinderungsgerechtes Bauen**.

Beim behinderungsspezifischen bzw. -gerechten Bauen kann im Rahmen einer Immobilienbewertung die Beurteilung der baulichen Barrierefreiheit entweder anhand der Art der Behinderung oder in Bezug auf ein erforderliches Hilfsmittel definiert werden. Wird auf die Art der Behinderung abgestellt, kann jedoch kaum ein **Vergleichsmaßstab** definiert werden, denn die Art und der Umfang der Behinderung des Nutzers sind höchst individuell.

Im Rahmen einer Immobilienbewertung ist es daher sinnvoller, als Vergleichsmaßstab die **Verwendung eines bestimmten Hilfsmittels** heranzuziehen. Dieses reflektiert unmittelbar die Art und den Umfang einer individuellen Behinderung und lässt eine generelle Vergleichbarkeit der hierfür erforderlichen baulichen Anforderungen zu. Als Beurteilungsmaßstab für den Umfang der barrierefreien Ausstattungselemente sollte ebenfalls auf die DIN 18040-2 Bezug genommen werden, denn in ihr sind neben der Definition des Schutzziels auch verschiedene bauliche Lösungen dargestellt.

Abb. 5.28: Vor dieser Tür mit einer lichten Breite von ≥ 90 cm ist auch eine rollstuhlgerechte Bewegungsfläche vorhanden, wenn die Möbel links von der Tür entfernt werden.

Daraus folgt, dass bei dieser Herangehensweise auch die Standardabmessungen der normativ beschriebenen Hilfsmittel berücksichtigt werden. Durch diese – quasi „umgekehrte" – Betrachtungsweise der baulichen Barrierefreiheit lässt sich in einem für eine Immobilienbewertung hinreichenden Umfang die Homogenisierung von Behinderungsarten und somit die Vergleichbarkeit individueller Wohnimmobilien herstellen.

Beispiel: das rollstuhlgerechte Haus

Die in der Bewertungspraxis mit Abstand am häufigsten anzutreffende Art der behinderungsspezifischen Gestaltung einer individuellen Wohnimmobilie ist die Rollstuhlgerechtigkeit. Diese lässt sich im Wesentlichen mit folgenden barrierefreien Kriterien zusammenfassen:

- stufen- und schwellenfreie Zugänglichkeit der baulichen Anlage sowie von deren Außenanlage
- rollstuhlgerechte Dimensionierung der Türbreiten
- rollstuhlgerechte Bewegungsflächen an Türen und zwischen Ausstattungselementen (z. B. Möblierungen)
- rollstuhlgerechte Anordnung von Bedienelementen
- rollstuhlgerechte Sanitärausstattung

Bei der Betrachtung der Kriterien fällt auf, dass lediglich die stufen- und schwellenfreie Zugänglichkeit einer baulichen Anlage sowie ihrer Außenanlage und die rollstuhlgerechte Sanitärausstattung ohne geometrische Anforderungen definiert werden können. Die verbleibenden Kriterien müssen anhand eines Maßstabs beurteilt werden. Hierfür bietet sich die DIN 18040-2 an.

Hinsichtlich der rollstuhlgerechten Dimensionierung von Türbreiten sollte auf eine lichte Breite von ≥ 90 cm geachtet werden. Neben rollstuhlgerechten Bewegungsflächen von ≥ 1,50 m (B) × ≥ 1,50 m (L) an Türen und zwischen Ausstattungselementen (z. B. Möblierungen) sollte zudem eine Bedienhöhe von 85 cm berücksichtigt werden (siehe Abb. 5.28). In der Bewertungspraxis erlauben es diese wenigen Anforderungen, eine Festlegung zum Umfang der Rollstuhlgerechtigkeit einer individuellen Wohnimmobilie zu treffen.

5.4.1 Typische Defizite der Barrierefreiheit

5.4.1.1 Zugänglichkeit

Die Zugänglichkeit von individuellen Wohnimmobilien im Bereich der Außenanlagen hängt meist von den topografischen Gegebenheiten ab. Besteht eine **Hanglage**, wird die erforderliche Zugänglichkeit meist über eine Stufenanlage oder Treppe realisiert. Da jedoch beide Elemente grundsätzlich keine barrierefreie Erschließung ermöglichen, besteht bereits in diesem Bereich ein Defizit, das die Barrierefreiheit der Immobilie ausschließt.

Zudem existiert nach wie vor die weitverbreitete Meinung, dass das Eingangsniveau „ein bis zwei **Stufen**" über dem Geländeniveau liegen müsse, was jedoch grundsätzlich auch vermieden werden kann. Meist wird dieser Höhenunterschied ausschließlich mit einer Treppe überwunden, was im Sinne der Barrierefreiheit per se eine Nutzung mit radbasierten Hilfsmitteln ausschließt. Eine Alternative zur stufen- und schwellenfreien Erschließung ist nur in wenigen Fällen gegeben.

5.4.1.2 Grundrissgestaltung

Die bauliche Barrierefreiheit individueller Wohnimmobilien hängt unmittelbar davon ab, ob radgebundene Hilfsmittel genutzt werden können. Allein die vertikale räumliche Aufteilung in ein „Wohngeschoss" und ein „Schlafgeschoss" impliziert eine vertikale Erschließung, die in der Regel über eine Treppe realisiert wird. Auf eine stufen- und schwellenfreie Erschließung mittels eines Aufzugs wird oftmals verzichtet. Diese ist jedoch – speziell in Bezug auf radgebundene Hilfsmittel – unerlässlich.

Für die Nutzung beispielsweise mit einem Rollstuhl müssen die Türen ausreichend breit sein, und das Vorhandensein rollstuhlgerechter Bewegungsflächen muss sichergestellt werden. Dies ist jedoch nur der Fall, wenn die räumlichen Gegebenheiten – d. h. sowohl die Grundrissgestaltung als auch die Ausstattung (Möblierung) – darauf abgestellt werden (siehe Abb. 5.28). Ein weiterer typischer Mangel sind **Einbaumöblierungen** (z. B. Einbauküchen), die in einem Abstand von ≤ 50 cm an Türen positioniert werden und damit die Anfahrbarkeit einer Tür in Bezug auf eine rollstuhlgerechte Nutzung ausschließen.

5.4.1.3 Sanitäre Einrichtungen

Ein anderes Beispiel für ein Defizit in Bezug auf die bauliche Barrierefreiheit im individuellen Wohnungsbau sind die sanitären Einrichtungen. Sind diese nicht barrierefrei nutzbar, ist die Barrierefreiheit einer Immobilie grundsätzlich ausgeschlossen. In der Regel werden bei einem Ein- und Zweifamilienhaus oft auch individuelle Lösungen für die Barrierefreiheit gesucht.

Die bereits erwähnte typischerweise vertikale räumliche Aufteilung in ein „Wohngeschoss" und ein „Schlafgeschoss" sieht meist im Wohngeschoss ein Gäste-WC vor und ein „Familienbad" im Schlafgeschoss. Dabei ist in der

Abb. 5.29: Niveaugleicher Duschplatz in einem Einfamilienhaus

Regel das Gäste-WC auf ein Minimum reduziert und mit einem WC-Becken und einem Waschtisch ausgestattet und erfüllt keinerlei Anforderungen an die Barrierefreiheit bzw. an eine behinderungsgerechte Gestaltung. Das Familienbad wird in der Regel meist deutlich größer dimensioniert. In der Regel wird es mit einem WC-Becken, einem Waschtisch, einer Dusche und/oder einer Badewanne ausgestattet und könnte grundsätzlich die Anforderungen an die Barrierefreiheit entsprechend dem Abschnitt 5 der DIN 18040-2 erfüllen. Andererseits ist dieses Bad in der Regel ausschließlich über eine Treppe zu erreichen, was die Barrierefreiheit negiert.

Bei der **Ausstattung des Sanitärraums** hat in den letzten Jahren ein positiver Wandel zur Umsetzung barrierefreier Anforderungen stattgefunden. Ein Beispiel hierfür ist der niveaugleiche Duschplatz. Noch Ende der 1990er-Jahre wurde die Fachmeinung vertreten, dass ein solcher nicht mangelfrei herzustellen sei. Heute bieten verschiedenste Hersteller konstruktive Lösungen an, die eine (auch dauerhafte) mangelfreie Umsetzung ermöglichen. So ist heute die niveaugleiche Dusche aus einem Bad nicht mehr wegzudenken und wird prinzipiell als Komfortgewinn angesehen (siehe Abb. 5.29).

Noch viel zu selten wird die Möglichkeit der **Nachrüstung von Stütz- und Halteelementen** bedacht. Voraussetzung hierfür ist im Bereich des WCs eine geeignete Wandkonstruktion, besser noch der Einsatz von entsprechenden WCs, die eine Nachrüstung von Stütz- bzw. Stützklappgriffen an den erforderlichen Positionen möglich machen.

Abb. 5.30: Schwellenfreie Erreichbarkeit des Freisitzes über den Wohn- und Essbereich

5.4.1.4 Freisitz

Beim individuellen Wohnungsbau wird dem Freisitz eine besondere Bedeutung zugesprochen. Der unmittelbare Bezug zur Natur ist für viele Bauherren einer der Antriebe, entsprechende Wohnwünsche praktisch umzusetzen. Dabei ist das Ziel, insbesondere von den Wohn- und Schlafbereichen aus einen oder mehrere Freisitze erschließen zu können (siehe Abb. 5.30).

Die Tür zum Freisitz bildet dabei den Übergang zwischen dem Innen- und dem Außenraum. Der Schlüssel zur Barrierefreiheit ist eine ausreichende Türbreite sowie ein niveaugleicher Übergang, d. h. eine niveaugleiche Türschwelle. Wurde dies bei der erstmaligen Herstellung der baulichen Anlagen umgesetzt, ist eine spätere behinderungsgerechte Anpassung an radgebundene Hilfsmittel in der Regel nicht erforderlich.

6 Strategien zur Bestimmung des Werteinflusses der Barrierefreiheit

Die Strategie zur Beurteilung der Barrierefreiheit beruht grundsätzlich darauf, in welcher Art und Weise die Barrierefreiheit den Immobilienwert beeinflusst. Aus normativer Sicht ist zwischen öffentlich zugänglichen Gebäuden und Wohnungen zu unterscheiden, aus wertermittlungstechnischer Sicht hingegen zwischen gewerblichen und wohnbaulich genutzten Objekten inklusive deren Außenanlagen.

Voraussetzung für die **Einstufung als gewerblich genutztes Objekt** ist, dass die Nutzungen typischerweise einen Besucher- und Benutzerverkehr aufweisen. Mit anderen Worten: Zur Ausübung der zweckentsprechenden Nutzung werden die Objekte von einem im Vorhinein nicht bestimmbaren Personenkreis frequentiert. Zu gewerblich genutzten Objekten zählen im weitesten Sinne beispielsweise:

- Gewerbeobjekte
- Büro- und Geschäftshäuser
- Verbraucher- bzw. Einzelhandelsmärkte
- Sport- und Freizeitanlagen
- Beherbergungsstätten (Hotels, Pensionen etc.) und Gastronomie
- Parkhäuser mit Stellplätzen
- usw.

Dazu zählen auch Objekte, die im eigentlichen Sinne keine baulichen Anlagen sind oder deren Merkmale nur in einem sehr untergeordneten Umfang aufweisen, beispielsweise Sport- und Freizeitanlagen oder Stellplatzflächen. Gemeinbedarfsflächen, für die eine privatwirtschaftliche Nutzung ausgeschlossen ist und die einer dauerhaften öffentlichen Zweckbestimmung dienen, zählen nicht dazu. Dazu gehören beispielsweise Parkplätze.

Wohnbaulich genutzte bauliche Anlagen sind solche, bei denen die Bewohner bzw. Nutzer (Eigentümer, Mieter, Nutzer [also Personen, die z. B. ein Wohnrecht ausüben]) im Vorhinein bestimmbar sind. Dazu zählen:

- Mehrfamilienhäuser
- Wohnheime
- usw.

Bauliche Anlagen, welche in diesem Sinne beide Nutzungen aufweisen, sind entsprechend ihrer Nutzungsanteile differenziert zu betrachten. Typische Beispiele hierfür sind:

- Wohn- und Geschäftshäuser, z. B. mit einem Ladenlokal im Erdgeschoss
- Gewerbeobjekte mit Wohnungen, z. B. für Bedienstete oder Hausmeister
- usw.

Bei diesen Objekten muss der Teil der baulichen Anlage, der wohnbaulich genutzt wird, entsprechend der normativen Vorgaben in Bezug auf Wohnungen bewertet werden, und der Teil, der gewerblich genutzt wird, unter Maßgabe der normativen Vorgaben für öffentlich zugängliche Gebäude.

Differenzierte Betrachtung der Barrierefreiheit

In der Bewertungspraxis bedeutet dies, dass zur Beurteilung eine differenzierte Betrachtung der Barrierefreiheit in Bezug auf die Nutzungen erforderlich ist. Mit anderen Worten: Im Rahmen der Immobilienbewertung muss zunächst einmal geklärt werden, auf welche Bereiche sich die normativen Vorgaben für öffentlich zugängliche Gebäude beziehen und auf welche die Vorgaben für Wohnungen.

Sofern sich im Sinne dieser Betrachtungsweise Nutzungen überlagern (beispielsweise im Bereich der Erschließung auf dem Grundstück oder innerhalb des Gebäudes), gelten die Anforderungen für die jeweils zweckentsprechende Nutzung. Erfolgt eine solche differenzierte Betrachtung nicht, können im Rahmen einer Immobilienbewertung keine abschließenden Feststellungen zur Barrierefreiheit getroffen werden.

Sonderfälle sind Ein- und Zweifamilienhäuser, da für sie keine landesspezifischen bauordnungsrechtlichen Anforderungen an die Barrierefreiheit gelten. Aus Sicht der Immobilienbewertung handelt es sich dabei um die Gebäudetypen 1, 2 und 3 der NHK 2010. Diese sind:

- freistehende Ein- und Zweifamilienhäuser
- Doppel- und Reihenendhäuser
- Reihenmittelhäuser

Die Anforderungen zur Beurteilung der Barrierefreiheit nach § 2 Abs. 3, Pkt. 10 d der ImmoWertV 2021 zielen darauf ab, festzustellen, ob die Barrierefreiheit bei dem zu bewertenden Objekt einen negativen oder positiven Werteinfluss begründet oder ob sie wertneutral ist. Entscheidend bei der Beurteilung der Barrierefreiheit in Bezug auf die wertermittlungstechnisch unterstellte bzw. angenommene Nutzung ist, inwieweit deren Anforderungen zum Wertermittlungsstichtag bereits als gesellschaftlich notwendiger, d. h. öffentlich-rechtlicher Standard in der jeweiligen Landesbauordnung definiert war.

Bei öffentlich zugänglichen Gebäuden bestanden konkrete Anforderungen seit der Veröffentlichung der DIN 18024-1:1974-11 „Bauliche Maßnahmen für Behinderte und alte Menschen im öffentlichen Bereich; Planungsgrundlagen, Straßen, Plätze und Wege“ und der DIN 18024-2:1976-04 „Bauliche Maßnahmen für Behinderte und alte Menschen im öffentlichen Bereich; Planungsgrundlagen, Öffentlich zugängige Gebäude“. In den landesbauordnungsrechtlichen Bestimmungen gab es in der Regel bis in die 1990er-Jahre hinein keine konkreten Anforderungen an die Umsetzung der Barrierefreiheit. Es bestand jedoch eine Generalklausel in Bezug auf soziale Belange, die an sich die Umsetzung der Anforderungen an die Barrierefreiheit notwendig machte.

Im Sinne dieser Betrachtungsweise bestand daher seit Jahrzehnten eine grundsätzliche Anforderung, dass öffentlich zugängliche Gebäude barrierefrei sein müssen. Der Umfang unterscheidet sich jedoch erheblich von dem heutigen

Anspruch, denn die in den 2000er-Jahren eingeführten Landesgleichstellungsgesetze sowie die im Jahre 2010 neu verfasste Norm DIN 18040-1 definieren einen wesentlich höheren gesellschaftlichen Anspruch an die bauliche Barrierefreiheit.

Allein **Baurecht ist Landesrecht**. Damit ist eine allgemeingültige Aussage, was Barrierefreiheit in Bezug auf das Baurecht des einzelnen Bundeslandes bedeutet, nur nach einer vertiefenden Betrachtung möglich. Das Ergebnis dieser praxisfremden Herangehensweise ist eine höchst unterschiedliche Feststellung der bundeslandspezifischen Anforderungen an die bauliche Barrierefreiheit. Dies hat zum Ergebnis, dass eine Vergleichbarkeit gewerblich genutzter Objekte in Bezug auf das Bundesgebiet nicht möglich ist. In der Bewertungspraxis stellt sich daher die Frage, wie die höchst unterschiedliche Barrierefreiheit überhaupt zu beurteilen ist.

In Bezug auf **gewerblich genutzte bauliche Anlagen** ist – wie grundsätzlich bei jeder Immobilienbewertung – der Schlüssel zur Beurteilung der Barrierefreiheit die wahrscheinlichste **Folgenutzung**. Diese ergibt sich unmittelbar aus den wirtschaftlichen Aspekten der Nutzung der Immobilie. Speziell bei dieser Objektart bestimmt eine wirtschaftliche Betrachtung der Nutzungsmöglichkeiten die Folgenutzung, was unmittelbaren Einfluss auf mögliche Miet- und/oder Pachterträge und damit auf den Ertrag und im weiteren Sinne auf den Ertragswert hat.

Anhand dieser Überlegung lässt sich aus der Perspektive der Immobilienbewertung der Umfang der notwendigen, d. h. mindestens erforderlichen Barrierefreiheit bestimmen. Mit anderen Worten: Aus der wirtschaftlichsten Folgenutzung lassen sich die grundsätzlichen Anforderungen an die bauliche Barrierefreiheit ableiten. Daraus folgt, dass sich aus der Perspektive der Immobilienbewertung durchaus eine grundsätzliche Vergleichbarkeit der Barrierefreiheit ableiten lässt. In diesem Sinne rechtfertigt eine für die wirtschaftlichste Folgenutzung unzureichende bauliche Barrierefreiheit einen **negativen Werteinfluss**.

Bei der Beurteilung der Barrierefreiheit von **wohnbaulich genutzten Objekten** verhält es sich umgekehrt. Dies lässt sich dadurch begründen, dass bis zur schrittweisen Novellierung der Landesbauordnungen in den 2010er-Jahren in den meisten Bundesländern keine konkreten öffentlich-rechtlichen Anforderungen an die Barrierefreiheit in Bezug auf Wohnungen bestanden. Die Generalklausel im Hinblick auf soziale Belange greift bei privat genutzten Wohnungen lediglich indirekt.

Erst im Rahmen der Einführung der novellierten Normen zum barrierefreien Bauen gelang es, das öffentliche Interesse an mehr barrierefreien Wohnungen auch bauordnungsrechtlich quantitativ und qualitativ zu definieren. Dazu müssen – außer im Bundesland Nordrhein-Westfalen – in Gebäuden mit mehr als zwei (teilweise bei mehr als vier) Wohnungen die Wohnungen eines Geschosses barrierefrei erreich- und nutzbar sein.

Nur in Nordrhein-Westfalen müssen alle Wohnungen in Gebäuden der Gebäudeklassen 3 bis 5 *„im erforderlichen Umfang barrierefrei sein"*. Auf den ersten Blick ist das ein außerordentlich hoher Anspruch – wenn nicht die Verwaltungsvorschrift Technische Baubestimmungen für das Land Nordrhein-Westfalen diesen Anspruch teilweise wieder aushebeln würde, indem sie es für nicht erforderlich hält, dass die Wohungen in Gebäuden ohne Aufzug der Gebäudeklassen 3 bis 5, die barrierefrei erreichbar sein sollen, auch stufen- und schwellenlos zugänglich sein müssen.

Grundsätzlich beziehen sich die bauordnungsrechtlichen Regelungen auf Wohnungen im barrierefreien Standard (B-Standard). Deren Anzahl ist limitiert und/oder mit Regelungen zur Quotierung von Wohnungen im R-Standard versehen. Letztlich erlauben diese höchst unterschiedlichen Regelungen keine direkte Aussage darüber, wie hoch der prozentuale Anteil der zu realisierenden Wohnungen in Deutschland tatsächlich ist und welchen konkreten Standard diese Wohnungen aufweisen.

Statistische Auswertungen sind in diesem Zusammenhang ebenso unsicher wie die Aussage zur notwendigen Anzahl der barrierefreien Wohnungen in Deutschland. Sicher ist, dass aufgrund des demografischen Wandels (d. h. aufgrund der stetig fortschreitenden Überalterung der Bevölkerung der Bundesrepublik Deutschland) ab dem Jahr 2030 zwischen 1 bis 3 Millionen barrierefreie Wohnungen fehlen werden (je nach statistischer Auswertung). Im Umkehrschluss bedeutet dies aber auch, dass der überwiegende Anteil von Wohnungen in der Bundesrepublik Deutschland nicht oder nur in einem unzureichenden Umfang den Anforderungen an die Barrierefreiheit genügt bzw. genügen wird. Sofern wird die Nachfrage an barrierefreiem Wohnraum stetig wachsen und das Angebot letztlich deutlich übersteigen.

Dies wird sich in einem deutlich höheren Mietniveau widerspiegeln. In diesen Aspekt spielt auch hinein, dass seit den 2010er-Jahren ein Erkenntniswandel in der Bevölkerung eingesetzt hat. Die Barrierefreiheit einer Wohnimmobilie wird nicht mehr mit dem Thema „medizinische Einrichtung“ assoziiert, sondern mit einem Komfortgewinn und mit der Aussicht gleichgesetzt, die „eigenen vier Wände“ möglichst lange selbstbestimmt nutzen zu können.

Daraus lässt sich schlussfolgern, dass die Mehrheit der Bevölkerung bereit ist bzw. bereit sein wird, eine höhere Wohnungsmiete für eine barrierefreie Wohnung zu akzeptieren. Dies wiederum schließt den Kreis, dass die Barrierefreiheit einer Wohnimmobilie gegenüber Wohnimmobilien ohne barrierefreie Aspekte einen höheren Ertrag erzielt bzw. erzielen wird, mithin einen höheren Ertragswert hat. Aus diesem Grund ist in Bezug auf wohnbaulich genutzte Immobilien die bauliche Barrierefreiheit als **positiver Werteinfluss** zu definieren.

Als Sonderfall gelten in dem Zusammenhang wohnbaulich genutzte Ein- und Zweifamilienhäuser, für die aus öffentlich-rechtlicher Sicht kein Anspruch auf die Umsetzung der baulichen Barrierefreiheit besteht. In der Praxis erfüllen diese Immobilien – wenn überhaupt – nur einen höchst individuellen Anspruch an die Barrierefreiheit, der als behinderungsspezifische Barrierefreiheit zu definieren ist. In der Regel lässt sich daraus jedoch kein positiver Werteinfluss ableiten, da beim Kauf dieser Objekte der Wunsch vorherrscht, einen höchst individuellen Komfortgewinn zu erzielen.

Hingegen lässt sich ein **negativer Werteinfluss** ableiten, wenn die behinderungsspezifische Barrierefreiheit einen Nachteil bei der komfortorientierten Nutzung der Immobilie darstellt. Dies kann bereits dann der Fall sein, wenn das architektonische Gesamtbild der Immobilie aus Sicht eines üblichen Marktteilnehmers negativ beeinflusst ist.

In der Immobilienbewertung lässt gerade diese Möglichkeit einen höchst individuellen Beurteilungsspielraum zu. Entscheidend bei dieser Beurteilung sollte sein, inwieweit die Barrierefreiheit bereits im architektonischen Gesamtkonzept berücksichtigt worden ist. Wirken beispielsweise Rampen aufgesetzt oder störend, rechtfertigt dies ggf. einen Wertabschlag. Ein solcher lässt sich auch dann ableiten, wenn unterstellt werden muss, dass für eine zweckentsprechende Nutzung ein üblicher Marktteilnehmer mit einem zurückhaltenden Kaufpreisangebot reagieren wird.

Manifestiert ist dies durch verschiedene Urteile aus dem Steuerrecht (beispielsweise BFH München vom 10.10.1996, Az. III R 209/94). Doch gerade bei dieser Betrachtung vollzog sich in den letzten Jahren ein Paradigmenwechsel (beispielsweise BFH München vom 22.10.2009, Az. VI R 7/09). Dieser billigt heute einer rollstuhlgerechten Wohnung mindestens eine Wertneutralität zu. In der Bewertungspraxis ist vermehrt auch ein positiver Werteinfluss festzustellen.

Somit ist eine allgemeingültige Aussage, ob bei Ein- und Zweifamilienhäusern barrierefreie Ausstattungselemente zu einem negativen oder vielleicht sogar positiven Werteinfluss führen oder wertneutral sind, nur nach einer individuellen Beurteilung der Immobilie in Bezug auf den regionalen Grundstücksmarkt möglich.

6.1 Bestimmung des Werteinflusses bei gewerblich genutzten baulichen Anlagen

Gewerblich genutzte bauliche Anlagen werden primär zur Erwirtschaftung von Erträgen erworben. Demnach ist zur Ermittlung des Verkehrswertes der Ertragswert nach § 28 bis § 30 ImmoWertV 2021 zu bestimmen. Nach § 28 ImmoWertV 2021 resultiert das allgemeine Ertragswertverfahren aus dem kapitalisierten jährlichen Reinertragsanteil der baulichen Anlagen zum Wertermittlungsstichtag (der unter Abzug des Bodenwertverzinsungsbetrags ermittelt wurde) und des Bodenwertes (siehe Abb. 6.1).

Primär bestimmt sich der jährliche Rohertrag anhand der Nutzungsmöglichkeit, die wiederum unmittelbar von der Ausstattung und Qualität der baulichen Anlagen unter Berücksichtigung der Lage auf dem örtlichen Grundstücksmarkt beeinflusst wird. Diese wiederum wird unter anderem von der Barrierefreiheit bestimmt. Dabei stellt im mathematischen Sinne die Ausstattung und Qualität baulicher Anlagen die Schnittmenge zwischen der Barrierefreiheit und der Immobilienbewertung dar. Der wesentliche Aspekt dabei ist Folgender: Im Rahmen einer Immobilienbewertung gewerblich genutzter Objekte bestimmt die Nutzung unmittelbar den Ertrag, mithin den Ertragswert – und letztlich den Wert der Immobilien.

Generell ist zwischen Immobilien zu unterscheiden, bei denen die Barrierefreiheit keinen relevanten Einfluss auf die Nutzung hat, und solchen, bei denen die Barrierefreiheit unmittelbar die Nutzung limitiert. Abhängig ist dies von der unterstellten Folgenutzung, die von den gesetzlichen Bestimmungen abhängig ist. Sofern dabei von keinem relevanten Einfluss auf den Immobilienwert ausgegangen werden muss, ist folglich von einer unmittelbaren, uneingeschränkten und im Rahmen der öffentlich-rechtlichen Vorgaben universellen Nutzung auszugehen.

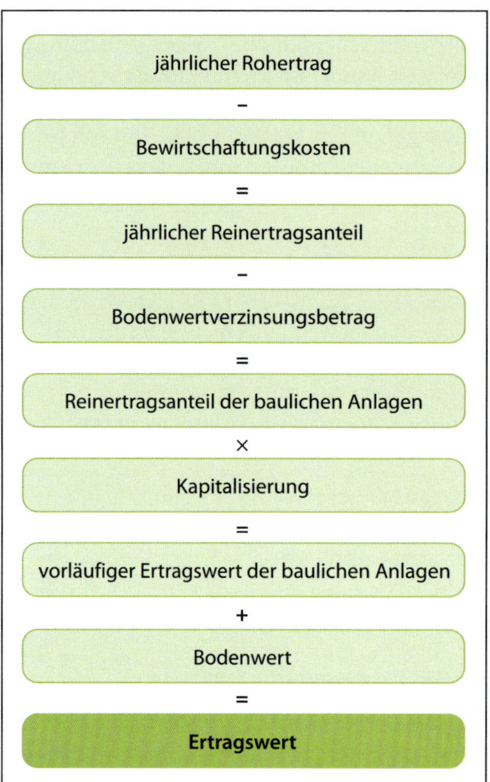

Abb. 6.1: Verfahrensablauf des allgemeinen Ertragswertverfahrens

In der Bewertungspraxis trifft dies jedoch in den wenigsten Fällen zu. Weit häufiger bestimmt die Barrierefreiheit bzw. bestimmen die Möglichkeiten zur Umsetzung derselben die Folgenutzung. In diesem Zusammenhang stellt sich folgende Frage: Wie hoch ist der erforderliche Kostenaufwand zur Umsetzung der Anforderungen an die Barrierefreiheit in Bezug auf die in der Immobilienbewertung unterstellte Folgenutzung?

Aus der Bestimmung des erforderlichen Kostenaufwands lässt sich im Rahmen einer Immobilienbewertung ein Rückschluss auf den Werteinfluss ziehen.

6.1.1 Ermittlung des Werteinflusses auf Basis des erforderlichen Kostenaufwandes

Für eine differenzierte Bestimmung des erforderlichen Kostenaufwandes bezüglich. der Barrierefreiheit sollte generell in Bezug auf die Folgenutzung zwischen einem geringen, mittleren und hohen Einfluss unterschieden werden.

6.1.1.1 Geringer Einfluss

Ein geringer Einfluss der baulichen Barrierefreiheit lässt sich dadurch definieren, in welchem Umfang die Nutzbarkeit durch die Barrierefreiheit bzw. die nicht vorhandene Barrierefreiheit eingeschränkt wird. Dabei gilt: Grundsätzlich kann nur dann von Barrierefreiheit gesprochen werden, wenn diese im Sinne der Normenreihe DIN 18040 umfänglich hergestellt worden ist.

Abb. 6.2: Nicht barrierefrei: Das Ladenlokal ist nur über eine Treppe, bestehend aus drei Stufen, zugänglich.

Anderenfalls sollte entweder auf die Nutzungseinschränkung eingegangen oder eine behinderungsspezifische Beschreibung gewählt werden.

Ein typisches Beispiel ist ein Ladenlokal, dessen Verkaufsraum ausschließlich über eine Eingangstür unmittelbar von der öffentlichen Verkehrsfläche aus zu erreichen ist (siehe Abb. 6.2). Unmittelbar vor dem Eingang befinden sich drei Stufen, über die lediglich Personen ohne oder mit nur einer leichten Gehbehinderung die Höhendifferenz von ca. 48 cm von der öffentlichen Verkehrsfläche zum Verkaufsraum überwinden können.

Die wichtigste Voraussetzung für die Barrierefreiheit ist nach Abschnitt 4.2.3 der DIN 18040-1 eine stufen- und schwellenfreie Zugänglichkeit bzw. Erschließung. Diese muss von der öffentlichen Verkehrsfläche aus bis zum Ort der zweckentsprechenden Nutzung im Gebäude gegeben sein. Durch die vor der Eingangstür vorhandene Treppe ist im Sinne der Barrierefreiheit das Ladenlokal – insbesondere für Personen mit radgebundenen Hilfsmitteln – nicht selbstständig und ohne fremde Hilfe zugänglich und folglich auch nicht nutzbar.

In einem solchen Fall ist im Rahmen einer Immobilienbewertung von einem **geringen Einfluss** der Barrierefreiheit auf die Nutzung auszugehen, wenn die überwiegende Anzahl vergleichbarer Objekte ebenfalls eine solche Erschließungssituation aufweisen.

Zur Bestimmung des vorläufigen Werteinflusses bieten sich in einem solchen Fall zwei Möglichkeiten an:

- Ermittlung der Ertragsdifferenz (keine barrierefreie Zugänglichkeit)
- Bestimmung des Kostenaufwandes (Herstellung der barrierefreien Zugänglichkeit)

Im Folgenden werden beide Möglichkeiten vorgestellt.

Ermittlung der Ertragsdifferenz (keine barrierefreie Zugänglichkeit)

Bei diesem Vorgehen muss der Immobilienbewerter anhand vergleichbarer Mieten die Differenz zwischen der marktüblichen Miete in der Lage (bzw. in vergleichbaren Lagen) und einer Miete unter Berücksichtigung einer eingeschränkten Zugänglichkeit bestimmen (siehe Tabelle 6.1).

Voraussetzung hierfür ist, dass differenzierte Mietdaten hinreichend vergleichbarer Objekte in der Lage des Objekts bzw. in vergleichbaren Lagen existieren. Nur so kann die unterschiedliche Zugänglichkeit bewertet werden.

Beispiel

Tabelle 6.1: Beispielrechnung zur Ermittlung der Ertragsdifferenz bei vorliegenden Vergleichsmieten

Mietfläche	100 m² Nutzfläche (Nfl.)	
Rohertrag	marktübliche Netto-Kaltmiete in der Lage bzw. in vergleichbaren Lagen	20,00 €/m² Monat Nfl
	marktübliche Netto-Kaltmiete in der Lage bzw. in vergleichbaren Lagen unter Berücksichtigung einer eingeschränkten Zugänglichkeit	18,00 €/m² Monat Nfl.
Mietdifferenz	2,00 €/m² Monat × 100 m² Nfl. × 12 Monate	2.400,00 €/Jahr
Reinertragsdifferenz	2.400,00 €/Jahr – Bewirtschaftungskosten in Höhe von ca. 20 %	1.920,00 €
Barwertfaktor für die Kapitalisierung	5 % Liegenschaftszinssatz, Restnutzungsdauer 30 Jahren	15,37
Ertragsdifferenz	Reinertragsdifferenz 1.920,00 € × Barwertfaktor für die Kapitalisierung 15,37	**29.510,40 €**

Bestimmung des Kostenaufwandes (Herstellung der barrierefreien Zugänglichkeit)

Alternativ kann zur Ermittlung des vorläufigen Werteinflusses auch der Kostenaufwand zur Herstellung einer barrierefreien Zugänglichkeit herangezogen werden. Dabei stellt sich die Frage, welcher Kostenaufwand (noch) vertretbar ist.

Bei dieser Überlegung ist der im Bauordnungsrecht verankerte Begriff des unverhältnismäßigen Mehraufwandes (und die damit zu tolerierenden Mehrkosten von ca. 20 %) wenig hilfreich, da bei diesem Begriff die Baukosten in Bezug auf die Herstellung der baulichen Anlagen betrachtet werden. Damit ist jedoch nicht der Kostenaufwand zur Umsetzung der Anforderungen an die Barrierefreiheit bezogen auf ein bestimmtes Bauelement gemeint.

Der Immobilienbewerter muss daher den Kostenaufwand direkt bestimmen. Das bedeutet, die Baukosten zur Herstellung der barrierefreien Zugänglichkeit sind anhand der konkreten baulichen Situation zu schätzen.

Im Beispiel aus Tabelle 6.2 muss beispielsweise eine Treppe zurückgebaut und durch eine Rampe oder alternativ durch einen Hublift ergänzt werden.

Bei Letzterem ist einzuschränken, dass im Sinne des Bauordnungsrechts nicht in jedem Bundesland eine barrierefreie, sondern lediglich eine schwellenfreie Zugänglichkeit gefordert ist. Alternativ kommt für eine barrierefreie Erschließung im Sinne der DIN 18040-1 nur ein Personenaufzug nach DIN EN 81-70 in Betracht, der in vielen baulichen Situationen aufgrund unzureichender räumlicher Gegebenheiten nicht realisiert werden kann.

Zudem sind der Kostenaufwand für ergänzende bauliche Maßnahmen (z. B. Maler- oder Installationsarbeiten) sowie die Kosten zur Erlangung einer bauordnungsrechtlichen Genehmigung (inklusive Planungskosten und Genehmigungsgebühren) und/oder zur Sicherung der Nutzung einer bestimmten Fläche zu berücksichtigen (z. B. Notargebühren, Gebühren für Grundbuchsachen).

Beispiel

Im Folgenden soll anhand von zwei alternativen Betrachtungen der Kostenaufwand für die Herstellung einer Rampe und eines Hubliftes ermittelt werden.

Tabelle 6.2: Bestimmung des Kostenaufwandes zur Herstellung der barrierefreien Zugänglichkeit per Hublift oder Rampe

Bauteil	**Rampe**	**Hublift**
	Erforderliche Rampe zur Überwindung der Höhendifferenz von ca. 48 cm / Rampenneigung von 6 % = 8 m Rampenlänge	
Baukosten für die Rampe bzw. Herstellungskosten eines Hubliftes	rd. 1.200 €/m × (8 m zzgl. 1,50 m Zwischenpodest =) 9,5 m = rd. 11.400 €	rd. 8.000 €
Ergänzende bauliche Maßnahmen	(pauschal) rd. 3.000 €	(pauschal) rd. 4.000 €
Kostenaufwand zur Erlangung einer bauordnungsrechtlichen Genehmigung	(pauschal) rd. 2.500 €	(pauschal) rd. 2.500 €
Kostenaufwand zur eigentumsrechtlichen Sicherung der Nutzung	(pauschal) rd. 500 €	(pauschal) rd. 500 €
Kostenaufwand insgesamt	**rd. 17.400 €**	**rd. 15.000 €**

Bei der Beurteilung der baulichen Alternativen ist grundsätzlich die wirtschaftlichste Lösung zu berücksichtigen, d. h. die bauliche Lösung mit dem geringsten Kostenaufwand.

Der ermittelte Kostenaufwand ist zunächst als vorläufiger Werteinfluss zu betrachten und muss in einem zweiten Schritt an den regionalen Immobilienmarkt angepasst werden. Erklären lässt sich dieses Vorgehen wie folgt: Selbst wenn ein Kostenaufwand besteht bzw. nachgewiesen werden kann,

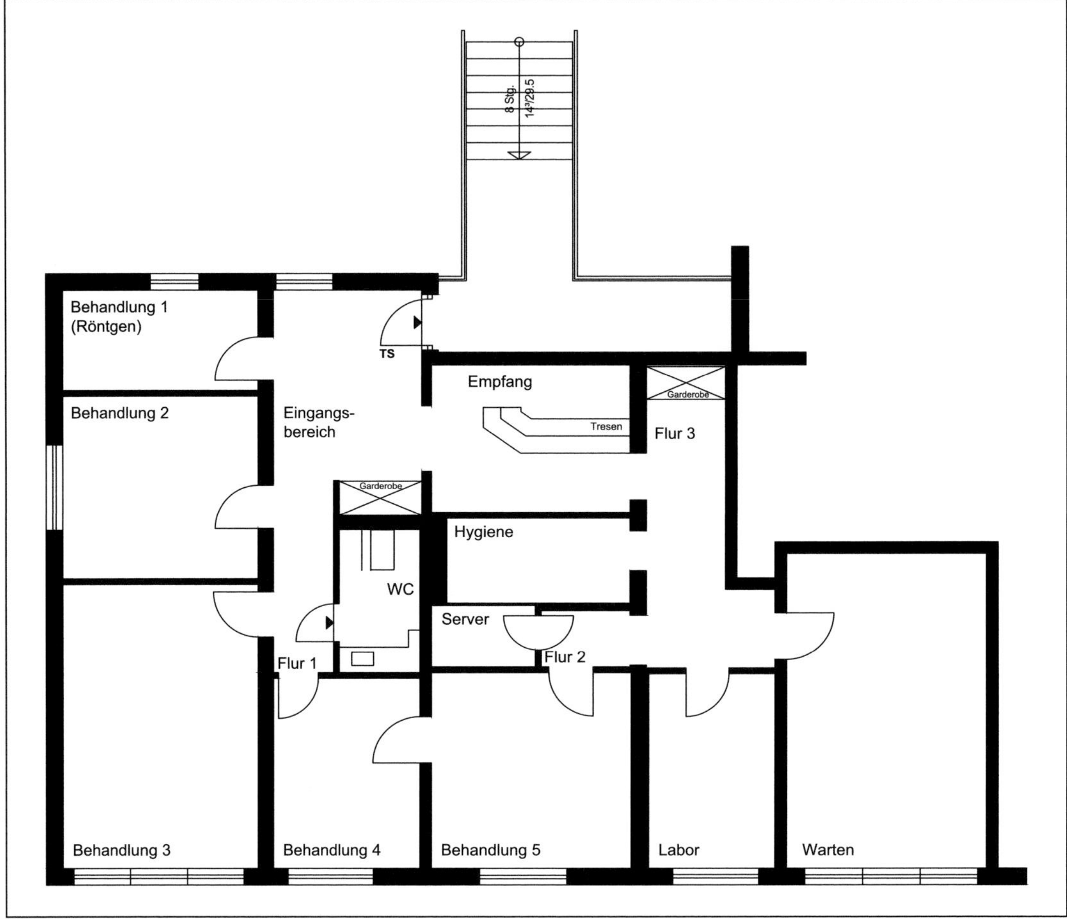

Abb. 6.3: Nicht barrierefrei: Systemgrundriss einer Arztpraxis im baulichen Bestand

führt dieser in der Regel nicht unmittelbar zu einem Werteinfluss. Zurückzuführen ist dies auf regionale Besonderheiten, beispielsweise auf einen starken Verkäufermarkt, also eine Situation am Immobilienmarkt, in der die Nachfrage das Angebot übersteigt. In einem solchen Fall wird eher eine mangelhafte bauliche Barrierefreiheit bzw. eingeschränkte Zugänglichkeit durch Käufer akzeptiert, ohne dass sie einen Wertabschlag bei der Kaufpreisabwägung durchsetzen können.

6.1.1.2 Mittlerer Einfluss

Von einem mittleren Werteinfluss ist in Bezug auf die bauliche Barrierefreiheit auszugehen, wenn sowohl die Zugänglichkeit als auch die Nutzbarkeit in denjenigen Räumlichkeiten im Gebäude nicht gegeben ist, die der zweckentsprechenden Nutzung dienen.

Abb. 6.3 zeigt eine Arztpraxis, die weder einen stufen- bzw. schwellenfreien Zugang noch eine ausreichende Bewegungsfläche vor oder innerhalb der Praxis aufweist.

Zur Bestimmung des Werteinflusses können auch hier die oben vorgestellten Berechnungen verwendet werden.

Bestimmung einer Ertragsdifferenz

Alternativ zur Bestimmung einer Mietdifferenz kann diese durch einen geeigneten Mietabschlag berücksichtigt werden, sofern hierüber entsprechende empirische Ableitungen zur Verfügung stehen. In der Regel liegt hierzu keine geeignete Datengrundlage vor. Oft bleibt dem Immobilienbewerter nur, einen Wertabschlag anhand vergleichbarer Objekte „aus dem Bauch heraus“ zu schätzen.

Beispiel

Tabelle 6.3: Bestimmung der Ertragsdifferenz bei geschätztem Mietabschlag von 10 %

Mietfläche	100 m² Nutzfläche (Nfl.)	
Rohertrag	marktübliche Netto-Kaltmiete in der Lage bzw. in vergleichbaren Lagen:	25,00 €/m² Monat (Nfl.)
Mietabschlag	Abzüglich Mietabschlag in Höhe von 10 %	2,50 €/m² Monat (Nfl.)
Mietdifferenz auf Basis eines Mietabschlages	25,00 €/m² Monat × 100 m² Nfl. × 12 Monate × 0,10	3.000,00 €/Jahr
Reinertragsdifferenz des Mietabschlages	3.000,00 €/Jahr – Bewirtschaftungskosten in Höhe von ca. 25 %	2.250,00 €
Barwertfaktor für die Kapitalisierung	5 % Liegenschaftszinssatz, Restnutzungsdauer 30 Jahre	15,37
Ertragsdifferenz	Reinertragsdifferenz 2.250,00 € × Barwertfaktor für die Kapitalisierung 15,37	**34.582,50 €**

Bestimmung des Kostenaufwandes

Auch in diesem Fall kann zur Ermittlung des vorläufigen Werteinflusses der Kostenaufwand zur Realisierung der baulichen Barrierefreiheit herangezogen werden. Die Baumaßnahmen müssen also sowohl für die Zugänglichkeit als auch für die Nutzbarkeit derjenigen Räumlichkeiten im Gebäude sorgen, die der zweckentsprechenden Nutzung (Arztpraxis) dienen. Für Letzteres müssen die Bewegungsflächen durch eine geeignete Umstrukturierung bzw. Umgestaltung des Grundrisses hergestellt werden.

Für eine fachgerechte Abschätzung des Kostenaufwands zur Herstellung der Barrierefreiheit empfiehlt sich eine **Defizitanalyse**, wie sie in Abb. 6.4 gezeigt ist.

Darauf aufbauend erfolgt die Erstellung eines **Maßnahmenplans**, der die erforderlichen baulichen Veränderungen darstellt und so die angedachten Maßnahmen nach Fertigstellung prüfbar macht. Abb. 6.5 zeigt den Maßnahmenplan.

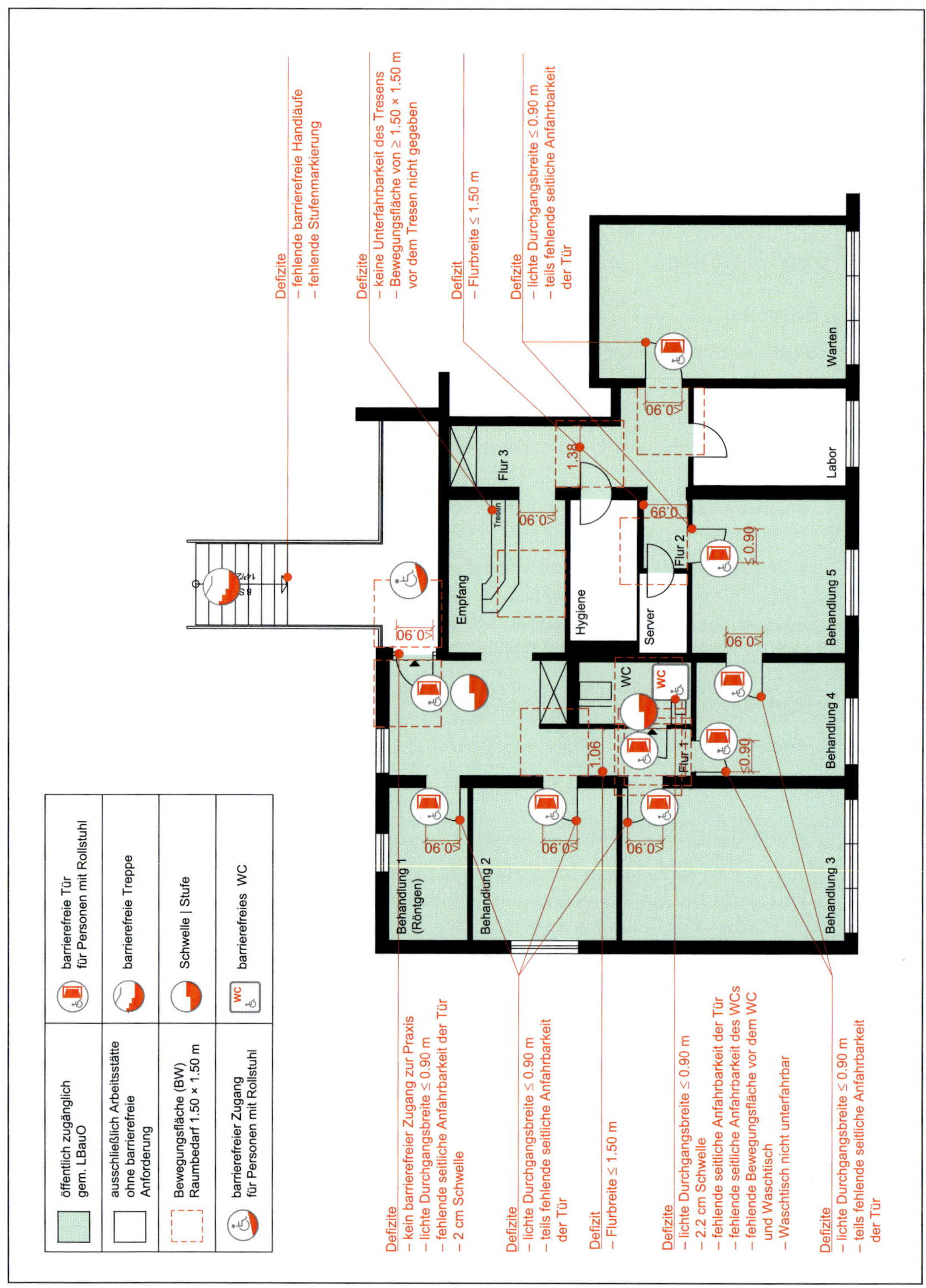

Abb. 6.4: Systemgrundriss mit Defizitanalyse

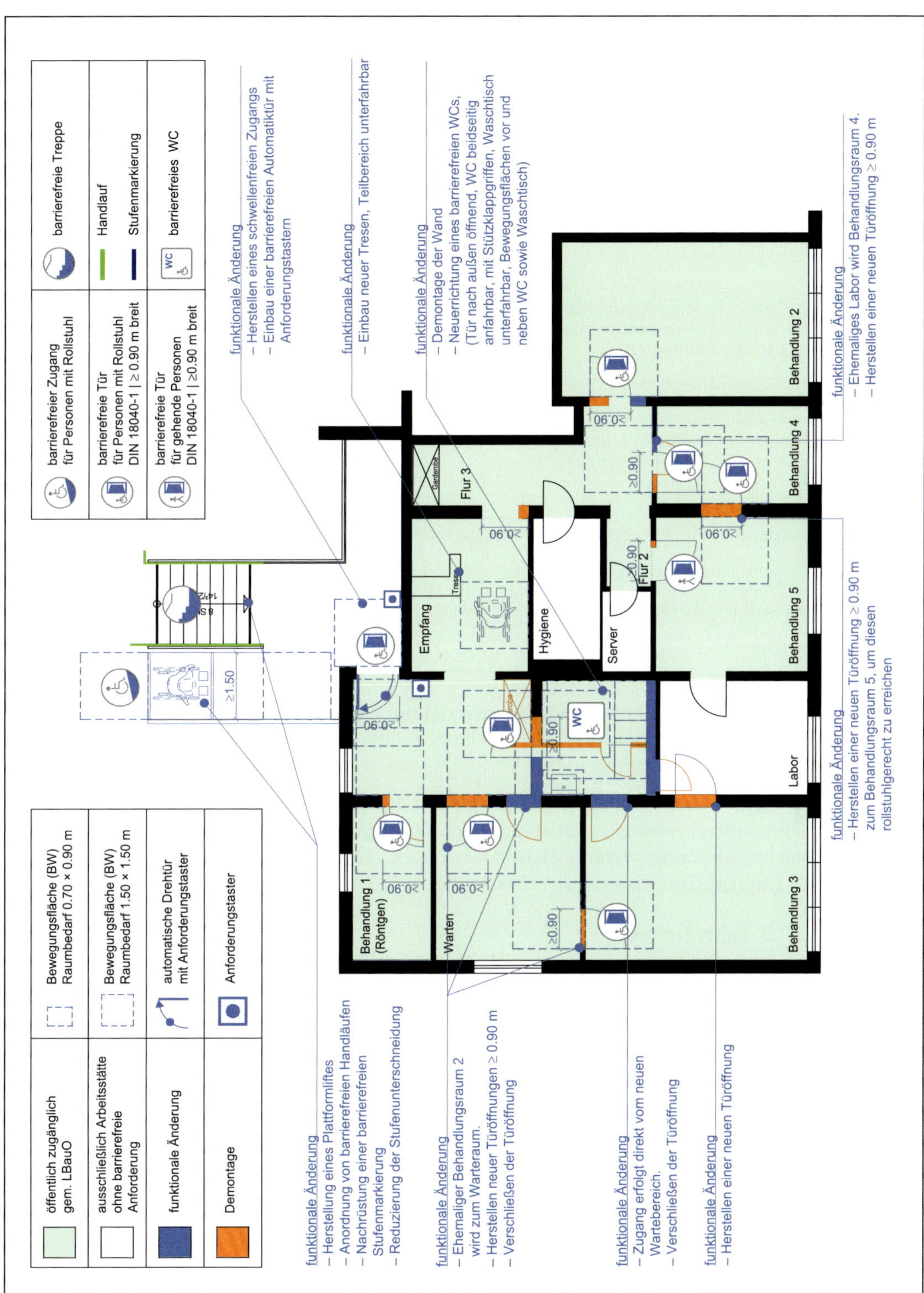

Abb. 6.5: Systemgrundriss als Maßnahmenplan

Auf Grundlage der Defizitanalyse wird ebenfalls eine Schätzung des Kostenaufwandes vorgenommen. Das Ziel eines solchen Vorgehens ist es, bereits bei der Erarbeitung eines Maßnahmenplans den geringsten Kostenaufwand zu bestimmen. Im betreffenden Beispiel ermittelt sich dieser so wie in Tabelle 6.4.

Tabelle 6.4: Kostenschätzung auf Basis des Maßnahmenplans

Maßnahme	**Kosten (Werte gerundet)**
Entfernen der Stufenunterschneidung, Anpassung der Handläufe, Nachrüstung von mechanisch befestigten Stufenmarkierungen (je nach Ausführungsart)	10.000 €
Herstellung eines Plattformliftes (je nach Ausführungsart)	15.000 €
Herstellung einer automatisierten, schwellenfreien Türkonstruktion inkl. des erforderlichen Anschlusses sowie der erforderlichen Bedienelemente (je nach Ausführungsart)	8.000 €
Herstellung eines unterfahrbaren Tresens (je nach Ausführungsart)	4.000 €
Herstellung einer barrierefreien Sanitäranlage (nach DIN 18040-1)	16.000 €
Bauliche Veränderungen inkl. Neuordnung der Raumgestaltung und -nutzung, aber ohne Änderung bzw. Anpassung der Möblierung und der medizinischen Geräte (je nach Ausführungsart)	25.000 €
Gesamt	**78.000 €**

Auch in diesem Fall ist der Kostenaufwand mit einer möglichen Ertragsdifferenz abzugleichen. Dabei bestimmt ebenfalls der niedrigere Wert den vorläufigen Werteinfluss.

In Fällen, in denen die Barrierefreiheit nicht ausschließlich durch bauliche Maßnahmen hergestellt werden kann, muss ggf. zusätzlich eine Mietdifferenz berücksichtigt werden. Häufig kommt dies vor, wenn z. B. denkmalschutzrechtliche Belange zu berücksichtigen sind.

6.1.1.3 Hoher Einfluss

Von einem hohen Einfluss der Barrierefreiheit auf die Nutzung ist auszugehen, wenn

- sowohl die Zugänglichkeit als auch die Nutzbarkeit in denjenigen Räumlichkeiten im Gebäude, die der zweckentsprechenden Nutzung dienen, nicht gegeben ist
- und zudem die baulichen Anlagen und deren Außenanlagen eine konstruktive Anpassung an die Erfordernisse in Bezug auf die unterstellte Folgenutzung nicht zulassen bzw. wenn diese Anpassung nicht wirtschaftlich ist.

Im Rahmen einer Wertermittlung stellt sich in einem solchen Fall die Frage: Sind die baulichen Anlagen und deren Außenanlagen unwirtschaftlich? Dies ist der Fall, wenn die Bodenwertverzinsung den Reinertrag übersteigt oder die Instandhaltungskosten den vorläufigen Verfahrenswert übersteigen.

Dann handelt es dabei um ein Liquidationsobjekt im Sinne des § 8 Abs. 3 Satz 3 Nummer 3 der ImmoWertV 2021:

„(3) Besondere objektspezifische Grundstücksmerkmale sind wertbeeinflussende Grundstücksmerkmale, die nach Art oder Umfang erheblich von dem auf dem jeweiligen Grundstücksmarkt Üblichen oder erheblich von den zugrunde gelegten Modellen oder Modellansätzen abweichen. Besondere objektspezifische Grundstücksmerkmale können insbesondere vorliegen bei

[…]

3. *baulichen Anlagen, die nicht mehr wirtschaftlich nutzbar sind (Liquidationsobjekte) und zur alsbaldigen Freilegung anstehen, […]"*

In einem solchen Fall ist festzustellen, ob eine alsbaldige oder eine aufgeschobene Freilegung möglich ist. Bei einer alsbaldigen Freilegung sind die Kosten der Freilegung in der Regel als besonderes objektspezifisches Grundstücksmerkmal bei der Ermittlung des Verfahrenswerts nach § 6 Absatz 3 Nummer 3 ImmoWertV zu berücksichtigen.

Ist aus sachlichen oder wirtschaftlichen Erwägungen keine alsbaldige Freilegung möglich, ist bei der Bodenwertermittlung nach § 40 Absatz 5 Nummer 3 ImmoWertV 2021 die Regelung zum nutzungsabhängigen Bodenwert in § 43 zu beachten:

„§ 43 Nutzungsabhängiger Bodenwert bei Liquidationsobjekten

(1) Ist bei einem Grundstück mit einem Liquidationsobjekt im Sinne des § 8 Absatz 3 Satz 2 Nummer 3 insbesondere aus rechtlichen Gründen mit der Freilegung erst zu einem späteren Zeitpunkt zu rechnen (aufgeschobene Freilegung) oder ist langfristig nicht mit einer Freilegung zu rechnen, so ist bei der Bodenwertermittlung von dem sich unter Berücksichtigung der tatsächlichen Nutzung ergebenden Bodenwert (nutzungsabhängiger Bodenwert) auszugehen, soweit dies marktüblich ist.

(2) Im Fall einer aufgeschobenen Freilegung ist der Wertvorteil, der sich aus der künftigen Nutzbarkeit ergibt, bei der Wertermittlung als besonderes objektspezifisches Grundstücksmerkmal zu berücksichtigen, soweit dies marktüblich ist. Der Wertvorteil ergibt sich aus der abgezinsten Differenz zwischen dem Bodenwert, den das Grundstück ohne das Liquidationsobjekt haben würde, und dem nutzungsabhängigen Bodenwert. Die Freilegungskosten sind über den Zeitraum bis zur Freilegung abzuzinsen und als besonderes objektspezifisches Grundstücksmerkmal zu berücksichtigen, soweit dies marktüblich ist."

6.1.2 Marktanpassung des erforderlichen Kostenaufwandes

Die Systematik der Ermittlung des zu investierenden Kostenaufwandes bestimmt grundsätzlich den Geldbetrag, der nominal zur Umsetzung der Anforderungen an die bauliche Barrierefreiheit erforderlich ist.

Beim Kauf einer Immobilie werden regelmäßig bei der Beurteilung des Kostenaufwands weitere Aspekte berücksichtigt. Diese können beispielsweise sowohl einkommensteuerliche Aspekte sein als auch Aspekte in Bezug auf die Mehrwertsteuer.

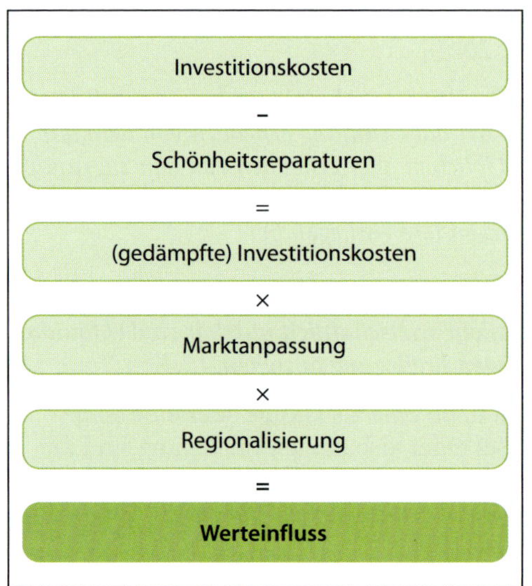

Abb. 6.6: Schema zur Ermittlung des Werteinflusses

Dr. Hans Otto Sprengnetter hat bereits 1978 dazu ausgeführt:

„In jedem Modernisierungs- und Schadenbeseitigungsfall die vollen Investitionskosten abzuziehen, ist zu undifferenziert und führt insbesondere in Modernisierungsfällen auch nicht zu marktkonformen Ergebnissen." (Sprengnetter (Hrsg.), Immobilienbewertung, Lehrbuch, 49. Ergänzungslieferung Seite 9/61/4.1/6)

Dazu wurde in der Vergangenheit in verschiedenen Modellen zur Immobilienbewertung empfohlen, die Schadenbeseitigungskosten hilfsweise einer Alterswertminderung zu unterziehen. Sprengnetter führt dazu aus:

„In den Wertermittlungsansätzen wurde unterstellt, dass die gegebenen Bauschäden beseitigt wurden, d. h. nicht (mehr) vorhanden sind. Das Argument, dass die Schadenbeseitigungskosten deshalb alterswert zu mindern seien, weil ‚die instandgesetzten Bauteile das Schicksal des Gebäudes teilen' ist … unplausibel." (Sprengnetter (Hrsg.), Immobilienbewertung, Lehrbuch, 49. Ergänzungslieferung Seite 9/61/4.1/3)

Die Entwicklung der Überlegungen mündete schlussendlich in das Modell **Sprengnetter 2015**, das die Ermittlung von Modernisierungs- und Instandsetzungskosten unter Maßgabe einer Marktanpassung als plausibel erscheinen lässt. Dabei weist Sprengnetter ausdrücklich darauf hin, dass die Faktoren zur Marktanpassung von Investitionskosten zwingend in dem Modell abgeleitet werden müssen, in dem diese angewendet werden. Sprengnetter konnte in dem von ihm publizierten Modell entsprechende kaufkraftbedingte Unterschiede bei der Anpassung des Investitionskostenaufwandes empirisch nachweisen.

Prinzipiell muss daher auch der zu investierende Kostenaufwand in Bezug auf die bauliche Barrierefreiheit marktangepasst werden. Dies lässt sich auch dadurch begründen, dass bei der Betrachtung des zu investierenden Kostenaufwandes grundsätzlich ein Zustand der Immobilie unterstellt wird, der unter Berücksichtigung der wirtschaftlichsten Folgenutzung eine bestimmte Restnutzungsdauer rechtfertigt.

Entsprechend des Modells sollten nach der Ermittlung der Investitionskosten zunächst die Aufwendungen für Schönheitsreparaturen negativ berücksichtigt werden, da Investitionen für Schönheitsreparaturen nicht als Werteinfluss bei einem Verkauf zu realisieren sind. Die sich daraus ergebenden um die Schönheitsreparaturen gedämpften Investitionskosten sind entsprechend an den Markt anzupassen. Neben diesen konnte Sprengnetter eine weitere Regionalisierung der Investitionskosten definieren. Daraus ergibt sich grundsätzlich die Bewertungssystematik aus Abb. 6.6.

Mit der Einführung des Begriffs „Barrierefreiheit“ in die ImmoWertV 2021 betritt die Immobilienbewertung bei der Beurteilung der Barrierefreiheit ein Stück Neuland. Sofern keine empirische Ableitung zur Anpassung des zu investierenden Kostenaufwandes belegt und publiziert worden ist, sollte hilfsweise die Marktanpassung in Anlehnung an das Modell Sprengnetter 2015 erfolgen.

Tabelle 6.5: Berechnungsbeispiel nach dem Modell „Sprengnetter 2015“

Faktoren und Rechenweg	**Beispielsumme**
Investitionskosten aufgrund unzureichender Barrierefreiheit	25.000,00 €
– Schönheitsreparaturen	2.000,00 €
= (gedämpfte) Investitionskosten	23.000,00 €
× Marktanpassungsfaktor für Investitionskosten	0,80
× Investitionskosten-Regionalfaktor	0,85
= Werteinfluss	**15.640 €**

Bei dem bestimmten Werteinfluss handelt es sich um einen negativen Werteinfluss, da dieser als besonderes objektspezifisches Grundstücksmerkmal in dem Wertermittlungsverfahren wertmindernd zu berücksichtigen ist.

6.2 Bestimmung des Werteinflusses bei wohnbaulich genutzten baulichen Anlagen

Wohnbaulich genutzte bauliche Objekte, wie beispielsweise Mehrfamilienhäuser, werden vornehmlich ebenfalls zur Erwirtschaftung von Erträgen erworben. Demnach ist zur Ermittlung des Verkehrswertes auch hier der Ertragswert nach §§ 28 bis 30 ImmoWertV 2021 maßgeblich. Der jährliche Rohertrag wird dabei von dem Ausstattungsstand und der Qualität der baulichen Anlagen unter Berücksichtigung der Lage auf dem örtlichen Grundstücksmarkt beeinflusst.

Die Lage auf dem örtlichen Grundstücksmarkt wiederum wird unter anderem von der Barrierefreiheit bestimmt. Dabei stellt sich, analog zu gewerblich genutzten baulichen Anlagen, die Ausstattung und Qualität baulicher

Anlagen im mathematischen Sinne als die Schnittmenge zwischen der Barrierefreiheit und der Immobilienbewertung dar. Dabei ist, anders als bei den vorgenannten Gebäudetypen, nicht die Nutzungsmöglichkeit an sich, sondern der Umfang der realisierten baulichen Barrierefreiheit entscheidend für die Bestimmung des Wertvorteils, d. h. des positiven Werteinflusses.

In der Fachwelt existieren in diesem Zusammenhang verschiedene Missverständnisse. Beispielsweise hat der Immobilienverband Deutschland (IVD) im September 2018 eine Expertenbefragung durchgeführt. Dabei sollte an einem Beispiel beurteilt werden, ob ein schwellenfreier Zugang zu einem Freisitz eine Wertminderung darstellt.

85,48 % der Befragten waren der Meinung, dass dies eine Wertminderung begründe. Die Mehrzahl dieser Befragten sah einen Wertabschlag in Höhe von 4 bis 15 % auf den Immobilienwert als gerechtfertigt an. Gleichzeitig waren aber 56 % der Befragten der Auffassung, dass dieser Wertabschlag am Markt unbegründet sei.

Diese auf den ersten Blick schizophrene Einschätzung ergibt auf den zweiten Blick Sinn, aber nur, wenn die Betrachtung umgekehrt erfolgt. Die Frage, die eigentlich zu stellen war, hätte lauten müssen: Stellt ein schwellenfreier Zugang zu einem Freisitz einen Wertvorteil gegenüber vergleichbaren Wohnungen in der Lage oder in vergleichbaren Lagen dar? Oder, weiter gefragt: Stellt eine Wohnung mit einem schwellenfreien Zugang, beispielsweise über einen Personenaufzug, einen Wertvorteil dar?

Diese Fragen müssen mit „ja" beantwortet werden. Nachweisen lässt sich dies durch die stichprobenhafte Auswertung der Mietspiegel 2020/2021 verschiedener Kommunen, die barrierefreie Ausstattungsmerkmale einer Wohnung – beispielsweise eine schwellenfreie Erschließung mittels eines Personenaufzugs oder die barrierefreie Nutzbarkeit der sanitären Anlagen, beispielsweise eines niveaugleichen Duschplatzes – als Wertvorteil benennen und dafür sowohl prozentuale wie auch nominale Zuschläge definieren. Zum Zweck der Vergleichbarkeit zeigen Tabelle 6.6 bis Tabelle 6.18 jeweils die Zuschläge, die zur besseren Vergleichbarkeit in Prozent ausgewiesen worden sind.

Tabelle 6.6: Mietspiegel Aachen

Gebäudemerkmal	Mietzuschlag
Wohnung (Baujahr 1955, Wohnfläche 70 m²) über Aufzug erreichbar	3,40 %
Wohnung (Baujahr 1955, Wohnfläche 70 m²) „barrierearm" (z. B. bodengleiche Dusche (≤ 2 cm Höhe), Grundrissgestaltung zur Schaffung von Bewegungsflächen, rollstuhlgerechte Türbreiten etc.)	4,48 % (sofern mindestens zwei Merkmale erfüllt sind)

Tabelle 6.7: Mietspiegel Augsburg

Gebäudemerkmal	Mietzuschlag
Modernisierungsmaßnahmen ab dem Jahr 2006 mit barrierefreier Ausstattung (insbesondere stufenlos erreichbare Wohnung, bodengleiche Dusche, Türenbreite ≥ 80 cm)	2,00 %

Tabelle 6.8: Mietspiegel Bielefeld

Gebäudemerkmal	Mietzuschlag
„Barrierearmut" (Wohnung ist stufen- und schwellenfrei erreichbar, u. a. bodengleiche (i. S. v. niveaugleiche) Dusche, schwellenfreier Zugang zum Freisitz (Balkonen/Terrassen) […] (bei Gebäude bis Baujahr 1978, Sanierung bis zum Jahr 2001)	13,88 %

Tabelle 6.9: Mietspiegel Bochum

Gebäudemerkmal	Mietzuschlag
„Barrierearm erreichbare" Wohnung (Wohnfläche 70 m², Baujahr 1955) (stufenlos erreichbar vom öffentlichen Verkehrsraum)	5,47 %
„Barrierearm ausgestattete" Wohnung (Wohnfläche 70 m², Baujahr 1955), z. B. „ebener Duschzugang", „ebener Balkonzugang", „Türverbreiterungen"	5,09 %

Tabelle 6.10: Mietspiegel Bonn

Gebäudemerkmal (bei 70 m² Wohnfläche)	Mietzuschlag
Barrierefrei bis zur Wohnungstür	9,02 %
Gegensprechanlage (mit oder ohne Bildübertragung)	3,26 %
Badewanne/Dusche/bodengleiche Dusche (mit oder ohne Badewanne)	8,64 %
Küche (offene Küche mit großen Stell- und Bewegungsflächen)	7,10 %

Tabelle 6.11: Mietspiegel Braunschweig

Gebäudemerkmal	Mietzuschlag
„Barrierearmut" (bodengleiche Dusche im Bad, Türenbreiten ≥ 90 cm, Wohnungen sind schwellenfrei erreichbar, Wohnung ist stufenlos erreichbar)	2,60 % (sofern mindestens zwei Merkmale erfüllt sind)

Tabelle 6.12: Mietspiegel Dortmund

Gebäudemerkmal	Mietzuschlag
Wohnung über einen Aufzug erreichbar	1,23 %
Wohnung ist barrierefrei erreichbar	2,99 %
Barrierearme Erstellung oder Modernisierung (z. B. bodengleiche Dusche (≤. 2 cm Höhe), Grundrissgestaltung zur Schaffung von Bewegungsflächen, rollstuhlgerechte Türbreiten)	5,99 %
Barrierefrei erstellte oder modernisierte Wohnung (Die Wohnung wurde insgesamt gemäß DIN 18040-2 barrierefrei erstellt oder modernisiert.)	10,21 %

Tabelle 6.13: Mietspiegel Duisburg

Gebäudemerkmal	Mietzuschlag
Barrierefreier Zugang zum Gebäude und zur Wohnung und Barrierefreiheit in der Wohnung (bei Erreichen der DIN 18040-2)	6,50 %

Tabelle 6.14: Mietspiegel Freiburg im Breisgau

Gebäudemerkmal	Mietzuschlag
Grundlegende Modernisierung nach dem Jahr 2001 (Erneuerung der Sanitäreinrichtung, Elektroinstallationen, Modernisierung der Küche, Verbesserung des Grundrisses, Einbau eines Schallschutzes oder barrierefreie, altersgerechte Ausstattung)	6,00 % (sofern mindestens vier Merkmale erfüllt sind)

Tabelle 6.15: Mietspiegel Friedrichshafen

Gebäudemerkmal	Mietzuschlag
Modernisierungsmaßnahmen, ab dem Jahr 2007, mit Baujahr vor 1955 (Modernisierung der Sanitäreinrichtung, Herstellung von Barrierefreiheit, Grundrissverbesserung, Modernisierung von Treppenhaus inkl. Eingangstür)	4,00 % (sofern alle Merkmale erfüllt sind)

Tabelle 6.16: Mietspiegel Leipzig

Gebäudemerkmal	Mietzuschlag
Barrierefreier Zugang zur Wohnung	3,08 %
Aufzug	2,42 %

Tabelle 6.17: Mietspiegel Ludwigshafen

Gebäudemerkmal	Mietzuschlag
Barrierefreier Zugang zur Wohnung	1,17 %

Tabelle 6.18: Mietspiegel Ulm/Neu-Ulm

Gebäudemerkmal	Mietzuschlag
Wohnung, barrierefreie nach DIN 18040-2	8,00 %

Diese stichprobenhafte Auswertung von Mietspiegeln in Deutschland zeigt ein leider sehr inhomogenes Bild, wobei teilweise Begriffe verwendet werden, die den normativen Vorgaben zum barrierefreien Bauen fremd sind.

Dennoch lässt sich festzustellen, dass in Kommunen, die barrierefreie Ausstattungsqualitäten von Wohnungen in ihrem Mietspiegel berücksichtigen, in allen Fällen Mietzuschläge bestimmt worden sind. Das heißt, dass in diesen Kommunen barrierefreie Ausstattungsqualitäten von Wohnungen eine höhere Miete begründen. Im übertragenen Sinne rechtfertigen somit barrierefreie Ausstattungsqualitäten einen höheren Ertragswert einer Immobilie.

6.2.1 Ermittlung des Werteinflusses auf Basis von Mietzuschlägen

Die Bestimmung des Werteinflusses auf Basis von Mietzuschlägen erfolgt ebenfalls in zwei Schritten. Im ersten Schritt wird ein vorläufiger Werteinfluss anhand eines Mietzuschlags bestimmt, und im zweiten Schritt wird er durch eine entsprechende Marktanpassung an den örtlichen Grundstücksmarkt angepasst.

Grundsätzlich ist bei der Bestimmung des Werteinflusses der Barrierefreiheit im Wesentlichen die Lage der Immobilie auf dem Grundstücksmarkt von dem Umfang der barrierefreien Ausstattungsmerkmale abhängig. Zur Beurteilung der baulichen Barrierefreiheit ist in Bezug auf die äußere Erschließung auf dem Grundstück und der inneren Erschließung des Gebäudes die DIN 18040-2 heranzuziehen. In Bezug auf Räume innerhalb der Wohnungen ist der B-Standard der DIN 18040-2 zu berücksichtigen – auch und gerade unter der Maßgabe, dass sich die Barrierefreiheit von Wohnungen in den einzelnen Bundesländern höchst differenziert manifestiert.

In diesem Zusammenhang wurden bereits im Jahr 2014 von dem Verfasser dieser Zeilen sowie seiner Co-Autorin, Nadine Metlitzky, in *Sprengnetter, Immobilienbewertung, Band 4, Marktdaten und Praxishilfen, Kapitel 3.28* Untersuchungen publiziert, die sie empirisch vorgenommen hatten. Dabei hat sich herausgestellt, dass zur Bestimmung eines prozentualen Mietzuschlags die Lage auf dem örtlichen Grundstücksmarkt weitgehend vernachlässigt werden kann. Entscheidender war in diesem Zusammenhang die Wohnungsgröße.

Als Maßstab wurde in diesem Zusammenhang die Wohnfläche nach dem Berechnungsmaßstab der Verordnung zur Berechnung der Wohnfläche

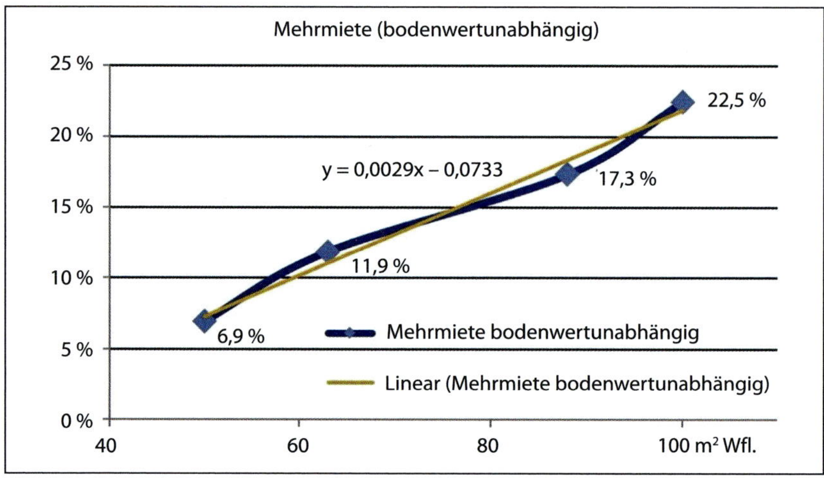

Abb. 6.7: Mietzuschläge bei Wohnungen mit barrierefreien Ausstattungsmerkmalen (Quelle: Factus 2 Institut)

(Wohnflächenverordnung – WoFlV) definiert. Grundsätzlich galt: Je größer die Wohnung ist, desto größer ist der Mietzuschlag (vgl. Abb. 6.7).

Als Obergrenze waren hier Mietzuschläge allein in Bezug auf die Barrierefreiheit von ca. 22,5 % (rd. 23 %) gerechtfertigt. Entscheidend bei einer differenzierten Betrachtung des Mietzuschlages ist der Umgang mit der baulichen Barrierefreiheit. Diese lässt sich in Bezug auf Wohnungen in drei wesentlichen Ausstattungsmerkmalen zusammenfassen:

- stufen- und schwellenfreie Zugänglichkeit der Wohnung,
- barrierefreie Nutzbarkeit der Wohn- und Sanitärräume unter Berücksichtigung einer nutzungsspezifischen Möblierung und
- sofern ein Freisitz vorhanden, stufen- und schwellenfreie Zugänglichkeit desselben.

In Bezug auf die drei vorgenannten wesentlichen Ausstattungsmerkmale lässt sich als Faustformal ein differenzierter Zuschlag wie folgt definieren:

Tabelle 6.19: Mietzuschläge für Wohnungen im B-Standard mit einer Wohnungsgröße von 100 m² (Wfl.)

Bauelemente	**Prozentsatz**
Stufen- und schwellenfreie Zugänglichkeit des Wohnhauses und der Wohnung	7 %
Schwellenfreiheit innerhalb der Wohnung und im Bad – außer Freisitz	5 %
Schwellenfreie Zugänglichkeit des Freisitzes	5 %
Wohnungsinnentüren ≥ 90 cm lichte Breite	3 %
Bewegungsflächen innerhalb der Wohnung im B-Standard	3 %
Gesamt	**23 %**

6.2.1.1 Beispiel

Betrachtet wird eine Wohnung im B-Standard mit Bewegungsflächen nach DIN 18040-2 sowie barrierefreiem Sanitärbereich inklusive niveaugleicher Dusche (barrierefreie Nutzbarkeit der Wohn- und Sanitärräume). Die Netto-Kaltmiete beträgt für Wohnungen in der gleichen Größe von 100 m², jedoch ohne barrierefreie Aspekte, monatlich 8,00 €/m² Wfl.

Tabelle 6.20: Berechnungsbeispiel

Ermittlung des Mietzuschlags		
Miete		8 €/m²
Stufen- und schwellenfreie Zugänglichkeit des Wohnhauses und der Wohnung	x	7 %
Schwellenfreiheit innerhalb der Wohnung und im Bad – außer Freisitz	x	5 %
Schwellenfreie Zugänglichkeit des Freisitzes	x	5 %
Bewegungsflächen innerhalb der Wohnung im B-Standard	x	3 %
Gesamt	=	**20 %**
Mietzuschlag nominal	=	**1,60 €/m²**

Die Berücksichtigung des Mietzuschlags im Ertragswertverfahren kann grundsätzlich auf zwei Arten erfolgen:

- entweder beim Ansatz des ortsüblich erzielbaren Ertrags (Netto-Kaltmiete) oder
- als besonderes objektspezifisches Grundstücksmerkmal

Wird der Mietzuschlag bei der Bestimmung der ortsüblich erzielbaren Miete berücksichtigt, setzt dies voraus, dass zumindest ein erheblicher Teil der vergleichbaren Mietobjekte entsprechende barrierefreie Ausstattungsqualitäten aufweisen. Dies ist beispielsweise dann der Fall, wenn ein kommunaler Mietspiegel entsprechende Auswertungen enthält. Lässt sich anhand regionaler Gegebenheiten jedoch vermuten, dass keine oder nur eine sehr untergeordnete Anzahl vergleichbarer Mietobjekte barrierefreie Ausstattungsqualitäten aufweist, sollten diese als besonderes objektspezifisches Grundstücksmerkmal berücksichtigt werden.

Selbstredend sind in diesem Zusammenhing auch die im Ertragswertverfahren zu bestimmenden Bewirtschaftungskosten auf die vorhandenen barrierefreien Ausstattungsqualitäten abzustellen. Beispielsweise rechtfertigt ein Personenaufzug höhere Instandhaltungskosten. Zudem sollte der Mietausfall an die erhöhte Nachfrage an barrierefreien Wohnraum angepasst werden. Dies rechtfertigt einen Abschlag von 50 bis 75 % auf den nominal oder prozentual anzusetzenden Mietausfall. Hingegen ist davon auszugehen, dass barrierefreie Ausstattungsaspekte keinen wesentlichen Einfluss auf den Liegenschaftszinssatz haben. Schlussendlich lässt sich feststellen, dass bei Wohnimmobilien barrierefreie Ausstattungsqualitäten einen höheren Ertragswert und mithin einen höheren Verkehrswert gegenüber vergleichbaren Immobilien begründen.

7 Resümee

Das schrittweise Vorgehen zur Ermittlung des Werteinflusses der Barrierefreiheit bei einer Immobilienbewertung gründet darauf, dass generell Werteinflüsse nur dann in einer Immobilienbewertung zu berücksichtigen sind, wenn diese auf dem Markt realisiert werden. In der Bewertungspraxis ist daher immer zu prüfen, ob und wie die zur Verfügung stehenden Daten vergleichbarer Objekte den Werteinfluss „Barrierefreiheit" inkludieren.

Im Rahmen einer Immobilienbewertung ist es daher nicht sachgerecht, anhand eines „Bau(ch)gefühls", auf eine vertiefende Betrachtung der Barrierefreiheit dieser Immobilie zu verzichten. Letztlich bedeutet dies für Immobiliensachverständige bzw. Immobilienbewerter, dass sowohl die bauordnungsrechtliche Legitimität als auch konkrete privatrechtliche Rahmenbedingungen geprüft werden müssen. Erfolgt dies nicht, sollten im Sachverständigenvertrag entsprechende Haftungsausschlüsse vereinbart werden.

8 Anhang

8.1 DIN 18040-1:2010-10

DIN 18040-1
Barrierefreies Bauen – Planungsgrundlagen –
Teil 1: Öffentlich zugängliche Gebäude*)

Ausgabe Oktober 2010 – ICS 11.180.01; 91.010.99

Construction of accessible buildings – Design principles –
Part 1: Publicly accessible buildings

Construction de bâtiments accessibles – Principes de planification –
Partie 1: Bâtiments publics accessibles

Mit DIN EN 81-70:2005-09 Ersatz für DIN 18024-2:1996-11

Inhalt

*) Herausgeber: Normenausschuss Bauwesen (NABau) im DIN; Normenausschuss Medizin (NAMed) im DIN
Wiedergegeben mit Erlaubnis des DIN Deutsches Institut für Normung e. V. Maßgebend für das Anwenden der Norm ist deren Fassung mit dem neuesten Ausgabedatum, die bei der Beuth Verlag GmbH, Burggrafenstraße 6, 10787 Berlin, erhältlich ist.
Hinsichtlich einer möglichen bauaufsichtlichen Einführung siehe Teil L VII und L VI b 12 (Bauregelliste).

Vorwort

Dieses Dokument wurde vom NA 005-01-11 AA »Barrierefreies Bauen« im Normenausschuss Bauwesen (NABau) erarbeitet.

Ziel dieser Norm ist die Barrierefreiheit baulicher Anlagen, damit sie für Menschen mit Behinderungen in der allgemein üblichen Weise, ohne besondere Erschwernis und grundsätzlich ohne fremde Hilfe zugänglich und nutzbar sind (nach § 4 BGG Behindertengleichstellungsgesetz [1]).

Die Norm stellt dar, unter welchen technischen Voraussetzungen bauliche Anlagen barrierefrei sind.

Sie berücksichtigt dabei insbesondere die Bedürfnisse von Menschen mit Sehbehinderung, Blindheit, Hörbehinderung (Gehörlose, Ertaubte und Schwerhörige) oder motorischen Einschränkungen sowie von Personen, die Mobilitätshilfen und Rollstühle benutzen. Auch für andere Personengruppen, wie z. B. groß- oder kleinwüchsige Personen, Personen mit kognitiven Einschränkungen, ältere Menschen, Kinder sowie Personen mit Kinderwagen oder Gepäck, führen einige Anforderungen dieser Norm zu einer Nutzungserleichterung.

Auf die Einbeziehung Betroffener und die Umsetzung ihrer Erfahrungen in bauliche Anforderungen wurde besonders Wert gelegt.

Dieser Teil der Norm DIN 18040 ersetzt DIN 18024-2.

Für die Verkehrs- und Außenanlagen soll eine neue Norm erarbeitet werden. Bis zu deren Veröffentlichung gilt DIN 18024-1 : 1998-01, »Barrierefreies Bauen – Teil 1: Straßen, Plätze, Wege, öffentliche Verkehrs- und Grünanlagen sowie Spielplätze; Planungsgrundlagen« weiter.

Es wird auf die Möglichkeit hingewiesen, dass einige Texte dieses Dokuments Patentrechte berühren können. Das DIN [und/oder die DKE] sind nicht dafür verantwortlich, einige oder alle diesbezüglichen Patentrechte zu identifizieren.

Änderungen

Gegenüber DIN 18024-2 : 1996-11 wurden folgende Änderungen vorgenommen:

a) Inhalte vorgenannter Norm grundlegend überarbeitet und umstrukturiert;

b) sensorische Anforderungen neu aufgenommen;

c) Schutzziele aufgenommen;

d) Arbeitsstätten aus dem Anwendungsbereich gestrichen.

Frühere Ausgaben

DIN 18024-2: 1976-04, 1996-11

1 Anwendungsbereich

Dieser Teil der Norm gilt für die barrierefreie Planung, Ausführung und Ausstattung von öffentlich zugänglichen Gebäuden und deren Außenanlagen, die der Erschließung und gebäudebezogenen Nutzung dienen. Zu den öffentlich zugänglichen Gebäuden gehören insbesondere Einrichtungen des Kultur- und des Bildungswesens, Sport- und Freizeitstätten, Einrichtungen des Gesundheitswesens, Büro-, Verwaltungs- und Gerichtsgebäude, Verkaufs- und Gaststätten, Stellplätze, Garagen und Toilettenanlagen (vgl. § 50 Abs. 2 MBO).

Die Barrierefreiheit bezieht sich auf die Teile des Gebäudes und der zugehörigen Außenanlagen, die für die Nutzung durch die Öffentlichkeit vorgesehen sind.

Die Norm gilt für Neubauten. Sie sollte sinngemäß für die Planung von Umbauten oder Modernisierungen angewendet werden.

Die mit den Anforderungen nach dieser Norm verfolgten Schutzziele können auch auf andere Weise als in der Norm festgelegt erfüllt werden.

Anmerkung: In der Regel nennen die einzelnen Abschnitte zunächst jeweils zu erreichende Schutzziele als Voraussetzung für die Barrierefreiheit. Danach wird aufgezeigt, wie das Schutzziel erreicht werden kann, gegebenenfalls differenziert nach den unterschiedlichen Bedürfnissen verschiedener Personengruppen.

Alle Maße sind Fertigmaße. Abweichungen in der Ausführung können nur toleriert werden, soweit die in der Norm bezweckte Funktion erreicht wird.

Bei Bauvorhaben für spezielle Nutzergruppen können zusätzliche oder andere Anforderungen notwendig sein.

2 Normative Verweisungen

Die folgenden zitierten Dokumente sind für die Anwendung dieses Dokuments erforderlich. Bei datierten Verweisungen gilt nur die in Bezug genommene Ausgabe. Bei undatierten Verweisungen gilt die letzte Ausgabe des in Bezug genommenen Dokuments (einschließlich aller Änderungen).

DIN 18041:2004-05	Hörsamkeit in kleinen bis mittelgroßen Räumen
DIN 18650-1	Schlösser und Baubeschläge – Automatische Türsysteme – Teil 1: Produktanforderungen und Prüfverfahren
DIN 18650-2	Schlösser und Baubeschläge – Automatische Türsysteme – Teil 2: Sicherheit an automatischen Türsystemen
DIN 32976	Blindenschrift – Anforderungen und Maße
DIN EN 81-70:2005-09	Sicherheitsregeln für die Konstruktion und den Einbau von Aufzügen – Besondere Anwendungen für Personen- und Lastenaufzüge – Teil 70: Zugänglichkeit von Aufzügen für Personen einschließlich Personen mit Behinderungen; Deutsche Fassung EN 81-70:2003 + A1:2004
DIN EN 1154	Schlösser und Baubeschläge – Türschließmittel mit kontrolliertem Schließablauf – Anforderungen und Prüfverfahren
DIN EN 12217	Türen – Bedienungskräfte – Anforderungen und Klassifizierung
BGR 181[1)]	BG-Regel – Fußböden in Arbeitsräumen und Arbeitsbereichen mit Rutschgefahr
GUV-I 8527[2)]	GUV-Informationen – Bodenbeläge für nassbelastete Barfußbereiche
MBO[3)]	Musterbauordnung von 2008-10

1) Herausgegeben durch: Deutsche Gesetzliche Unfallversicherung DGUV unter www.arbeitssicherheit.de, zu beziehen bei: Carl Heymanns Verlag GmbH, Luxemburger Str. 449, 50839 Köln

2) Zu beziehen bei: Deutsche Gesetzliche Unfallversicherung DGUV unter www.arbeitssicherheit.de

3) Zu beziehen bei: Beuth Verlag GmbH, 10772 Berlin oder unter www.is-argebau.de

3 Begriffe

Für die Anwendung dieses Dokuments gelten die folgenden Begriffe.

3.1 Bedienelement

überwiegend mit der Hand zu betätigende Griffe, Drücker, Schalter, Tastaturen, Knöpfe, Geldeinwürfe, Kartenschlitze u. Ä.

3.2 Bewegungsfläche

erforderliche Fläche zur Nutzung eines Gebäudes und einer baulichen Anlage, unter Berücksichtigung der räumlichen Erfordernisse, z. B. von Rollstühlen, Gehhilfen, Rollatoren

3.3 Blindheit

vollständiger Ausfall des Sehvermögens oder eine so minimale Lichtwahrnehmung, dass sich der Betroffene primär taktil und akustisch orientieren und informieren muss und sich in der Regel mithilfe des Blindenstocks oder Blindenführhundes bewegt

3.4 Hörbehinderung

Ausfall des Hörvermögens oder erheblich eingeschränktes Hörvermögen

3.5 Leuchtdichtekontrast

im Weiteren als Kontrast bezeichnet, ein relativer Leuchtdichteunterschied benachbarter Flächen; die Kontrastwahrnehmung kann durch Farbgebung unterstützt werden

[DIN 32975:2009-12, 3.3]

3.6 motorische Einschränkung

Einschränkung des Bewegungsvermögens insbesondere der Arme, Beine und Hände; kann die Nutzung von Mobilitätshilfen oder Rollstühlen erfordern

3.7 Orientierungshilfe

Information, die alle Menschen, insbesondere Menschen mit sensorischen Einschränkungen, bei der Nutzung der gebauten Umwelt unterstützt

3.8 Sehbehinderung

erhebliche Einschränkung des Sehvermögens, wobei sich der Betroffene noch in hohem Maße visuell orientieren und informieren kann

3.9 sensorische Einschränkung

z. B. Einschränkung des Hörsinnes oder des Sehsinnes

3.10 Zwei-Sinne-Prinzip

gleichzeitige Vermittlung von Informationen für zwei Sinne

Beispiel: Neben der visuellen Wahrnehmung (Sehen) wird auch die taktile (Fühlen, Tasten z. B. mit Händen, Füßen) oder auditive (Hören) Wahrnehmung genutzt.

4 Infrastruktur

4.1 Allgemeines

Unter Infrastruktur versteht die Norm die Bereiche eines Gebäudes, die – einschließlich ihrer Bauteile und technischen Einrichtungen – seiner Erschließung von der öffentlichen Verkehrsfläche aus bis zum Ort der zweckgemäßen Nutzung im Gebäude dienen (Zugangsbereich, Eingangsbereich, Aufzüge, Flure, Treppen usw.).

Wesentliche Elemente der Infrastruktur sind die Verkehrs- und Bewegungsflächen. Sie müssen für die Personen, die je nach Situation den größten Flächenbedarf haben, in der Regel Nutzer von Rollstühlen oder Gehhilfen, so bemessen sein, dass die Infrastruktur des Gebäudes barrierefrei erreichbar und nutzbar ist.

Die Bewegungsfläche muss ausreichend groß für die geradlinige Fortbewegung, den Begegnungsfall sowie für den Richtungswechsel sein.

Ausreichend groß ist eine Fläche von

- 180 cm Breite und 180 cm Länge für die Begegnung zweier Rollstuhlnutzer;
- 150 cm Breite und 150 cm Länge für die Begegnung eines Rollstuhlnutzers mit anderen Personen;
- 150 cm Breite und 150 cm Länge für Richtungswechsel und Rangiervorgänge.

Ausreichend groß ist eine Fläche von

- 120 cm Breite und geringer Länge, wenn eine Richtungsänderung und Begegnung mit anderen Personen nicht zu erwarten ist, z. B. für Flurabschnitte und Rampenabschnitte;
- 90 cm Breite und geringer Länge, z. B. für Türöffnungen (siehe Tabelle 1) und Durchgänge (siehe 4.6).

Die Bewegungsflächen werden beispielhaft in Bild 1 und Bild 2 dargestellt. Sie sind für die Bemessung von Verkehrsflächen zugrunde zu legen, soweit nicht in nachfolgenden Abschnitten andere Maße genannt werden oder nutzungsbedingt erforderlich sind (z. B. für Sportrollstühle).

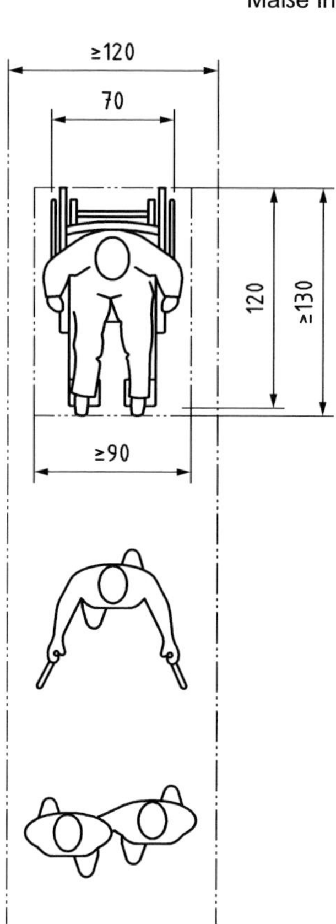

Bild 1: Platzbedarf und Bewegungsflächen ohne Richtungsänderung

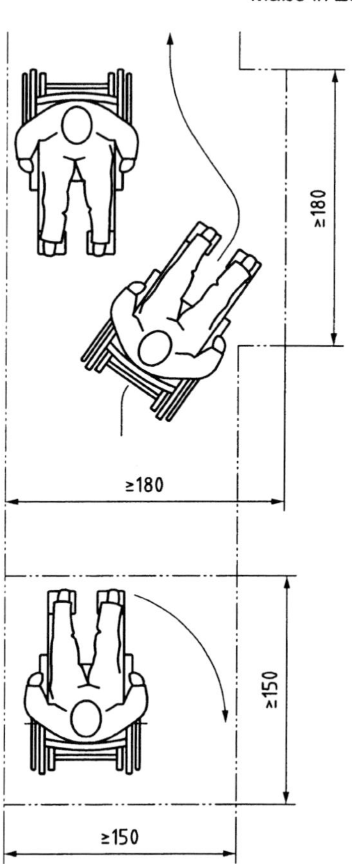

Bild 2: Platzbedarf und Bewegungsflächen mit Richtungsänderung und Begegnung

Die erforderlichen Bewegungsflächen dürfen in ihrer Funktion durch hineinragende Bauteile oder Ausstattungselemente, z. B. Telefonzellen, Vitrinen usw.; nicht eingeschränkt werden.

Bauteile oder einzelne Ausstattungselemente, die in begehbare Flächen ragen, wie z. B. ein Treppenlauf in einer Eingangshalle, müssen auch für blinde und sehbehinderte Menschen wahrnehmbar sein, siehe Bild 3. Zur Erkennbarkeit von einzelnen Ausstattungselementen siehe 4.5.4.

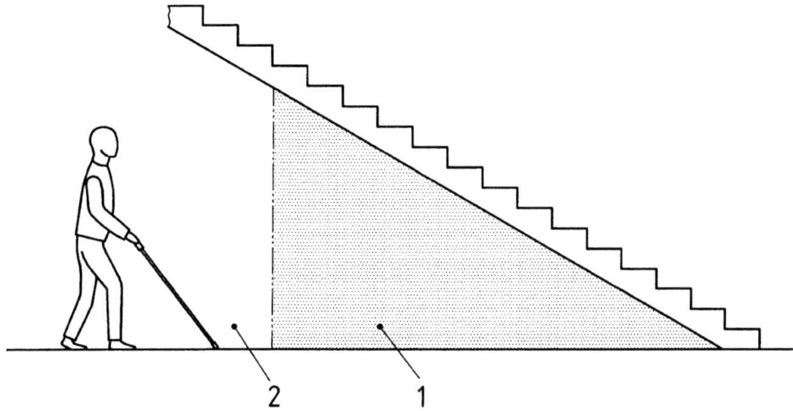

Legende

1 abzusichernder Bereich
2 Gehbereich

Bild 3: Abzusichernder Bereich von Bauteilen am Beispiel Treppen

Zur Verkehrssicherheit auch für großwüchsige Menschen darf die nutzbare Höhe über Verkehrsflächen 220 cm nicht unterschreiten, ausgenommen sind Türen (siehe Tabelle 1), Durchgänge und lichte Treppendurchgangshöhen.

4.2 Äußere Erschließung auf dem Grundstück

4.2.1 Gehwege, Verkehrsflächen

Gehwege müssen ausreichend breit für die Nutzung mit dem Rollstuhl oder mit Gehhilfen, auch im Begegnungsfall, sein.

Ausreichend ist eine Breite von mindestens 150 cm und nach höchstens 15 m Länge eine Fläche von mindestens 180 cm × 180 cm zur Begegnung von Personen mit Rollstühlen oder Gehhilfen, siehe Bild 2. Für Gehwege bis 6 m ohne Richtungsänderung ist auch die Wegbreite von 120 cm möglich, soweit am Anfang und am Ende eine Wendemöglichkeit gegeben ist.

Zur gefahrlosen Nutzung müssen Gehwege und Verkehrsflächen eine feste und ebene Oberfläche aufweisen, die z. B. auch Rollstuhl- und Rollatornutzer leicht und erschütterungsarm befahren können. Ist aus topografischen Gründen oder zur Abführung von Oberflächenwasser ein Gefälle erforderlich, dürfen sie keine größere Querneigung als 2,5 % haben. Die Längsneigung darf grundsätzlich 3 % nicht überschreiten. Sie darf bis zu 6 % betragen, wenn in Abständen von höchstens 10 m Zwischenpodeste mit einem Längsgefälle von höchstens 3 % angeordnet werden.

Gehwegbegrenzungen sind so zu gestalten, dass sie mit dem Blindenstock leicht und sicher wahrgenommen werden können (z. B. mit Rasenkantensteinen von mindestens 3 cm Höhe oder mit Bordsteinen von mindestens 3 cm Höhe, die eine deutliche Kante aufweisen).

4.2.2 Pkw-Stellplätze

Pkw-Stellplätze, die für Menschen mit Behinderungen ausgewiesen werden, sind entsprechend zu kennzeichnen und sollten in der Nähe der barrierefreien Zugänge angeordnet sein.

Sie müssen mindestens 350 cm breit und mindestens 500 cm lang sein.

Wird zusätzlich ein Stellplatz für einen Kleinbus vorgesehen, muss dieser mindestens 350 cm breit und mindestens 750 cm lang sein sowie eine nutzbare Mindesthöhe von 250 cm aufweisen.

4.2.3 Zugangs- und Eingangsbereiche

Zugangs- und Eingangsbereiche müssen leicht auffindbar und barrierefrei erreichbar sein. Die leichte Auffindbarkeit wird erreicht:

- für sehbehinderte Menschen z. B. durch eine visuell kontrastierende Gestaltung des Eingangsbereiches (z. B. helles Türelement/dunkle Umgebungsfläche) und eine ausreichende Beleuchtung;
- für blinde Menschen mithilfe von taktil erfassbaren unterschiedlichen Bodenstrukturen oder baulichen Elementen wie z. B. Sockel und Absätze als Wegbegrenzungen usw. und/oder mittels akustischer bzw. elektronischer Informationen. Die taktile Auffindbarkeit kann auch durch Bodenindikatoren erreicht werden.

Anmerkung: Bodenindikatoren werden z. B. in DIN 32984 geregelt.

Die barrierefreie Erreichbarkeit ist gegeben, wenn

- alle Haupteingänge stufen- und schwellenlos erreichbar sind;
- Erschließungsflächen unmittelbar an den Eingängen nicht stärker als 3 % geneigt sind, andernfalls sind Rampen oder Aufzüge vorzusehen; bei einer Länge der Erschließungsfläche bis zu 10 m ist auch eine Längsneigung bis zu 4 % möglich;
- vor Gebäudeeingängen eine Bewegungsfläche je nach Art der Tür vorgesehen ist;
- die Bewegungsfläche vor Eingangstüren eben ist und höchstens die für die Entwässerung notwendige Neigung aufweist.

Zu Rampen siehe 4.3.8, zu Aufzügen siehe 4.3.5, zu Türen und Bewegungsflächen siehe 4.3.3.

4.3 Innere Erschließung des Gebäudes

4.3.1 Allgemeines

Ebenen des Gebäudes, die barrierefrei erreichbar sein sollen, müssen stufen- und schwellenlos zugänglich sein.

Flure und sonstige Verkehrsflächen dürfen nicht stärker als 3 % geneigt sein, andernfalls sind Rampen oder Aufzüge vorzusehen. Bei einer Länge des Flures bzw. der Verkehrsfläche bis zu 10 m ist auch eine Längsneigung bis zu 4 % möglich.

Treppen, Fahrtreppen und geneigte Fahrsteige allein sind keine barrierefreien vertikalen Verbindungen. Mit den in dieser Norm genannten Eigenschaften (siehe 4.3.6, 4.3.7) sind sie jedoch für Menschen mit begrenzten motorischen Einschränkungen sowie für blinde und sehbehinderte Menschen barrierefrei nutzbar.

4.3.2 Flure und sonstige Verkehrsflächen

Flure und sonstige Verkehrsflächen müssen ausreichend breit für die Nutzung mit dem Rollstuhl oder mit Gehhilfen, auch im Begegnungsfall, sein.

Ausreichend ist eine nutzbare Breite

- von mindestens 150 cm;
- in Durchgängen von mindestens 90 cm;
- von mindestens 180 cm und mindestens 180 cm Länge nach höchstens 15 m Flurlänge zur Begegnung von Personen mit Rollstühlen oder Gehhilfen;
- von mindestens 120 cm und höchstens 6 m Länge, wenn keine Richtungsänderung erforderlich ist und davor und danach eine Wendemöglichkeit gegeben ist,

siehe Bild 1 und Bild 2.

Glaswände oder großflächig verglaste Wände an Verkehrsflächen müssen deutlich erkennbar sein, z. B. durch visuell stark kontrastierende Sicherheitsmarkierungen, es sei denn, die Erkennbarkeit dieser Wände ist auf andere Weise sichergestellt (z. B. Schaufenster mit Auslage und entsprechender Beleuchtung). Zu Sicherheitsmarkierungen siehe 4.3.3.5.

4.3.3 Türen

4.3.3.1 Allgemeines

Türen müssen deutlich wahrnehmbar, leicht zu öffnen und schließen und sicher zu passieren sein.

Karusselltüren und Pendeltüren sind kein barrierefreier Zugang und daher als einziger Zugang ungeeignet.

Untere Türanschläge und -schwellen sind nicht zulässig. Sind sie technisch unabdingbar, dürfen sie nicht höher als 2 cm sein.

4.3.3.2 Maßliche Anforderungen

Die geometrischen Anforderungen an Türen sind in Tabelle 1 dargestellt.

Tabelle 1: Geometrische Anforderungen an Türen

	Komponente	Geometrie	Maße cm
	1	2	3
	alle Türen		
1	Durchgang	lichte Breite	≥ 90
2		lichte Höhe über OFF	≥ 205
3	Leibung	Tiefe	≤ 26[a]
4	Drücker, Griff	Abstand zu Bauteilen , Ausrüstungs- und Ausstattungselementen	≥ 50
5	zugeordnete Beschilderung	Höhe über OFF	120 – 140
	manuell bedienbare Türen		
6	Drücker	Höhe Drehachse über OFF (Mitte Drückernuss) Das Achsmaß von Greifhöhen und Bedienhöhen beträgt grundsätzlich 85 cm über OFF. Im begründeten Einzelfall sind andere Maße in einem Bereich von 85 cm bis 105 cm vertretbar.	85
7	Griff waagerecht	Höhe Achse über OFF	85
8	Griff senkrecht	Greifhöhe über OFF	85
	automatische Türsysteme		
9	Taster	Höhe (Tastermitte) über OFF	85
10	Taster Drehflügeltür/Schiebetür bei seitlicher Anfahrt	Abstand zu Hauptschließkanten[b]	≥ 50
11	Taster Drehflügeltür bei frontaler Anfahrt	Abstand Öffnungsrichtung	≥ 250
		Abstand Schließrichtung	≥ 150
12	Taster Schiebetür bei frontaler Anfahrt	Abstand beidseitig	≥ 150

OFF = Oberfläche Fertigfußboden

[a] Rollstuhlbenutzer können Türdrücker nur erreichen, wenn die Greiftiefe nicht zu groß ist. Das ist bei Leibungstiefen von max. 26 cm immer erreicht. Für größere Leibungen muss die Nutzbarkeit auf andere Weise sichergestellt werden.

[b] Die Hauptschließkante ist bei Drehflügeltüren die senkrechte Türkante an der Schlossseite.

4.3.3.3 Anforderungen an Türkonstruktionen

Das Öffnen und Schließen von Türen muss auch mit geringem Kraftaufwand möglich sein.

Das wird erreicht mit Bedienkräften und -momenten der Klasse 3 nach DIN EN 12217 (z. B. 25 N zum Öffnen des Türblatts bei Drehtüren und Schiebetüren).

Andernfalls sind automatische Türsysteme erforderlich (siehe auch DIN 18650-1 und DIN 18650-2). Gebäudeeingangstüren sollten vorzugsweise automatisch zu öffnen und zu schließen sein.

Sind Türschließer erforderlich, müssen diese so eingestellt werden, dass das Öffnungsmoment der Größe 3 nach DIN EN 1154 nicht überschritten wird.

Es wird empfohlen, Türschließer mit stufenlos einstellbarer Schließkraft zu verwenden. Damit z. B. Menschen mit motorischen Einschränkungen genug Zeit haben, um die Türen sicher zu passieren, können Schließverzögerungen erforderlich sein.

Bei Feuer- oder Rauchschutztüren sollten Feststellanlagen (z. B. Haftmagnete oder Freilauftürschließer) zum Einsatz kommen.

Anmerkung: Bei Feuer- und Rauchschutztüren können im Brandfall höhere Bedienkräfte auftreten, siehe auch 4.7.

Pendeltüren müssen Schließvorrichtungen (z. B. Pendeltürschließer nach DIN EN 1154) haben, die ein Durchpendeln der Türen verhindern.

Schließmittel mit unkontrolliertem Schließablauf (z. B. Federbänder) dürfen nicht eingesetzt werden.

Drückergarnituren sind für motorisch eingeschränkte, blinde und sehbehinderte Menschen greifgünstig auszubilden.

Dies wird z. B. erreicht durch:

- bogen- oder U-förmige Griffe;
- senkrechte Bügel bei manuell betätigten Schiebetüren.

Ungeeignet sind:

- Drehgriffe, wie z. B. Knäufe;
- eingelassene Griffe (in Sporthallen jedoch aus sicherheitstechnischen Gründen ggf. erforderlich).

4.3.3.4 Bewegungsflächen vor Türen

Bewegungsflächen vor Türen sind nach Bild 4 und Bild 5 zu bemessen.

Abweichend davon gilt:

Wird die Bewegungsfläche, in die die Tür nicht schlägt (siehe Bild 4 unterer Teil und Bild 5), durch ein gegenüberliegendes Bauteil, z. B. eine Wand, begrenzt, muss der Abstand zwischen beiden Wänden mindestens 150 cm betragen, damit die mit der Durchfahrt verbundene Richtungsänderung möglich ist.

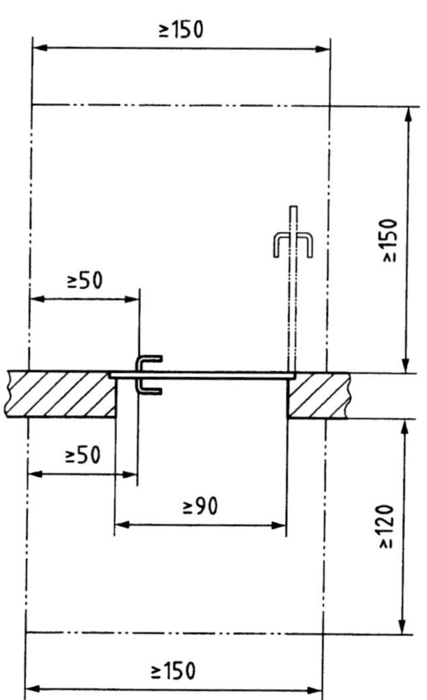

Bild 4: Bewegungsflächen vor Drehflügeltüren

Maße in Zentimeter

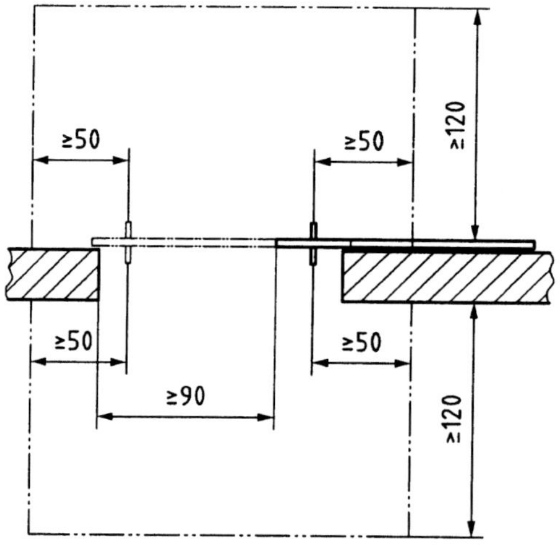

Bild 5: Bewegungsflächen vor Schiebetüren

4.3.3.5 Orientierungshilfen an Türen

Auffindbarkeit und Erkennbarkeit von Türen und deren Funktion müssen auch für blinde und sehbehinderte Menschen möglich sein.

Dies wird z. B. erreicht durch

- taktil eindeutig erkennbare Türblätter oder -zargen;
- visuell kontrastierende Gestaltung, z. B. helle Wand/dunkle Zarge, heller Flügel/dunkle Hauptschließkante und Beschlag;
- zum Bodenbelag visuell kontrastierende Ausführung von eventuell vorhandenen Schwellen.

Ganzglastüren und großflächig verglaste Türen müssen sicher erkennbar sein durch Sicherheitsmarkierungen, die

- über die gesamte Glasbreite reichen;
- visuell stark kontrastierend sind;
- jeweils helle und dunkle Anteile (Wechselkontrast) enthalten, um wechselnde Lichtverhältnisse im Hintergrund zu berücksichtigen;
- in einer Höhe von 40 cm bis 70 cm und von 120 cm bis 160 cm über OFF angeordnet werden.

Beispiel: Sicherheitsmarkierungen in Streifenform, mit einer durchschnittlichen Höhe von 8 cm und einzelnen Elementen mit einem Flächenanteil von mindestens 50 % des Streifens.

Anmerkung: Zu visuellen Kontrasten siehe auch DIN 32975.

4.3.4 Bodenbeläge

Bodenbeläge müssen rutschhemmend (sinngemäß mindestens R 9 nach BGR 181) und fest verlegt sein und für die Benutzung, z. B. durch Rollstühle, Rollatoren und andere Gehhilfen, geeignet sein.

Anmerkung: Bodenbeläge für den Sanitärbereich siehe 5.3.5.

Bodenbeläge sollten sich zur Verbesserung der Orientierungsmöglichkeiten für sehbehinderte Menschen visuell kontrastierend von Bauteilen (z. B. Wänden, Türen, Stützen) abheben. Spiegelungen und Blendungen sind zu vermeiden.

4.3.5 Aufzuganlagen

Gegenüber von Aufzugtüren dürfen keine abwärts führenden Treppen angeordnet werden. Sind sie dort unvermeidbar, muss ihr Abstand mindestens 300 cm betragen.

Vor den Aufzugtüren ist eine Bewegungs- und Wartefläche von mindestens 150 cm × 150 cm zu berücksichtigen. Bei einer Überlagerung dieser Fläche mit anderen Verkehrsflächen muss ein Passieren des wartenden Rollstuhlnutzers möglich sein. Dies wird z. B. erreicht durch eine zusätzlich anzuordnende Durchgangsbreite von 90 cm.

Aufzüge müssen mindestens dem Typ 2 nach DIN EN 81-70 : 2005-09, Tabelle 1, entsprechen. Die lichte Zugangsbreite muss mindestens 90 cm betragen.

Für die barrierefreie Nutzbarkeit der Befehlsgeber siehe DIN EN 81-70 : 2005-09, Anhang G.

Anmerkung: Anhang E (informativ) von DIN EN 81-70 : 2005-09 enthält einen »Leitfaden für Maßnahmen für blinde und sehbehinderte Personen«.

4.3.6 Treppen

4.3.6.1 Allgemeines

Mit nachfolgenden Eigenschaften sind Treppen für Menschen mit begrenzten motorischen Einschränkungen sowie für blinde und sehbehinderte Menschen barrierefrei nutzbar. Das gilt für Gebäudetreppen und Treppen im Bereich der äußeren Erschließung auf dem Grundstück.

Für außen angeordnete Rettungstreppen sind Abweichungen (z. B. hinsichtlich der Setzstufen) möglich.

4.3.6.2 Laufgestaltung und Stufenausbildung

Treppen müssen gerade Läufe haben. Die Treppenlauflinie muss rechtwinklig zu den Treppenstufenkanten verlaufen. Ab einem Innendurchmesser des Treppenauges von 200 cm sind auch gebogene Treppenläufe möglich.

Anmerkung: Zur Vermeidung des Abrutschens von Gehhilfen an freien seitlichen Stufenenden ist z. B. eine Aufkantung geeignet.

Treppen müssen Setzstufen haben. Trittstufen dürfen über die Setzstufen nicht vorkragen. Eine Unterschneidung bis 2 cm ist bei schrägen Setzstufen zulässig.

Setzstufen mit sich verringernder Höhe oder Trittstufen mit sich verjüngender Tiefe, z. B. aus topografischen oder gestalterischen Gründen im Außenbereich, sind nicht geeignet. Dies gilt auch für Einzelstufen.

4.3.6.3 Handläufe

Beidseitig von Treppenläufen und Zwischenpodesten müssen Handläufe einen sicheren Halt bei der Benutzung der Treppe bieten. Das wird erreicht, wenn

- sie in einer Höhe von 85 cm bis 90 cm angeordnet sind, gemessen lotrecht von Oberkante Handlauf zu Stufenvorderkante oder OFF Treppenpodest/Zwischenpodest;
- sie an Treppenaugen und Zwischenpodesten nicht unterbrochen werden;
- die Handlaufenden am Anfang und Ende der Treppenläufe (z. B. am Treppenpodest) noch mindestens 30 cm waagerecht weiter geführt werden.

Die Handläufe sind so zu gestalten, dass sie griffsicher und gut umgreifbar sind und keine Verletzungsgefahr besteht. Das wird erreicht mit

- z. B. rundem oder ovalem Querschnitt des Handlaufs und einem Durchmesser von 3 cm bis 4,5 cm;
- Halterungen, die an der Unterseite angeordnet sind;
- abgerundetem Abschluss von frei in den Raum ragenden Handlaufenden z. B. nach unten oder zu einer Wandseite.

4.3.6.4 Orientierungshilfen an Treppen und Einzelstufen

Für sehbehinderte Menschen müssen die Elemente der Treppe leicht erkennbar sein.

Das wird z. B. erreicht mit Stufenmarkierungen aus durchgehenden Streifen, die folgende Eigenschaften aufweisen

- auf Trittstufen beginnen sie an den Vorderkanten und sind 4 cm bis 5 cm breit;

- auf Setzstufen beginnen sie an der Oberkante und sind mindestens 1 cm, vorzugsweise 2 cm, breit;
- sie heben sich visuell kontrastierend sowohl gegenüber Tritt- und Setzstufe, als auch gegenüber den jeweils unten anschließenden Podesten ab.

Bei bis zu drei Einzelstufen und Treppen, die frei im Raum beginnen oder enden, muss jede Stufe mit einer Markierung versehen werden. In Treppenhäusern müssen die erste und letzte Stufe – vorzugsweise alle Stufen – mit einer Markierung versehen werden.

Handläufe müssen sich visuell kontrastierend vom Hintergrund abheben.

Für blinde Menschen ist die Absturzgefahr an Treppen und Stufen, die frei im Raum beginnen oder deren Lage sich nicht unmittelbar aus dem baulichen Kontext ergeben, zu minimieren. Dazu sollte am Austritt direkt hinter der obersten Trittstufe ein taktil erfassbares Feld, z. B. mit unterschiedlichen Bodenstrukturen oder Bodenindikatoren, angeordnet werden, das mindestens 60 cm tief und so breit wie die Treppe sein sollte. Ein solches Feld sollte ebenso am Antritt direkt vor der untersten Setzstufe angeordnet werden, um die Auffindbarkeit für blinde Menschen zu erleichtern. Ein Leuchtdichtekontrast zwischen diesen Feldern und dem Stufenbelag ist zu vermeiden, um die Stufenvorderkantenmarkierung (s. o.) visuell hervorzuheben.

Handläufe sollten taktile Informationen zur Orientierung, wie Stockwerk und Wegebeziehungen, erhalten. Die Hinweise sind am Anfang und Ende von Treppenläufen auf der von der Treppe abgewandten Seite des Handlaufes anzubringen. Sie sind in geschlossene Orientierungs- und Leitsysteme zu integrieren, siehe auch 4.4.

4.3.7 Fahrtreppen und geneigte Fahrsteige

Mit den nachfolgenden Eigenschaften sind Fahrtreppen und geneigte Fahrsteige für Menschen mit begrenzten motorischen Einschränkungen sowie für blinde und sehbehinderte Menschen barrierefrei nutzbar:

- Geschwindigkeit bis zu 0,5 m/s;
- Vorlauf bei Fahrtreppen mindestens drei Stufen;
- Steigungswinkel der Fahrtreppen vorzugsweise nicht mehr als 30° (entspricht 57,7 %);
- Steigungswinkel der Fahrsteige nicht mehr als 7° (entspricht 12,3 %).

Anmerkung: Zusätzlich zu den Anforderungen in DIN EN 115-1 zu Stufenmarkierungen wird empfohlen, eine Sicherheitsmarkierung der Trittstufe nach 4.3.6.4 anzubringen und die Kämme an Zu- und Abgang mit einem 8 cm breiten Streifen zu kennzeichnen.

4.3.8 Rampen

4.3.8.1 Allgemeines

Rampen müssen leicht zu nutzen und verkehrssicher sein. Das gilt bei Einhaltung der nachfolgenden Anforderungen an Rampenläufe, Podeste, Radabweiser und Handläufe als erreicht.

Die maßlichen Anforderungen sind in den Bildern 6 bis 8 dargestellt.

Zur Erforderlichkeit von Rampen siehe 4.2.3 und 4.3.1.

4.3.8.2 Rampenläufe und Podeste

Die Neigung von Rampenläufen darf maximal 6 % betragen; eine Querneigung ist unzulässig. Die Entwässerung der Podeste von im Freien liegenden Rampen ist sicherzustellen.

Am Anfang und am Ende der Rampe ist eine Bewegungsfläche von mindestens 150 cm × 150 cm anzuordnen.

Die nutzbare Laufbreite der Rampe muss mindestens 120 cm betragen.

Die Länge der einzelnen Rampenläufe darf höchstens 600 cm betragen. Bei längeren Rampen und bei Richtungsänderungen sind Zwischenpodeste mit einer nutzbaren Länge von mindestens 150 cm erforderlich.

In der Verlängerung einer Rampe darf keine abwärts führende Treppe angeordnet werden.

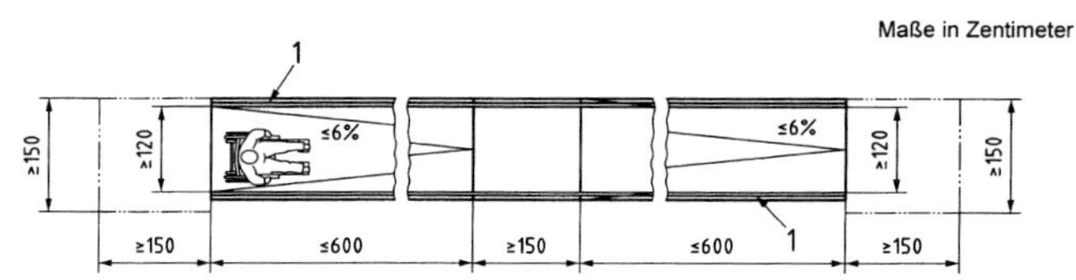

Legende

1 Handlauf

Bild 6: Rampe, Grundriss

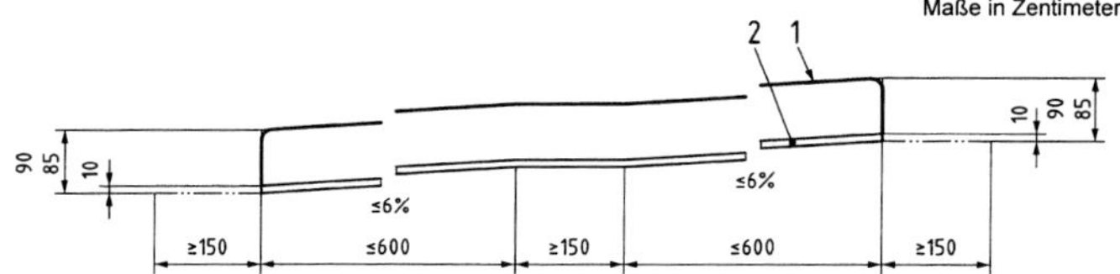

Legende

1 Handlauf
2 Radabweiser

Bild 7: Rampe, Seitenansicht

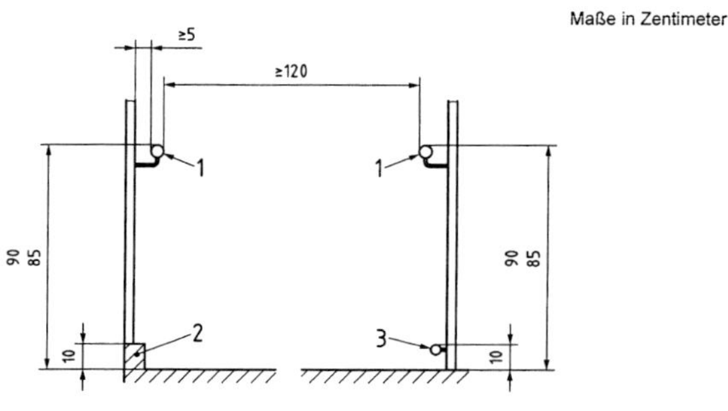

Legende

1 Handlauf
2 Aufkantung als Radabweiser
3 Holm als Radabweiser

Bild 8: Rampe, Querschnitt

4.3.8.3 Radabweiser und Handläufe

An Rampenläufen und -podesten sind beidseitig in einer Höhe von 10 cm Radabweiser anzubringen. Radabweiser sind nicht erforderlich, wenn die Rampen seitlich durch eine Wand begrenzt werden.

Es sind beidseitig Handläufe vorzusehen.

Die Oberkanten der Handläufe sind in einer Höhe von 85 cm bis 90 cm über OFF der Rampenläufe und -podeste anzubringen.

Die Handläufe sind so zu gestalten, dass sie griffsicher und gut umgreifbar sind und keine Verletzungsgefahr besteht. Das wird erreicht mit

- z. B. rundem oder ovalem Querschnitt des Handlaufs und einem Durchmesser von 3 cm bis 4,5 cm;
- einem lichten seitlichen Abstand von mindestens 5 cm zur Wand oder zu benachbarten Bauteilen;
- Halterungen, die an der Unterseite angeordnet sind;
- abgerundetem Abschluss von frei in den Raum ragenden Handlaufenden z. B. nach unten oder zu einer Wandseite.

4.3.9 Rollstuhlabstellplätze

In Gebäuden, deren Nutzung einen Wechsel des Rollstuhls erforderlich macht, sind Rollstuhlabstellplätze vorzusehen.

Rollstuhlabstellplätze sind für den Wechsel des Rollstuhls ausreichend groß, wenn sie eine Bewegungsfläche von mindestens 180 cm × 150 cm haben. Vor den Rollstuhlabstellplätzen ist eine weitere Bewegungsfläche von mindestens 180 cm × 150 cm zu berücksichtigen, siehe Bild 9.

Maße in Zentimeter

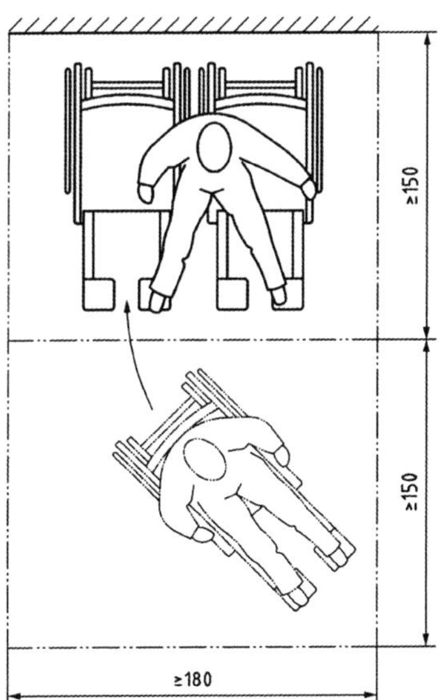

Bild 9: Platzbedarf für den Rollstuhlabstellplatz einer Person, Bewegungsfläche für Rangieren und Wechsel

4.4 Warnen/Orientieren/Informieren/Leiten

4.4.1 Allgemeines

Informationen für die Gebäudenutzung, die warnen, der Orientierung dienen oder leiten sollen, müssen auch für Menschen mit sensorischen Einschränkungen geeignet sein. Die Vermittlung von wichtigen Informationen muss für mindestens zwei Sinne erfolgen (Zwei-Sinne-Prinzip).

Sie dürfen nicht durch Hinweise anderer Art, wie z. B. Werbung, überlagert werden.

Informationen können visuell (durch Sehen), auditiv (durch Hören) oder taktil (durch Fühlen, Tasten z. B. mit Händen, Füßen) wahrnehmbar gestaltet werden. Nachfolgend werden zu jeder Wahrnehmungsart Hinweise für eine geeignete Gestaltung der baulichen Voraussetzungen gegeben.

Gefahrenstellen und gefährliche Hindernisse sind für blinde und sehbehinderte Menschen zu sichern, z. B. durch ertastbare (siehe auch 4.5.4) und stark kontrastierende (siehe auch 4.4.2) Absperrungen.

Flure und sonstige Verkehrsflächen sollten mit einem möglichst lückenlosen Informations- und Leitsystem ausgestattet werden. Bei größeren Gebäudekomplexen sollte sich das Informations- und Leitsystem auch auf die Verkehrsflächen in den Außenanlagen erstrecken.

4.4.2 Visuell

Visuelle Informationen müssen auch für sehbehinderte Menschen sichtbar und erkennbar sein.

Die wichtigsten Einflussfaktoren auf das Sehen/Erkennen sind

- Leuchtdichtekontraste (hell/dunkel);
- Größe des Sehobjektes;
- Form (z. B. Schrift);
- räumliche Anordnung (Position) des Sehobjektes;
- Betrachtungsabstand;
- ausreichende und blendfreie Belichtung bzw. Beleuchtung.

Anmerkung 1: Siehe auch DIN 32975.

Visuelle Informationen müssen hinsichtlich der Leuchtdichte zu ihrem Umfeld einen visuellen Kontrast aufweisen. Je höher der Leuchtdichtekontrast, desto besser ist die Erkennbarkeit. Hohe Kontrastwerte ergeben Schwarz/Weiß- bzw. Hell/Dunkel-Kombinationen. Die Kontrastwahrnehmung kann durch Farbgebung unterstützt werden. Ein Farbkontrast ersetzt nicht den Leuchtdichtekontrast.

Anmerkung 2: Kontrastwerte können gemessen und berechnet werden. Hinweise dazu enthält z. B. DIN 32975. Die bisherigen Erfahrungen zeigen, dass Leuchtdichtekontraste $K \geq 0{,}4$ zum Orientieren und Leiten und für Bodenmarkierungen sowie Leuchtdichtekontraste $K \geq 0{,}7$ für Warnungen und schriftliche Informationen geeignet sind.

Beeinträchtigungen von visuellen Informationen durch Blendungen, Spiegelungen und Schattenbildungen sind so weit wie möglich zu vermeiden. Dies kann durch die Wahl geeigneter Materialeigenschaften und Oberflächenformen (z. B. entspiegeltes Glas, matte Oberflächen) bzw. Anordnung (z. B. geneigte Sichtflächen) erreicht werden.

Sind Informationen nur aus kurzer Lesedistanz wahrnehmbar (z. B. textliche Beschreibung neben Ausstellungsstücken in Museen), müssen die jeweiligen Informationsträger auch für Menschen mit eingeschränktem Sehvermögen oder Rollstuhlnutzer frei zugänglich sein.

4.4.3 Auditiv

Akustische Informationen müssen auch für Menschen mit eingeschränktem Hörvermögen hörbar und verstehbar sein.

Die wichtigsten Einflussfaktoren auf das Hören/Verstehen sind:

- das Verhältnis zwischen Nutzsignal S (Signal) und Störgeräusch N (Noise);
- die Nachhallzeit und die Lenkung der Schallenergie zum Hörer.

Anmerkung 1: Störgeräusche können von außen einwirken oder im Raum selbst entstehen.

Der Abstand zwischen Nutzsignal S (Signal) und Störgeräusch N (Noise) sollte S-N = 10 dB nicht unterschreiten. Die automatische Anpassung des Nutzsignals an wechselnde Störschallpegel ist anzustreben.

Akustische Informationen als Töne oder Tonfolgen müssen bei Alarm- und Warnsignalen eindeutig erkennbar und unterscheidbar sein.

Anmerkung 2: Für die raumakustische Planung siehe DIN 18041.

Anmerkung 3: Die Qualität der Sprachübertragung wird durch einen Sprachübertragungsindex angegeben.

4.4.4 Taktil

Informationen, die taktil zur Verfügung gestellt werden, müssen für die jeweilige Art der Wahrnehmung geeignet sein. Taktile Informationen können von blinden Menschen auf unterschiedliche Weise wahrgenommen werden:

- mit den Fingern;
- mit den Händen;
- mit dem Langstock;
- mit den Füßen (mit oder ohne Schuhwerk).

Taktil erfassbare schriftliche Informationen müssen sowohl durch erhabene lateinische Großbuchstaben und arabische Ziffern (»Profilschrift«) als auch durch Braille'sche Blindenschrift (nach DIN 32976) vermittelt werden. Sie können durch ertastbare Piktogramme und Sonderzeichen ergänzt werden.

Anmerkung 1: Für die Gestaltung der erhabenen, ertastbaren Schrift, der Piktogramme, der Sonderzeichen und der Braille'schen Blindenschrift wird auf die Broschüre des Deutschen Blinden- und Sehbehindertenverbandes: »Richtlinie für taktile Schriften« (unter »www.gfuv.de«) [2] hingewiesen.

Taktil erfassbare Beschriftungen, Sonderzeichen bzw. Piktogramme sollten beispielsweise an folgenden Orten angebracht werden:

- beim Zugang zu geschlechtsspezifischen Anlagen, z. B. WC- und Duschanlagen sowie Umkleidebereichen;
- vor Zimmertüren (Raumbezeichnungen).

Taktil erfassbare Orientierungshilfen müssen sich vom Umfeld deutlich unterscheiden, z. B. durch Form, Material, Härte und Oberflächenrauigkeit, sodass sie sicher mit den Fingern oder über den Langstock und das Schuhwerk ertastet werden können.

Anmerkung 2: Geradlinige und rechtwinklige Wegeführungen und Raumgestaltungen unterstützen die taktile Orientierung und Raumerfassung.

Als Orientierungsmöglichkeiten dienen z. B. bauliche Elemente oder taktil kontrastreiche Bodenstrukturen. Es können auch Bodenindikatoren zum Einsatz kommen.

Anmerkung 3: Bodenindikatoren werden z. B. in DIN 32984 geregelt.

4.5 Bedienelemente, Kommunikationsanlagen sowie Ausstattungselemente

4.5.1 Allgemeines

Bedienelemente und Kommunikationsanlagen, die zur zweckentsprechenden Nutzung des Gebäudes durch die Öffentlichkeit erforderlich sind, müssen barrierefrei erkennbar, erreichbar und nutzbar sein.

Bedien- und Ausstattungselemente und Bauteile müssen so gestaltet sein, dass scharfe Kanten vermieden werden, z. B. durch Abrundungen oder Kantenschutz.

4.5.2 Bedienelemente

Bedienelemente mit folgenden Eigenschaften sind barrierefrei erkennbar und nutzbar:

- sie sind nach dem Zwei-Sinne-Prinzip visuell kontrastierend gestaltet und taktil (z. B. durch deutliche Hervorhebung von der Umgebung) oder akustisch wahrnehmbar;
- ihre Funktion sollte erkennbar sein, z. B. durch Kennzeichnung und/oder Anordnung der Elemente an gleicher Stelle (Wiedererkennungseffekt);
- damit beim Ertasten von Schaltern ein unbeabsichtigtes Auslösen vermieden wird, dürfen nicht ausschließlich Sensortaster, Touchscreens oder berührungslose Bedienelemente verwendet werden;
- die Funktionsauslösung sollte eindeutig rückgemeldet werden, z. B. durch ein akustisches Bestätigungssignal, ein Lichtsignal oder die Schalterstellung;
- die maximal aufzuwendende Kraft bei Bedienvorgängen sollte für Schalter und Taster 2,5 N bis 5,0 N betragen.

Bedienelemente mit folgenden Eigenschaften sind barrierefrei erreichbar:

- sie sind stufenlos zugänglich;
- vor den Bedienelementen ist für Rollstuhlnutzung eine Bewegungsfläche von mindestens 150 cm × 150 cm angeordnet;
- wenn keine Wendevorgänge notwendig sind, z. B. bei seitlicher Anfahrt der Bedienelemente durch den Rollstuhlnutzer, ist eine Bewegungsfläche von 120 cm Breite × 150 cm Länge (in Fahrtrichtung) ausreichend;
- sie müssen für die Rollstuhlnutzung einen seitlichen Abstand zu Wänden bzw. bauseitigen Einrichtungen von mindestens 50 cm aufweisen;
- Bedienelemente, die nur frontal anfahrbar und bedienbar sind, wie z. B. einige Automaten, müssen in einer Tiefe von mindestens 15 cm unterfahrbar sein, analog Bild 13;
- das Achsmaß von Greifhöhen und Bedienhöhen beträgt grundsätzlich 85 cm über OFF.

Werden mehrere Bedienelemente, z. B. mehrere Lichtschalter, übereinander angeordnet, darf das Achsmaß des obersten Bedienelementes 105 cm nicht überschreiten, das Achsmaß des untersten Bedienelementes 85 cm nicht unterschreiten.

4.5.3 Kommunikationsanlagen

Kommunikationsanlagen, z. B. Türöffner- und Klingelanlagen, Gegensprechanlagen und Notrufanlagen, Telekommunikationsanlagen, sind in die barrierefreie Gestaltung einzubeziehen.

Bei Gegensprechanlagen ist die Hörbereitschaft der Gegenseite optisch anzuzeigen. Bei manuell betätigten Türen mit elektrischer Türfallenfreigabe (umgangssprachlich Türsummer) ist die Freigabe optisch zu signalisieren.

4.5.4 Ausstattungselemente

Ausstattungselemente, z. B. Schilder, Vitrinen, Feuerlöscher, Telefonhauben, dürfen nicht so in Räume hineinragen, dass die nutzbaren Breiten und Höhen eingeschränkt werden. Ist ein Hineinragen nicht vermeidbar, müssen sie so ausgebildet werden, dass blinde und sehbehinderte Menschen sie rechtzeitig als Hindernis wahrnehmen können.

Ausstattungselemente müssen visuell kontrastierend gestaltet und für die Ertastung mit dem Langstock durch blinde Menschen geeignet sein, z. B. in dem sie

- bis auf den Boden herunterreichen;
- max. 15 cm über dem Boden enden;
- durch einen mindestens 3 cm hohen Sockel, entsprechend den Umrissen des Ausstattungselements, ergänzt werden;
- mit einer Tastleiste, die max. 15 cm über dem Boden endet, versehen sind, siehe Bild 10.

Maße in Zentimeter

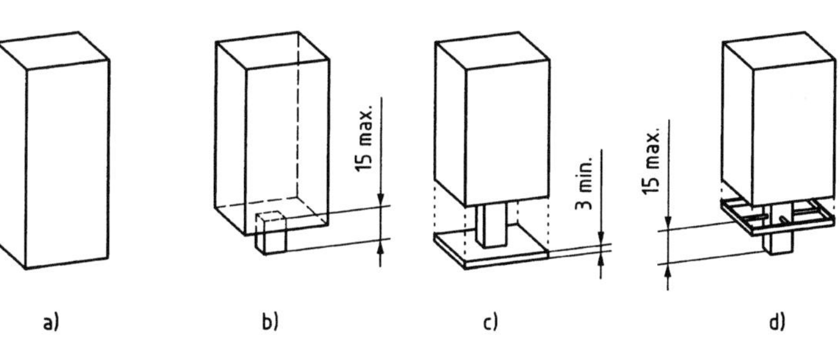

Legende

a) Herunterreichen bis zum Boden
b) unteres Ende max. 15 cm über dem Boden
c) Sockel von mindestens 3 cm Höhe
d) Tastleiste max. 15 cm über dem Boden

Bild 10: Beispiele für die Wahrnehmbarkeit von Ausstattungselementen mit dem Langstock

4.6 Service-Schalter, Kassen und Kontrollen

Bei Service-Schaltern, Kassen, Kontrollen und ähnlichen Einrichtungen muss mindestens jeweils eine Einheit auch für blinde und sehbehinderte Menschen, Menschen mit eingeschränktem Hörvermögen und Rollstuhlnutzer zugänglich und nutzbar sein.

Das kann mit nachfolgenden Eigenschaften erreicht werden.

Vor Service-Schaltern, Kassen, Kontrollen und Automaten ist eine Bewegungsfläche von mindestens 150 cm × 150 cm zu berücksichtigen.

Der Tresenplatz von Service-Schaltern, Kassen und Kontrollen zur Nutzung vom Rollstuhl aus muss in einer Breite von mindestens 90 cm unterfahrbar sein. Die Unterfahrbarkeit muss eine Tiefe von mindestens 55 cm aufweisen, analog zu Bild 13.

Die Tiefe der Bewegungsfläche kann dabei auf 120 cm reduziert werden, wenn der Tresen in einer Breite von mindestens 150 cm im Bereich der Bewegungsfläche unterfahrbar ist. Die Höhe des Tresens darf 80 cm nicht überschreiten.

In Durchgängen neben Service-Schaltern, Kassen, Kontrollen und Automaten ist eine nutzbare Breite von mindestens 90 cm vorzusehen. Vor und hinter diesen Durchgängen ist eine Bewegungsfläche von mindestens 150 cm × 150 cm zu berücksichtigen.

Service-Schalter mit geschlossenen Verglasungen und Gegensprechanlagen sind zusätzlich mit einer induktiven Höranlage auszustatten.

Service-Schalter und Kassen in lautem Umfeld und Räume zur Behandlung vertraulicher Angelegenheiten sollten mit einer induktiven Höranlage ausgestattet werden.

Die Bereiche für den Kundenkontakt müssen sich durch eine visuell kontrastierende Gestaltung von der Umgebung abheben und taktil mithilfe von unterschiedlichen Bodenstrukturen oder baulichen Elementen und/oder mittels akustischer bzw. elektronischer Informationen gut auffindbar sein, z. B. durch ein Leitsystem, das vom Eingang zu mindestens einem Schalter führt. Die taktile Auffindbarkeit kann auch durch Bodenindikatoren erreicht werden.

Anmerkung: Bodenindikatoren werden z. B. in DIN 32984 geregelt.

4.7 Alarmierung und Evakuierung

In Brandschutzkonzepten sind die Belange von Menschen mit motorischen und sensorischen Einschränkungen zu berücksichtigen, beispielsweise

- durch die Bereitstellung sicherer Bereiche für den Zwischenaufenthalt nicht zur Eigenrettung fähiger Personen;
- durch die Sicherstellung einer zusätzlichen visuellen Wahrnehmbarkeit akustischer Alarm- und Warnsignale vor allem in Räumen, in denen sich Hörgeschädigte allein aufhalten können, z. B. WC-Räume;

Anmerkung: Es wird empfohlen, in Rettungswegen mit vorgeschriebenen optischen Rettungszeichen (siehe DIN 4844-1) zusätzliche in Fluchtrichtung weisende akustische Systeme vorzusehen (vorzugsweise Sprachdurchsagen).

- durch betriebliche/organisatorische Vorkehrungen.

5 Räume

5.1 Allgemeines

Für die barrierefreie Nutzbarkeit von Räumen gelten die Anforderungen aus Abschnitt 4 entsprechend. Zusätzlich werden nachfolgend für häufig vorkommende spezifische Nutzungen oder Funktionsbereiche besondere Voraussetzungen für eine barrierefreie Nutzung dargestellt. Für weitere spezifische Nutzungen können Analogien abgeleitet werden.

5.2 Räume für Veranstaltungen

5.2.1 Feste Bestuhlung

In Räumen mit Reihenbestuhlung sind Flächen freizuhalten, die von Rollstuhlnutzern und gegebenenfalls deren Begleitpersonen genutzt werden können.

Folgende Flächen sind geeignet, siehe Bild 11:

- Standfläche mit rückwärtiger bzw. frontaler Anfahrbarkeit:

  mindestens 130 cm tief und mindestens 90 cm breit je Standfläche. Die sich anschließenden rückwärtigen bzw. frontalen Bewegungsflächen müssen mindestens 150 cm tief sein;

- Standfläche mit seitlicher Anfahrbarkeit:

  mindestens 150 cm tief und mindestens 90 cm breit je Standfläche. Die sich seitlich anschließende Verkehrsfläche muss mindestens 90 cm breit sein.

In beiden Fällen können sich Bewegungs- und Verkehrsflächen überlagern.

Sitzplätze für Begleitpersonen sind neben dem Rollstuhlplatz vorzusehen.

Sind Tische fest eingebaut (z. B. in Vorlesungssälen), sind auch an Plätzen der Rollstuhlnutzer entsprechende Tische vorzusehen. Zu deren Unterfahrbarkeit siehe Bild 13.

Zu Begegnungsflächen siehe 4.1.

Anmerkung: Die für Rollstuhlnutzer vorgesehenen Plätze sollten eine angemessene Sicht auf die Darbietungszone aufweisen. Siehe auch DIN EN 13200-1 »Zuschaueranlagen«, sie benennt weitere Anforderungen für Zuschauer mit Behinderungen.

Für gehbehinderte und großwüchsige Menschen sollten Sitzplätze mit einer größeren Beinfreiheit zur Verfügung stehen.

Maße in Zentimeter

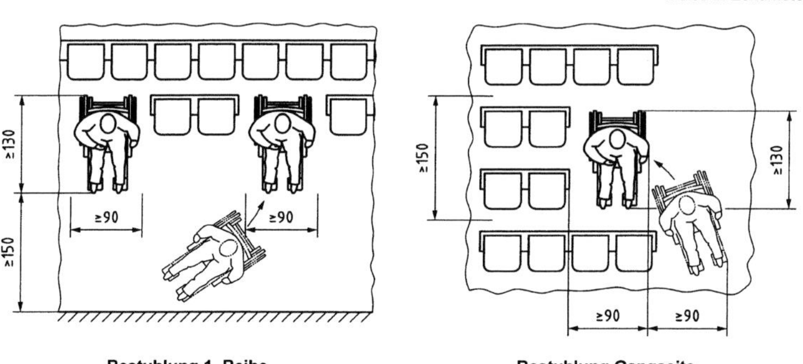

Bild 11: Beispiele für Rollstuhlplätze in Räumen für Veranstaltungen

5.2.2 Informations- und Kommunikationshilfen

In Versammlungs-, Schulungs- und Seminarräumen müssen für Menschen mit sensorischen Einschränkungen Hilfen für eine barrierefreie Informationsaufnahme zur Verfügung stehen. Siehe hierzu DIN 18041.

Anmerkung 1: Bei dem für den Gebärdensprachendolmetscher vorgesehenen Standplatz ist darauf zu achten, dass dieser gut einsehbar und speziell beleuchtet ist.

Anmerkung 2: Schreib- und Leseflächen für sehbehinderte Menschen erfordern eine geeignete Beleuchtung.

Sind elektroakustische Beschallungsanlagen vorgesehen, so ist auch ein gesondertes Übertragungssystem für Menschen mit eingeschränktem Hörvermögen, das den gesamten Zuhörerbereich umfasst, einzubauen.

Anmerkung 3: Im Allgemeinen ist eine induktive Höranlage sowohl für die Nutzer in der Anwendung als auch hinsichtlich der Bau- und Unterhaltungskosten die günstigste Lösung. Zu den verschiedenen Beschallungssystemen (Induktiv, Funk, Infrarot) siehe DIN 18041:2004-05, Anhang C.

5.3 Sanitärräume

5.3.1 Allgemeines

Werden barrierefreie Toiletten, Waschplätze und Duschplätze vorgesehen, sind die Anforderungen dieses Abschnittes der Norm einzuhalten.

Anmerkung: Eine Badewanne ersetzt keinen barrierefreien Duschplatz.

Barrierefreie Sanitärräume sind so zu gestalten, dass sie von Menschen mit Rollstühlen und Rollatoren und von blinden und sehbehinderten Menschen zweckentsprechend genutzt werden können.

Das wird mit den in diesem Abschnitt beschriebenen Eigenschaften erreicht.

Aus Sicherheitsgründen dürfen Drehflügeltüren nicht in Sanitärräume schlagen, um ein Blockieren der Tür zu vermeiden. Türen von Sanitärräumen müssen von außen entriegelt werden können.

Armaturen müssen als Einhebel- oder berührungslose Armaturen ausgebildet sein. Berührungslose Armaturen dürfen nur in Verbindung mit Temperaturbegrenzung eingesetzt werden. Um ein Verbrühen zu vermeiden ist die Wassertemperatur an der Auslaufarmatur auf 45 °C zu begrenzen.

Die Ausstattungselemente müssen sich visuell kontrastierend von ihrer Umgebung abheben.

Wenn Kleiderhaken vorgesehen sind, sind sie in mindestens zwei Höhen für die sitzende und stehende Position vorzusehen.

5.3.2 Bewegungsflächen

Bewegungsflächen dürfen sich überlagern.

Eine Bewegungsfläche von mindestens 150 cm × 150 cm ist jeweils vor den Sanitärobjekten wie z. B. WC-Becken, Waschtisch, sowie im Duschplatz vorzusehen.

Das WC-Becken muss beidseitig anfahrbar sein, wofür jeweils eine Bewegungsfläche mit einer Tiefe von mindestens 70 cm (von der Beckenvorderkante bis zur rückwärtigen Wand) sowie einer Breite von mindestens 90 cm erforderlich ist, siehe Bild 12.

Anmerkung: Ein WC-Becken kann auch einseitig anfahrbar sein, wenn die freie Wählbarkeit der gewünschten Anfahrseite auf andere Weise (technisch oder räumlich) gegeben ist.

Maße in Zentimeter

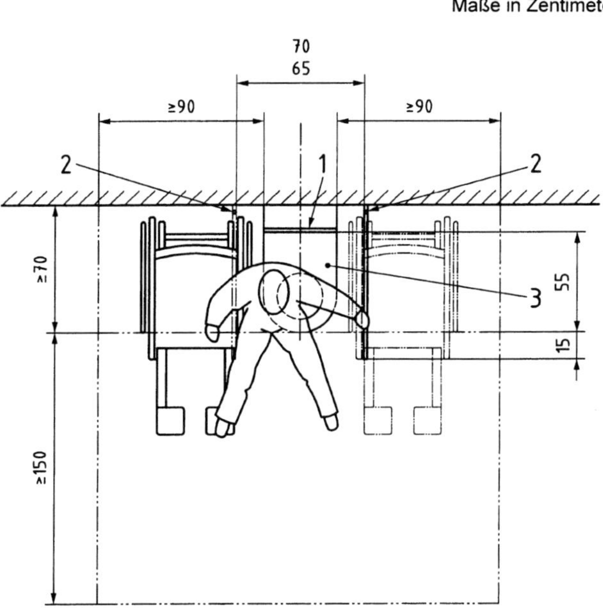

Legende

1 Rückenstütze
2 Stützklappgriffe
3 WC-Becken

Bild 12: Maße und Bewegungsflächen am WC-Becken

5.3.3 Toiletten

Je Sanitäranlage muss mindestens eine barrierefreie Toilette vorhanden sein. Sie ist jeweils in die geschlechtsspezifisch getrennten Bereiche zu integrieren oder separat geschlechtsneutral auszuführen.

Die Höhe des WC-Beckens einschließlich Sitz muss zwischen 46 cm und 48 cm liegen.

Eine Rückenstütze (WC-Deckel ist als alleinige Rückenstütze ungeeignet) muss 55 cm hinter der Vorderkante des WC angeordnet sein, siehe Bild 12.

Die Spülung muss vom Sitzenden mit der Hand oder dem Arm bedienbar sein, ohne dass dieser die Sitzposition verändern muss. Wird eine berührungslose Spülung verwendet, muss ihr ungewolltes Auslösen ausgeschlossen sein.

Auf jeder Seite des WC-Beckens muss ein mit wenig Kraftaufwand in selbst gewählten Etappen hochklappbarer Stützgriff montiert sein, der 15 cm über die Vorderkante des WC-Beckens hinausragt.

Anmerkung: Es wird z. B. unterschieden zwischen Stützklappgriffen mit und ohne Feder. Die Klappgriffe mit Feder können mit geringerem Kraftaufwand beim Hochklappen bedient werden.

Der lichte Abstand zwischen den Stützklappgriffen muss 65 cm bis 70 cm betragen. Die Oberkante der Stützklappgriffe muss 28 cm über der Sitzhöhe liegen.

Die Befestigung der Stützklappgriffe muss einer Punktlast von mindestens 1 kN am vorderen Griffende standhalten.

Der Toilettenpapierhalter muss ohne Veränderung der Sitzposition erreichbar sein.

Eine Möglichkeit zur hygienischen Abfallentsorgung sollte vorgesehen werden, z.B. durch einen dicht- und selbstschließenden und mit einer Hand zu bedienenden Abfallbehälter.

5.3.4 Waschplätze

Waschtische müssen soweit unterfahrbar sein, dass der Oberkörper bis an den vorderen Rand des Waschtisches reichen kann und die Armatur aus dieser Position bedienbar ist. Dies ist gegeben bei einer Unterfahrbarkeit von mindestens 55 cm und einem Abstand der Armatur zum vorderen Rand des Waschtisches von höchstens 40 cm. Der notwendige Beinfreiraum muss axial gemessen mindestens eine Breite von 90 cm aufweisen. Angaben zu den erforderlichen gestaffelten Höhen und Tiefen siehe Bild 13. Für Handwaschbecken ist abweichend davon eine unterfahrbare Tiefe von mindestens 45 cm ausreichend.

Die Höhe der Vorderkante des Waschtisches darf 80 cm nicht übersteigen. Über dem Waschtisch ist ein mindestens 100 cm hoher Spiegel anzuordnen, der die Einsicht sowohl aus der Sitz- als auch der Stehposition ermöglicht.

Einhand-Seifenspender, Papierhandtuchspender und Abfallbehälter bzw. Handtrockner müssen im Bereich des Waschtisches angeordnet sein.

Maße in Zentimeter

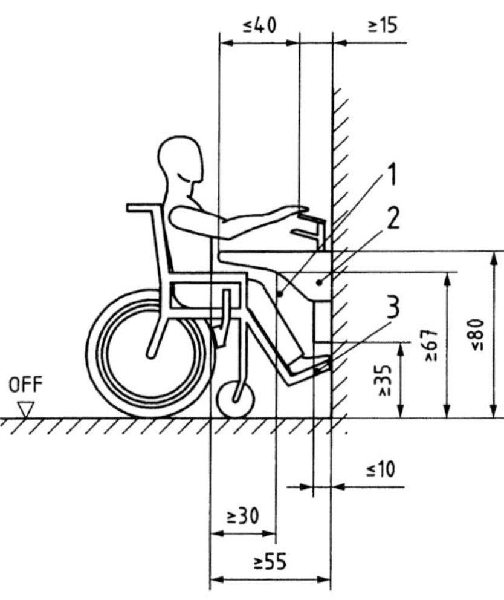

Legende

1 Beinfreiraum im Bereich des Knies
2 Bau-, Ausrüstungs- oder Ausstattungselement
3 Beinfreiraum im Bereich des Fußes

Bild 13: Bewegungsräume, Beinfreiraum

5.3.5 Duschplätze

Duschplätze sind zum angrenzenden Bodenbereich des Sanitärraumes niveaugleich zu gestalten und dürfen nicht mehr als 2 cm abgesenkt sein. Der Übergang sollte vorzugsweise als geneigte Fläche ausgebildet werden.

Die Bodenbeläge des Duschbereiches müssen rutschhemmend (sinngemäß nach GUV-I 8527 mindestens Bewertungsgruppe B) sein.

Im Duschbereich sind waagerechte Haltegriffe in einer Höhe von 85 cm über OFF (Achsmaß) anzuordnen, zusätzlich sind auch senkrechte Haltegriffe zu montieren; zur eventuellen Anordnung mehrerer Bedienelemente (beispielsweise Haltegriff und Armatur) übereinander siehe 4.5.2.

Eine Einhebel-Duscharmatur mit Handbrause muss aus der Sitzposition seitlich in 85 cm Höhe über OFF erreichbar sein. Ihr Hebel sollte nach unten weisen, um Verletzungsgefahren insbesondere für blinde und sehbehinderte Menschen beim Vorbeugen zu vermeiden.

Ein mindestens 45 cm tiefer Dusch-Klappsitz mit einer Sitzhöhe von 46 cm bis 48 cm ist erforderlich.

Auf jeder Seite des Klappsitzes muss ein mit wenig Kraftaufwand stufenlos hochklappbarer Stützgriff montiert sein. Die Oberkante der Stützklappgriffe muss 28 cm über der Sitzhöhe liegen, die Vorderkante muss 15 cm über den Sitz herausragen. Der Abstand zwischen zwei Stützklappgriffen muss 65 cm bis 70 cm betragen.

Anmerkung: Anstelle eines Klapp-Sitzes kann auch ein mobiler und stabiler Duschsitz verwendet werden.

Klarsicht-Trennwände und Duschtüren sind wie Glastüren zu markieren (siehe 4.3.3.5).

5.3.6 Liegen

Ist in einem Sanitärraum eine Liege als zweckentsprechende Umkleidemöglichkeit für mobilitätseingeschränkte Menschen vorgesehen, muss der Raum so dimensioniert werden, dass eine Liege mit den Maßen von 180 cm Länge, 90 cm Breite 46 cm bis 48 cm Höhe aufgestellt werden kann. Vor der Liege muss eine 150 cm tiefe Bewegungsfläche vorhanden sein. Es sind auch Klappliegen möglich.

In Raststätten und in Sportstätten sollte mindestens in einem Sanitärraum eine Liege vorgesehen werden.

5.3.7 Notrufanlagen

Für Toiletten muss in der Nähe des WC-Beckens eine Notrufanlage vorgesehen werden. Sie muss visuell kontrastierend gestaltet, taktil erfassbar und auffindbar und hinsichtlich ihrer Funktion auch für blinde Menschen eindeutig gekennzeichnet sein. Ein Notruf muss vom WC-Becken aus sitzend und vom Boden aus liegend ausgelöst werden können.

5.4 Umkleidebereiche

In den Umkleidebereichen von Sport- und Badestätten sowie Therapieeinrichtungen muss mindestens eine Umkleidekabine für das Aufstellen einer Liege nach 5.3.6 geeignet sein. Diese Kabinen müssen verriegelbar und für den Notfall von außen zu öffnen sein.

5.5 Schwimm- und Therapiebecken sowie andere Beckenanlagen

Das Einsteigen und das Verlassen des Beckens muss für Menschen mit Behinderungen, insbesondere mit Bewegungseinschränkungen, eigenständig und leicht möglich sein.

Das lässt sich erreichen z. B. mit:

- flacher Treppe mit zwei Handläufen, die auch zum Umsteigen vom Rollstuhl und zum Herein- und Herausrutschen im Sitzen geeignet ist;
- flacher, strandähnlicher schiefer Ebene oder
- hochliegendem Beckenrand in Sitzhöhe über dem Beckenumgang.

Anmerkung: Es wird empfohlen, dass der Beckenrand sich taktil und visuell kontrastierend vom Beckenumgang und vom Becken selbst unterscheidet.

Zusätzlich müssen Schwimm- und Therapiebecken mit geeigneten technischen Ein- und Ausstiegshilfen (Hebevorrichtungen) ausgestattet werden können.

Ausstattungselemente und Einbauten dürfen nicht in den Beckenraum hineinragen. Ist ein Hineinragen nicht vermeidbar, müssen sie so ausgebildet werden, dass blinde und sehbehinderte Menschen sie wahrnehmen können.

Literaturhinweise

DIN 4844-1 — Grafische Symbole – Sicherheitsfarben und Sicherheitszeichen – Teil 1: Gestaltungsgrundlagen für Sicherheitszeichen zur Anwendung in Arbeitsstätten und in öffentlichen Bereichen

DIN 32975:2009-12 — Gestaltung visueller Informationen im öffentlichen Raum zur barrierefreien Nutzung

DIN 32984 — Bodenindikatoren im öffentlichen Verkehrsraum

DIN EN 115-1 — Sicherheit von Fahrtreppen und Fahrsteigen – Teil 1: Konstruktion und Einbau

DIN EN 13200-1 — Zuschaueranlagen – Teil 1: Kriterien für die räumliche Anordnung von Zuschauerplätzen – Anforderungen

[1] Gesetz zur Gleichstellung behinderter Menschen; Kurztitel »BGG Behindertengleichstellungsgesetz« vom 27. April 2002; letzte Änderung vom 1. Januar 2008, BGBl. I S. 1468 und BGBl. I S. 3024, 3034[1])

[2] Richtlinie für taktile Schriften, Broschüre des Deutschen Blinden- und Sehbehindertenverbandes, zu beziehen unter **www.gfuv.de**

1) Nachgewiesen in der DITR-Datenbank der Software GmbH, zu beziehen bei: Beuth Verlag GmbH, 10772 Berlin, zu beziehen auch unter www.gesetze-im-internet.de.

8.2 DIN 18040-2:2011-09

DIN 18040-2
Barrierefreies Bauen – Planungsgrundlagen – Teil 2: Wohnungen*)

Ausgabe September 2011 – ICS 11.180.01; 91.010.99

Construction of accessible buildings – Design principles – Part 2: Dwellings

Construction de bâtiments accessibles – Principes de planification – Partie 2: Logements

Mit DIN EN 81-70:2005-09 Ersatz für DIN 18025-1:1992-12 und DIN 18025-2:1992-12

Inhalt

Vorwort

Dieses Dokument wurde vom NA 005-01-11 AA »Barrierefreies Bauen« im Normenausschuss Bauwesen (NABau) erarbeitet.

Ziel dieser Norm ist die Barrierefreiheit baulicher Anlagen, damit sie für Menschen mit Behinderungen in der allgemein üblichen Weise, ohne besondere Erschwernis und grundsätzlich ohne fremde Hilfe, zugänglich und nutzbar sind (nach § 4 BGG Behindertengleichstellungsgesetz [1]).

*) Herausgeber: Normenausschuss Bauwesen (NABau) im DIN
Wiedergegeben mit Erlaubnis des DIN Deutsches Institut für Normung e. V. Maßgebend für das Anwenden der Norm ist deren Fassung mit dem neuesten Ausgabedatum, die bei der Beuth Verlag GmbH, Burggrafenstraße 6, 10787 Berlin, erhältlich ist.
Hinsichtlich einer möglichen bauaufsichtlichen Einführung siehe Teil L VII und L VI b 12 (Bauregelliste).

Die Norm stellt dar, unter welchen technischen Voraussetzungen bauliche Anlagen barrierefrei sind.

Sie berücksichtigt dabei insbesondere die Bedürfnisse von Menschen mit Sehbehinderung, Blindheit, Hörbehinderung (Gehörlose, Ertaubte und Schwerhörige) oder motorischen Einschränkungen sowie von Personen, die Mobilitätshilfen und Rollstühle benutzen. Auch für andere Personengruppen wie z. B. groß- oder kleinwüchsige Personen, Personen mit kognitiven Einschränkungen, ältere Menschen, Kinder sowie Personen mit Kinderwagen oder Gepäck führen einige Anforderungen dieser Norm zu einer Nutzungserleichterung.

Auf die Einbeziehung Betroffener und die Umsetzung ihrer Erfahrungen in bauliche Anforderungen wurde besonders Wert gelegt.

Dieser Teil der Norm DIN 18040 ersetzt DIN 18025-1 und DIN 18025-2.

Es wird auf die Möglichkeit hingewiesen, dass einige Texte dieses Dokuments Patentrechte berühren können. Das DIN [und/oder die DKE] sind nicht dafür verantwortlich, einige oder alle diesbezüglichen Patentrechte zu identifizieren.

Änderungen

Gegenüber DIN 18025-1 : 1992-12 und DIN 18025-2 : 1992-12 wurden folgende Änderungen vorgenommen:

a) Zusammenfassung der Anforderungen aus DIN 18025-1 und DIN 18025-2 in einer Norm;

b) Inhalte vorgenannter Normen grundlegend überarbeitet und umstrukturiert;

c) sensorische Anforderungen neu aufgenommen;

d) Schutzziele aufgenommen.

Frühere Ausgaben

DIN 18025-1: 1972-01, 1992-12

DIN 18025-2: 1974-07, 1992-12

1 Anwendungsbereich

Dieser Teil der Norm gilt für die barrierefreie Planung, Ausführung und Ausstattung von Wohnungen sowie Gebäuden mit Wohnungen und deren Außenanlagen, die der Erschließung und wohnbezogenen Nutzung dienen.

Die Anforderungen an die Infrastruktur der Gebäude mit Wohnungen berücksichtigen grundsätzlich auch die uneingeschränkte Nutzung mit dem Rollstuhl.

Innerhalb der Wohnungen wird unterschieden zwischen

- barrierefrei nutzbaren Wohnungen und
- barrierefrei und uneingeschränkt mit dem Rollstuhl nutzbaren Wohnungen **R**.

Anmerkung: Uneingeschränkte Nutzbarkeit mit dem Rollstuhl bezieht sich auf die geometrischen Anforderungen, die sich aus den zugrunde gelegten Abmessungen von Standardrollstühlen (maximale Breite 70 cm und maximale Länge 120 cm, siehe Bild 1) ergeben.

Die zusätzlichen oder weitergehenden Anforderungen an Wohnungen für eine barrierefreie und uneingeschränkte Rollstuhlnutzung sind mit einem **R** kenntlich gemacht.

Für Wohnanlagen für spezielle Nutzergruppen sowie Wohnungen für spezielle Nutzer können zusätzliche oder andere Anforderungen notwendig sein.

Die Norm gilt für Neubauten. Sie kann sinngemäß für die Planung von Umbauten oder Modernisierungen angewendet werden.

Die mit den Anforderungen nach dieser Norm verfolgten Schutzziele können auch auf andere Weise als in der Norm festgelegt erfüllt werden.

Anmerkung: In der Regel nennen die einzelnen Abschnitte zunächst jeweils zu erreichende Schutzziele als Voraussetzung für die Barrierefreiheit. Danach wird aufgezeigt, wie das Schutzziel erreicht werden kann, ggf. differenziert nach den unterschiedlichen Bedürfnissen verschiedener Personengruppen.

Alle Maße sind Fertigmaße. Abweichungen in der Ausführung können nur toleriert werden, soweit die in der Norm bezweckte Funktion erreicht wird.

2 Normative Verweisungen

Die folgenden zitierten Dokumente sind für die Anwendung dieses Dokuments erforderlich. Bei datierten Verweisungen gilt nur die in Bezug genommene Ausgabe. Bei undatierten Verweisungen gilt die letzte Ausgabe des in Bezug genommenen Dokuments (einschließlich aller Änderungen).

DIN 18040-1:2010-10 Barrierefreies Bauen – Planungsgrundlagen – Teil 1: öffentlich zugängliche Gebäude

DIN 18650-1 Automatische Türsysteme – Teil 1: Produktanforderungen und Prüfverfahren

DIN 18650-2 Automatische Türsysteme – Teil 2: Sicherheit an automatischen Türsystemen

DIN 32976 Blindenschrift – Anforderungen und Maße

DIN EN 81-70:2005-09 Sicherheitsregeln für die Konstruktion und den Einbau von Aufzügen – Besondere Anwendungen für Personen- und Lastenaufzüge – Teil 70: Zugänglichkeit von Aufzügen für Personen einschließlich Personen mit Behinderungen; Deutsche Fassung EN 81-70:2003 + A1:2004

DIN EN 1154 Schlösser und Baubeschläge – Türschließmittel mit kontrolliertem Schließablauf – Anforderungen und Prüfverfahren

DIN EN 12217:2004-05 Türen – Bedienungskräfte – Anforderungen und Klassifizierung

DIN EN 13115:2001-11 Fenster – Klassifizierung mechanischer Eigenschaften – Vertikallasten, Verwindung und Bedienkräfte

BGR 181[1)] BG-Regel – Fußböden in Arbeitsräumen und Arbeitsbereichen mit Rutschgefahr

GUV-I 8527[2)] GUV-Informationen – Bodenbeläge für nassbelastete Barfußbereiche

1) Herausgegeben durch: Deutsche Gesetzliche Unfallversicherung DGUV unter **www.arbeitssicherheit.de**, zu beziehen bei: Carl Heymanns Verlag GmbH, Luxemburger Str. 449, 50839 Köln

2) Zu beziehen bei: Deutsche Gesetzliche Unfallversicherung DGUV unter **www.arbeitssicherheit.de**

3 Begriffe

Für die Anwendung dieses Dokuments gelten die folgenden Begriffe.

3.1 Bedienelement

überwiegend mit der Hand zu betätigende Griffe, Drücker, Schalter, Tastaturen, Knöpfe, Geldeinwürfe, Kartenschlitze u. Ä.

[DIN 18040-1:2010-10, 3.1]

3.2 Bewegungsfläche

erforderliche Fläche zur Nutzung eines Gebäudes und einer baulichen Anlage, unter Berücksichtigung der räumlichen Erfordernisse z. B. von Rollstühlen, Gehhilfen, Rollatoren

[DIN 18040-1:2010-10, 3.2]

3.3 Blindheit

vollständiger Ausfall des Sehvermögens oder eine so minimale Lichtwahrnehmung, dass sich der Betroffene primär taktil und akustisch orientieren und informieren muss und sich in der Regel mithilfe des Blindenstocks oder Blindenführhundes bewegt

[DIN 18040-1:2010-10, 3.3]

3.4 Hörbehinderung

Ausfall des Hörvermögens oder erheblich eingeschränktes Hörvermögen

[DIN 18040-1:2010-10, 3.4]

3.5 Leuchtdichtekontrast

im Weiteren als Kontrast bezeichnet, ein relativer Leuchtdichteunterschied benachbarter Flächen; die Kontrastwahrnehmung kann durch Farbgebung unterstützt werden

[DIN 32975:2009-12, 3.3]

3.6 motorische Einschränkung

Einschränkung des Bewegungsvermögens, insbesondere der Arme, Beine und Hände; kann die Nutzung von Mobilitätshilfen oder Rollstühlen erfordern

[DIN 18040-1:2010-10, 3.6]

3.7 Orientierungshilfe

Information, die alle Menschen, insbesondere Menschen mit sensorischen Einschränkungen, bei der Nutzung der gebauten Umwelt unterstützt

[DIN 18040-1:2010-10, 3.7]

3.8 Sehbehinderung

erhebliche Einschränkung des Sehvermögens, wobei sich der Betroffene noch in hohem Maße visuell orientieren und informieren kann

[DIN 18040-1:2010-10, 3.8]

3.9 sensorische Einschränkung

z. B. Einschränkung des Hörsinnes oder des Sehsinnes

[DIN 18040-1:2010-10, 3.9]

3.10 Zwei-Sinne-Prinzip

gleichzeitige Vermittlung von Informationen für zwei Sinne

Beispiel: Neben der visuellen Wahrnehmung (Sehen) wird auch die taktile (Fühlen, Tasten, z. B. mit Händen, Füßen) oder auditive (Hören) Wahrnehmung genutzt.

[DIN 18040-1:2010-10, 3.10]

4 Infrastruktur

4.1 Allgemeines

Unter Infrastruktur versteht die Norm die Bereiche eines Gebäudes mit barrierefreien Wohnungen, die – einschließlich ihrer Bauteile und technischen Einrichtungen – seiner Erschließung von der öffentlichen Verkehrsfläche aus bis zum Eingang der barrierefreien Wohnungen dienen (Zugangsbereich, Eingangsbereich, Aufzüge, Flure, Treppen usw.).

Wesentliche Elemente der Infrastruktur sind die Verkehrs- und Bewegungsflächen. Sie müssen für die Personen, die je nach Situation den größten Flächenbedarf haben, in der Regel Nutzer von Rollstühlen oder Gehhilfen, so bemessen sein, dass die Infrastruktur des Gebäudes barrierefrei erreichbar und nutzbar ist.

Die Bewegungsfläche muss ausreichend groß für die geradlinige Fortbewegung, den Begegnungsfall sowie für den Richtungswechsel sein.

Ausreichend groß ist eine Fläche von

- 180 cm Breite und 180 cm Länge für die Begegnung zweier Rollstuhlnutzer;
- 150 cm Breite und 150 cm Länge für die Begegnung eines Rollstuhlnutzers mit anderen Personen;
- 150 cm Breite und 150 cm Länge für Richtungswechsel und Rangiervorgänge.

Ausreichend groß ist eine Fläche von

- 120 cm Breite und geringer Länge, wenn eine Richtungsänderung und Begegnung mit anderen Personen nicht zu erwarten ist, z. B. für Flurabschnitte und Rampenabschnitte;
- 90 cm Breite und geringer Länge, z. B. für Türöffnungen (siehe Tabelle 1) und Durchgänge.

Die Bewegungsflächen werden beispielhaft in Bild 1 und Bild 2 dargestellt. Sie sind für die Bemessung von Verkehrsflächen zugrunde zu legen, soweit nicht in nachfolgenden Abschnitten andere Maße genannt werden oder nutzungsbedingt erforderlich sind.

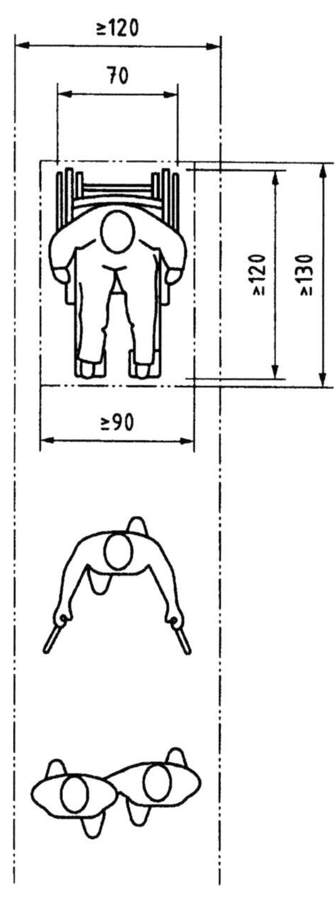

Bild 1: Platzbedarf und Bewegungsflächen ohne Richtungsänderung

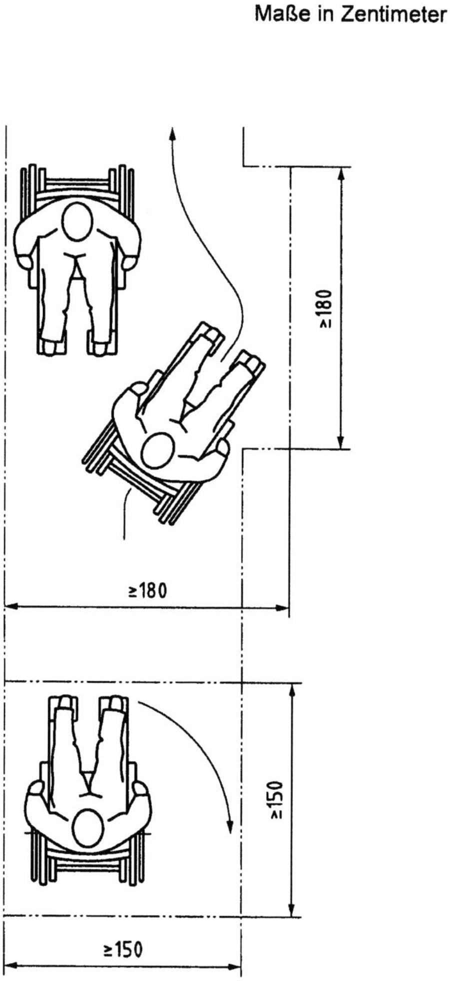

Bild 2: Platzbedarf und Bewegungsflächen mit Richtungsänderung und Begegnung

Die erforderlichen Bewegungsflächen dürfen in ihrer Funktion durch hineinragende Bauteile oder Ausstattungselemente, z. B. Briefkästen, nicht eingeschränkt werden.

Bauteile oder einzelne Ausstattungselemente, die in begehbare Flächen ragen, wie z. B. ein Treppenlauf in einer Eingangshalle, müssen auch für blinde und sehbehinderte Menschen wahrnehmbar sein, siehe Bild 3. Zur Erkennbarkeit von einzelnen Ausstattungselementen siehe 4.5.4.

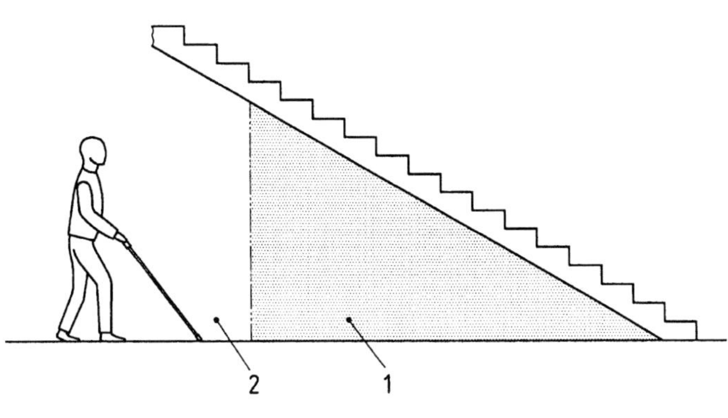

Legende
1 abzusichernder Bereich
2 Gehbereich

Bild 3: Abzusichernder Bereich von Bauteilen am Beispiel Treppen

Zur Verkehrssicherheit, auch für großwüchsige Menschen, darf die nutzbare Höhe über Verkehrsflächen 220 cm nicht unterschreiten, ausgenommen sind Türen, Durchgänge und lichte Treppendurchgangshöhen.

4.2 Äußere Erschließung auf dem Grundstück

4.2.1 Gehwege, Verkehrsflächen

Gehwege müssen ausreichend breit für die Nutzung mit dem Rollstuhl oder mit Gehhilfen, auch im Begegnungsfall, sein.

Für den Weg zum Haupteingang ist es ausreichend, wenn er eine Breite von mindestens 150 cm hat und nach höchstens 15 m Länge eine Fläche von mindestens 180 cm × 180 cm zur Begegnung von Personen mit Rollstühlen oder Gehhilfen aufweist, siehe Bild 2. Für Gehwege zum Haupteingang mit bis zu 6 m Länge ohne Richtungsänderung ist auch die Wegbreite von mindestens 120 cm möglich, soweit am Anfang und am Ende eine Wendemöglichkeit gegeben ist.

Andere Wege auf Grundstücken von Gebäuden mit Wohnungen sollten mindestens 120 cm breit sein und am Anfang und am Ende über eine Wendemöglichkeit verfügen.

Zur gefahrlosen Nutzung müssen Gehwege und Verkehrsflächen eine feste und ebene Oberfläche aufweisen, die z. B. auch Rollstuhl- und Rollatornutzer leicht und erschütterungsarm befahren können. Ist aus topografischen Gründen oder zur Abführung von Oberflächenwasser ein Gefälle erforderlich, dürfen sie keine größere Querneigung als 2,5 % haben. Die Längsneigung darf grundsätzlich 3 % nicht überschreiten. Sie darf bis zu 6 % betragen, wenn in Abständen von höchstens 10 m Zwischenpodeste mit einem Längsgefälle von höchstens 3 % angeordnet werden.

4.2.2 Pkw-Stellplätze

Pkw-Stellplätze, die für Menschen mit Behinderungen ausgewiesen werden, sind entsprechend zu kennzeichnen und sollten in der Nähe der barrierefreien Zugänge angeordnet sein.

Sie müssen mindestens 350 cm breit und mindestens 500 cm lang sein.

Sind sie in Garagen vorgesehen, müssen die Garagentore mit einem Antrieb zum automatischen Öffnen und Schließen ausgerüstet sein.

Anmerkung: Es wird empfohlen, barrierefreien Wohnungen mit uneingeschränkter Rollstuhlnutzung einen barrierefreien Pkw-Stellplatz zuzuordnen.	**R**

4.2.3 Zugangs- und Eingangsbereiche

Zugangs- und Eingangsbereiche müssen leicht auffindbar und barrierefrei erreichbar sein. Die leichte Auffindbarkeit wird erreicht.

- für sehbehinderte Menschen z. B. durch eine visuell kontrastierende Gestaltung des Eingangsbereiches (z. B. helles Türelement/dunkle Umgebungsfläche) und eine ausreichende Beleuchtung;
- für blinde Menschen mithilfe von taktil erfassbaren unterschiedlichen Bodenstrukturen oder baulichen Elementen wie z. B. Sockel und Absätze als Wegbegrenzungen usw. Die taktile Auffindbarkeit kann auch durch Bodenindikatoren erreicht werden.

Anmerkung: Bodenindikatoren werden z. B. in DIN 32984 geregelt.

Die barrierefreie Erreichbarkeit ist gegeben, wenn

- alle Haupteingänge stufen- und schwellenlos erreichbar sind;
- Erschließungsflächen unmittelbar an den Eingängen nicht stärker als 3 % geneigt sind, andernfalls sind Rampen oder Aufzüge vorzusehen; bei einer Länge der Erschließungsfläche bis zu 10 m ist auch eine Längsneigung bis zu 4 % möglich;
- vor Gebäudeeingängen eine Bewegungsfläche je nach Art der Tür vorgesehen ist;
- die Bewegungsfläche vor Eingangstüren eben ist und höchstens die für die Entwässerung notwendige Neigung aufweist.

Zu Rampen siehe 4.3.7, zu Aufzügen siehe 4.3.5, zu Türen und Bewegungsflächen siehe 4.3.3.

4.3 Innere Erschließung des Gebäudes

4.3.1 Allgemeines

Ebenen des Gebäudes, die barrierefrei erreichbar sein sollen, müssen stufen- und schwellenlos zugänglich sein.

Treppen allein sind keine barrierefreien vertikalen Verbindungen. Mit den in dieser Norm genannten Eigenschaften für Treppen (siehe 4.3.6) sind sie jedoch für Menschen mit begrenzten motorischen Einschränkungen sowie für blinde und sehbehinderte Menschen barrierefrei nutzbar.

Zu Anforderungen an die Erschließung innerhalb von Wohnungen siehe Abschnitt 5.

4.3.2 Flure und sonstige Verkehrsflächen

Flure und sonstige Verkehrsflächen müssen ausreichend breit für die Nutzung mit dem Rollstuhl oder mit Gehhilfen sein.

Ausreichend ist eine nutzbare Breite

- von mindestens 150 cm;
- in Durchgängen von mindestens 90 cm.

Es genügt eine Flurbreite von mindestens 120 cm, wenn mindestens einmal eine Bewegungsfläche von mindestens 150 cm × 150 cm zum Wenden vorhanden ist; bei langen Fluren muss diese Bewegungsfläche mindestens alle 15 m angeordnet werden.

4.3.3 Türen

4.3.3.1 Allgemeines

Türen müssen deutlich wahrnehmbar, leicht zu öffnen und schließen und sicher zu passieren sein.

Untere Türanschläge und Schwellen sind nicht zulässig. Sind sie technisch unabdingbar, dürfen sie nicht höher als 2 cm sein.

Anmerkung: Zu Wohnungseingangstüren und Wohnungstüren siehe 5.3.1.

4.3.3.2 Maßliche Anforderungen

Die geometrischen Anforderungen an Türen sind in Tabelle 1 dargestellt.

Tabelle 1: Geometrische Anforderungen an Türen

		Komponente	Geometrie	Maße cm
		1	2	3
			alle Türen	
1		Durchgang	lichte Breite	≥ 90
2			lichte Höhe über OFF	≥ 205
3		Leibung	Tiefe	≤ 26 [a]
4		Drücker, Griff	Abstand zu Bauteilen, Ausrüstungs- und Ausstattungselementen	≥ 50
5		zugeordnete Beschilderung	Höhe über OFF	120 bis 140
			manuell bedienbare Türen	
		Das Achsmaß von Greifhöhen und Bedienhöhen beträgt grundsätzlich 85 cm über OFF. Im begründeten Einzelfall, z. B. wenn in dem Wohngebäude keine Wohnung für uneingeschränkte Rollstuhlnutzung vorhanden ist, sind andere Maße in einem Bereich von 85 cm bis 105 cm vertretbar.		
6		Drücker	Höhe Drehachse über OFF (Mitte Drückernuss)	85
7		Griff waagerecht	Höhe Achse über OFF	(≤ 105)
8		Griff senkrecht	Greifhöhe über OFF	
			automatische Türsysteme	
9		Taster	Höhe (Tastermitte) über OFF	85
10		Taster Drehflügeltür/Schiebetür bei seitlicher Anfahrt	Abstand zu Hauptschließkanten [b]	≥ 50
11		Taster Drehflügeltür bei frontaler Anfahrt	Abstand Öffnungsrichtung	≥ 250
			Abstand Schließrichtung	≥ 150
12		Taster Schiebetür bei frontaler Anfahrt	Abstand beidseitig	≥ 150

OFF = Oberfläche Fertigfußboden

[a] Rollstuhlnutzer können Türdrücker nur erreichen, wenn die Greiftiefe nicht zu groß ist. Das ist bei Leibungstiefen von max. 26 cm immer erreicht. Für größere Leibungen muss die Nutzbarkeit auf andere Weise sicher gestellt werden.

[b] die Hauptschließkante ist bei Drehflügeltüren die senkrechte Türkante an der Schlossseite.

4.3.3.3 Anforderungen an Türkonstruktionen

Das Öffnen und Schließen von Türen muss auch mit geringem Kraftaufwand möglich sein.

Das wird erreicht mit Bedienkräften und -momenten der Klasse 3 nach DIN EN 12217:2004-05 (z. B. 25 N zum Öffnen des Türblatts bei Drehtüren und Schiebetüren).

Andernfalls sind automatische Türsysteme erforderlich (siehe auch DIN 18650-1 und DIN 18650-2).

An Türen mit Türschließern wird das z. B. erreicht

- an Hauseingangstüren mit Türschließern, die so eingestellt sind, dass das Öffnungsmoment der Größe 3 nach DIN EN 1154 nicht überschritten wird. Es wird empfohlen, Türschließer mit stufenlos einstellbarer Schließkraft zu verwenden. Damit z. B. Menschen mit motorischen Einschränkungen genug Zeit haben, um die Türen sicher zu passieren, können Schließverzögerungen erforderlich sein;
- an Türen, die aus Brandschutzgründen dicht- und selbstschließend sein müssen und bei denen höhere Öffnungsmomente als die der Größe 3 nach DIN EN 1154 auftreten, mit Freilauftürschließern; im Brandfall können höhere Bedienkräfte auftreten;
- bei Feuer- und Rauchschutztüren von Sicherheitsschleusen zu Garagen, die geschlossen gehalten werden müssen, wenn höhere Öffnungsmomente als die der Größe 3 nach DIN EN 1154 auftreten, mit automatischen Türen.

Drückergarnituren sind für motorisch eingeschränkte, blinde und sehbehinderte Menschen greifgünstig auszubilden.

Dies wird z. B. erreicht durch

- bogen- oder U-förmige Griffe;
- senkrechte Bügel bei manuell betätigten Schiebetüren.

Ungeeignet sind

- Drehgriffe, wie z. B. Knäufe;
- eingelassene Griffe.

4.3.3.4 Bewegungsflächen vor Türen

Bewegungsflächen vor Türen sind nach Bild 4 und Bild 5 zu bemessen.

Abweichend davon gilt:

Wird die Bewegungsfläche, in die die Tür nicht schlägt (siehe Bild 4 unterer Teil und Bild 5), durch ein gegenüberliegendes Bauteil, z. B. eine Wand, begrenzt, muss der Abstand zwischen beiden Wänden mindestens 150 cm betragen, damit die mit der Durchfahrt verbundene Richtungsänderung möglich ist.

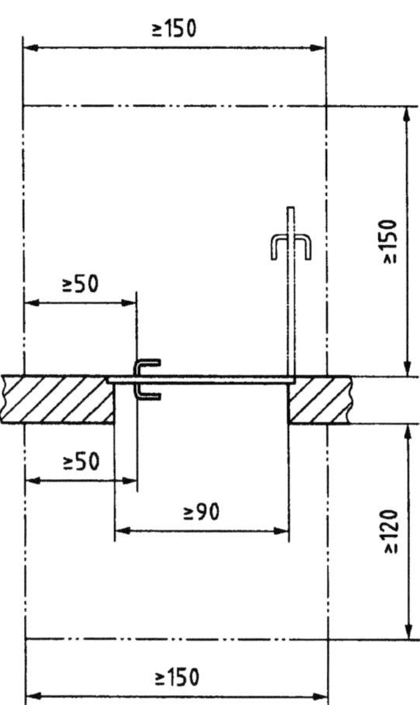

Bild 4: Bewegungsflächen vor Drehflügeltüren

Maße in Zentimeter

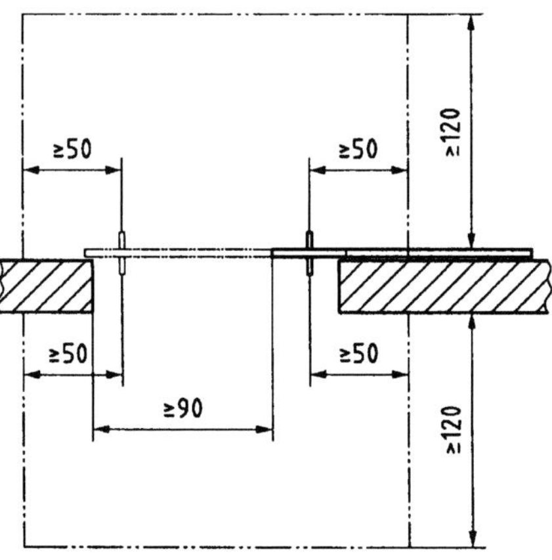

Bild 5: Bewegungsflächen vor Schiebetüren

4.3.3.5 Orientierungshilfen an Türen

Auffindbarkeit und Erkennbarkeit von Türen und deren Funktion müssen auch für blinde und sehbehinderte Menschen möglich sein.

Dies wird z. B. erreicht durch

- taktil eindeutig erkennbare Türdrücker, Türblätter oder -zargen;
- visuell kontrastierende Gestaltung, z. B. helle Wand/dunkle Zarge, heller Flügel/dunkle Hauptschließkante und Beschlag;
- zum Bodenbelag visuell kontrastierende Ausführung von eventuell vorhandenen Schwellen.

Ganzglastüren und großflächig verglaste Türen müssen sicher erkennbar sein durch Sicherheitsmarkierungen, die

- über die gesamte Glasbreite reichen;
- visuell stark kontrastierend sind;
- jeweils helle und dunkle Anteile (Wechselkontrast) enthalten, um wechselnde Lichtverhältnisse im Hintergrund zu berücksichtigen;
- in einer Höhe von 40 cm bis 70 cm und von 120 cm bis 160 cm über OFF angeordnet werden.

Beispiel: Sicherheitsmarkierungen in Streifenform, mit einer durchschnittlichen Höhe von 8 cm und einzelnen Elementen mit einem Flächenanteil von mindestens 50 % des Streifens.

Anmerkung: Zu visuellen Kontrasten siehe auch DIN 32975.

4.3.4 Bodenbeläge

Bodenbeläge in Eingangsbereichen müssen rutschhemmend (sinngemäß mindestens R 9 nach BGR 181) und fest verlegt sein und für die Benutzung, z. B. durch Rollstühle, Rollatoren und andere Gehhilfen, geeignet sein.

Bodenbeläge sollten sich zur Verbesserung der Orientierungsmöglichkeiten für sehbehinderte Menschen visuell kontrastierend von Bauteilen (z. B. Wänden, Türen, Stützen) abheben. Spiegelungen und Blendungen sind zu vermeiden.

4.3.5 Aufzugsanlagen

Gegenüber von Aufzugstüren dürfen keine abwärts führenden Treppen angeordnet werden. Sind sie dort unvermeidbar, muss ihr Abstand mindestens 300 cm betragen.

Vor den Aufzugstüren ist eine Bewegungs- und Wartefläche von mindestens 150 cm × 150 cm zu berücksichtigen.

Aufzüge müssen mindestens dem Typ 2 nach DIN EN 81-70:2005-09, Tabelle 1, entsprechen. Die lichte Zugangsbreite muss mindestens 90 cm betragen.

Für die barrierefreie Nutzbarkeit der Befehlsgeber siehe DIN EN 81-70:2005-09, Anhang G.

Anmerkung: Anhang E (informativ) von DIN EN 81-70:2005-09 enthält einen »Leitfaden für Maßnahmen für blinde und sehbehinderte Personen«.

4.3.6 Treppen

4.3.6.1 Allgemeines

Mit nachfolgenden Eigenschaften sind Treppen für Menschen mit begrenzten motorischen Einschränkungen sowie für blinde und sehbehinderte Menschen barrierefrei nutzbar. Das gilt für Gebäudetreppen und Treppen im Bereich der äußeren Erschließung auf dem Grundstück.

Für außen angeordnete Rettungstreppen sind Abweichungen (z. B. hinsichtlich der Setzstufen) möglich.

4.3.6.2 Laufgestaltung und Stufenausbildung

Treppen müssen gerade Läufe haben.

Treppen müssen Setzstufen haben. Trittstufen dürfen über die Setzstufen nicht vorkragen. Eine Unterschneidung bis 2 cm ist bei schrägen Setzstufen zulässig.

Anmerkung: Zur Vermeidung des Abrutschens von Gehhilfen an freien seitlichen Stufenenden ist z. B. eine Aufkantung geeignet.

Setzstufen mit sich verringernder Höhe oder Trittstufen mit sich verjüngender Tiefe, z. B. aus topografischen oder gestalterischen Gründen im Außenbereich, sind nicht geeignet. Dies gilt auch für Einzelstufen,

4.3.6.3 Handläufe

Beidseitig von Treppenläufen und Zwischenpodesten müssen Handläufe einen sicheren Halt bei der Benutzung der Treppe bieten.

Das wird erreicht, wenn

- sie in einer Höhe von 85 cm bis 90 cm angeordnet sind, gemessen lotrecht von Oberkante Handlauf zu Stufenvorderkante oder OFF Treppenpodest/Zwischenpodest;
- sie an Treppenaugen und Zwischenpodesten nicht unterbrochen werden;
- die Handlaufenden am Anfang und Ende der Treppenläufe (z. B. am Treppenpodest) noch mindestens 30 cm waagerecht weitergeführt werden.

Die Handläufe sind so zu gestalten, dass sie griffsicher und gut umgreifbar sind und keine Verletzungsgefahr besteht. Das wird erreicht mit

- z. B. rundem oder ovalem Querschnitt des Handlaufs und einem Durchmesser von 3 cm bis 4,5 cm;
- Halterungen, die an der Unterseite angeordnet sind;
- abgerundetem Abschluss von frei in den Raum ragenden Handlaufenden z. B. nach unten oder zu einer Wandseite.

4.3.6.4 Orientierungshilfen an Treppen und Einzelstufen

Für sehbehinderte Menschen müssen die Elemente der Treppe leicht erkennbar sein.

Das wird z. B. erreicht mit Stufenmarkierungen aus durchgehenden Streifen, die folgende Eigenschaften aufweisen:

- auf Trittstufen beginnen sie an den Vorderkanten und sind 4 cm bis 5 cm breit;

- auf Setzstufen beginnen sie an der Oberkante und sind mindestens 1 cm, vorzugsweise 2 cm, breit;
- sie heben sich visuell kontrastierend sowohl gegenüber Tritt- und Setzstufe als auch gegenüber den jeweils unten anschließenden Podesten ab.

Bei bis zu drei Einzelstufen und Treppen, die frei im Raum beginnen oder enden, muss jede Stufe mit einer Markierung versehen werden. In Treppenhäusern müssen die erste und letzte Stufe – vorzugsweise alle Stufen – mit einer Markierung versehen werden.

Handläufe müssen sich visuell kontrastierend vom Hintergrund abheben.

Anmerkung: In Gebäuden mit mehr als zwei Geschossen können Handläufe mit taktilen Informationen zur Orientierung, wie z. B. Stockwerksangaben, sinnvoll sein. Hinweise hierzu enthält die Broschüre des Deutschen Blinden- und Sehbehindertenverbandes: »Richtlinie für taktile Schriften« (unter www.gfuv.de, [2]).

4.3.7 Rampen

4.3.7.1 Allgemeines

Rampen müssen leicht zu nutzen und verkehrssicher sein. Das gilt bei Einhaltung der nachfolgenden Anforderungen an Rampenläufe, Podeste, Radabweiser und Handläufe als erreicht.

Die maßlichen Anforderungen sind in den Bildern 6 bis 8 dargestellt.

4.3.7.2 Rampenläufe und Podeste

Die Neigung von Rampenläufen darf höchstens 6 % betragen; eine Querneigung ist unzulässig. Die Entwässerung der Podeste von im Freien liegenden Rampen ist sicherzustellen.

Am Anfang und am Ende der Rampe ist eine Bewegungsfläche von mindestens 150 cm × 150 cm anzuordnen.

Die nutzbare Laufbreite der Rampe muss mindestens 120 cm betragen.

Die Länge der einzelnen Rampenläufe darf höchstens 600 cm betragen. Bei längeren Rampen und bei Richtungsänderungen sind Zwischenpodeste mit einer nutzbaren Länge von mindestens 150 cm erforderlich.

In der Verlängerung einer Rampe darf keine abwärts führende Treppe angeordnet werden.

Maße in Zentimeter

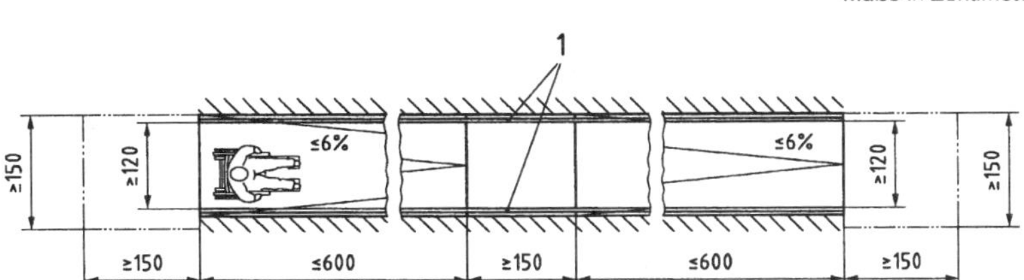

Legende
1 Handlauf

Bild 6: Rampe, Grundriss

Maße in Zentimeter

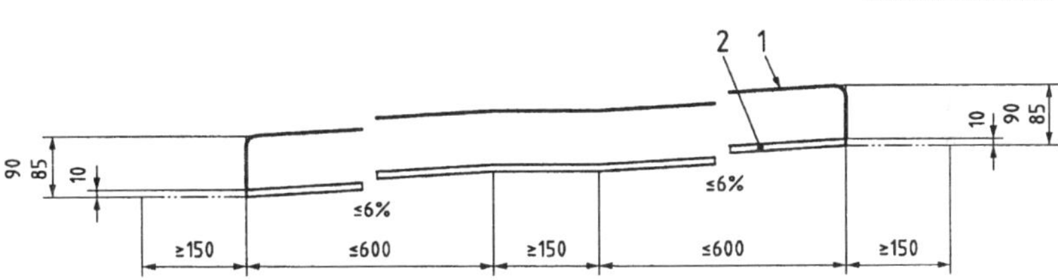

Legende
1 Handlauf
2 Radabweiser

Bild 7: Rampe, Seitenansicht

Maße in Zentimeter

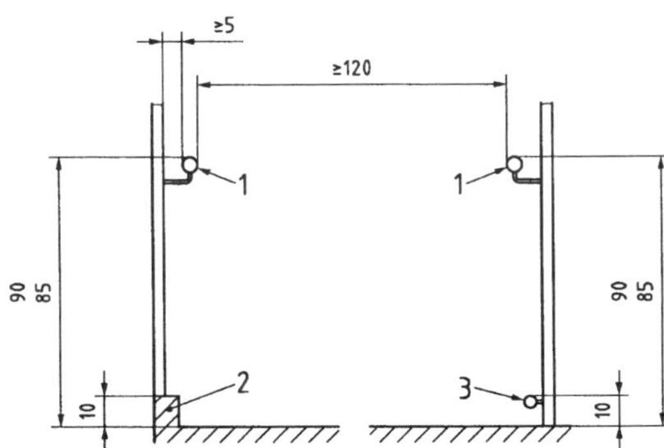

Legende
1 Handlauf
2 Aufkantung als Radabweiser
3 Holm als Radabweiser

Bild 8: Rampe, Querschnitt

4.3.7.3 Radabweiser und Handläufe

An Rampenläufen und -podesten sind beidseitig in einer Höhe von 10 cm Radabweiser anzubringen. Radabweiser sind nicht erforderlich, wenn die Rampen seitlich durch eine Wand begrenzt werden.

Es sind beidseitig Handläufe vorzusehen.

Die Oberkanten der Handläufe sind in einer Höhe von 85 cm bis 90 cm über OFF der Rampenläufe und -podeste anzubringen.

Die Handläufe sind so zu gestalten, dass sie griffsicher und gut umgreifbar sind und keine Verletzungsgefahr besteht. Das wird erreicht mit

- z. B. rundem oder ovalem Querschnitt des Handlaufs und einem Durchmesser von 3 cm bis 4,5 cm;
- einem lichten seitlichen Abstand von mindestens 5 cm zur Wand oder zu benachbarten Bauteilen;
- Halterungen, die an der Unterseite angeordnet sind;
- abgerundetem Abschluss von frei in den Raum ragenden Handlaufenden, z. B. nach unten oder zu einer Wandseite.

4.3.8 Rollstuhlabstellplätze

Für jede Wohnung mit uneingeschränkter Rollstuhlnutzung ist ein Rollstuhlabstellplatz vor oder in der Wohnung (nicht in Schlafräumen) vorzusehen. Ein elektrischer Anschluss zur Batterieaufladung muss vorhanden sein.	**R**

Rollstuhlabstellplätze sind für den Wechsel des Rollstuhls ausreichend groß, wenn sie eine Bewegungsfläche von mindestens 180 cm × 150 cm haben. Vor den Rollstuhlabstellplätzen ist eine weitere Bewegungsfläche von mindestens 180 cm × 150 cm zu berücksichtigen, siehe Bild 9. Anmerkung 1: Die Bewegungsfläche vor dem Rollstuhlabstellplatz darf sich mit anderen Bewegungsflächen überlagern.	**R**

Anmerkung 2: Es wird empfohlen, bei barrierefreien Wohnungen Abstellplätze für Elektromobile im Gebäude vorzusehen. Diese können sich an den Anforderungen für Rollstuhlabstellplätze orientieren.

Maße in Zentimeter

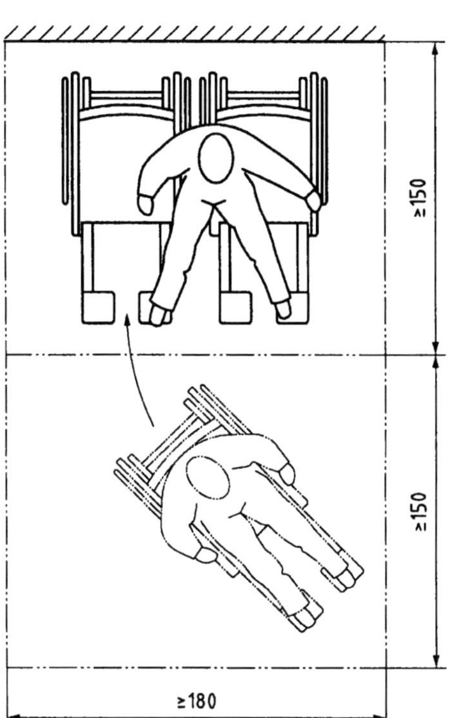

Bild 9: Platzbedarf für den Rollstuhlabstellplatz einer Person, Bewegungsfläche für Rangieren und Wechsel

4.4 Warnen/Orientieren/Informieren/Leiten

4.4.1 Allgemeines

Hinweise für die Gebäudenutzung können visuell (durch Sehen), auditiv (durch Hören) oder taktil (durch Fühlen, Tasten z. B. mit Händen, Füßen, Blindenlangstock) wahrnehmbar gestaltet werden.

Nachfolgend werden zu jeder Wahrnehmungsart Hinweise für eine geeignete Gestaltung der baulichen Voraussetzungen gegeben. Diese beziehen sich typischerweise auf Gebäude mit einfachen Strukturen (wie z. B. Einfamilienhäuser, Reihenhäuser, üblicher Geschosswohnungsbau).

Für komplexe Gebäudeanlagen, die zusätzliche Hilfen zur Orientierung und zum Auffinden der einzelnen Wohnungen erfordern (wie z. B. mehrere Gebäudeeingänge auf einem Grundstück, differenzierte Wege- und Erschließungssysteme, unterschiedliche Eingangsvariationen, große horizontale Ausdehnung), sind weitere Hinweise in DIN 18040-1 : 2010-10, 4.4, enthalten.

4.4.2 Visuell

Visuelle Informationen müssen hinsichtlich der Leuchtdichte zu ihrem Umfeld einen visuellen Kontrast aufweisen. Je höher der Leuchtdichtekontrast, desto besser ist die Erkennbarkeit. Hohe Kontrastwerte ergeben Schwarz/Weiß- bzw. Hell/Dunkel-Kombinationen. Die Kontrastwahrnehmung kann durch Farbgebung unterstützt werden. Ein Farbkontrast ersetzt nicht den Leuchtdichtekontrast.

Anmerkung 1: Kontrastwerte können gemessen und berechnet werden. Hinweise dazu enthält z. B. DIN 32975. Die bisherigen Erfahrungen zeigen, dass Leuchtdichtekontraste $K \geq 0{,}4$ zum Orientieren und Leiten und für Bodenmarkierungen sowie Leuchtdichtekontraste $K \geq 0{,}7$ für Warnungen und schriftliche Informationen geeignet sind.

Schriftliche Informationen (z. B. Klingelschilder, Hausnummern) müssen auch für sehbehinderte Menschen gut lesbar sein. Dies ist gegeben durch die Wahl geeigneter Schriftarten und -größen. Beeinträchtigungen durch Blendungen, Spiegelungen und Schattenbildungen sind soweit wie möglich zu vermeiden. Dies kann z. B. durch die Wahl geeigneter Materialeigenschaften und Oberflächenformen (z. B. entspiegeltes Glas, matte Oberflächen) erreicht werden.

Anmerkung 2: Hinweise zu geeigneten Schriftarten und Schriftgrößen enthält z. B. DIN 32975.

Sind schriftliche Informationen nur aus kurzer Lesedistanz wahrnehmbar (z. B. Klingel-/Namensschilder), müssen die jeweiligen Informationsträger für Menschen mit eingeschränktem Sehvermögen oder Rollstuhlnutzer frei zugänglich sein.

4.4.3 Auditiv

Akustische Informationen sollten auch für Menschen mit eingeschränktem Hörvermögen hörbar und verstehbar sein; die sprachliche Verständigung sollte möglich sein.

Beim Einbau entsprechender Vorrichtungen, z. B. Gegensprechanlagen, ist 4.5.3 zu beachten.

4.4.4 Taktil

Werden schriftliche Informationen taktil erfassbar angeboten, müssen sie sowohl durch erhabene lateinische Großbuchstaben und arabische Ziffern (»Profilschrift«) als auch durch Braille'sche Blindenschrift (nach DIN 32976) vermittelt werden. Sie können durch ertastbare Piktogramme und Sonderzeichen ergänzt werden.

Anmerkung 1: Für die Gestaltung der erhabenen, ertastbaren Schrift, der Piktogramme, der Sonderzeichen und der Braille'schen Blindenschrift wird auf die Broschüre des Deutschen Blinden- und Sehbehindertenverbandes: »Richtlinie für taktile Schriften« (unter www.gfuv.de, [2]) hingewiesen.

4.5 Bedienelemente, Kommunikationsanlagen sowie Ausstattungselemente

4.5.1 Allgemeines

Bedienelemente und Kommunikationsanlagen, die zur zweckentsprechenden Nutzung des Gebäudes mit Wohnungen erforderlich sind, müssen barrierefrei erkennbar, erreichbar und nutzbar sein.

Bedien- und Ausstattungselemente und Bauteile müssen so gestaltet sein, dass scharfe Kanten vermieden werden, z. B. durch Abrundungen oder Kantenschutz.

4.5.2 Bedienelemente

Bedienelemente mit folgenden Eigenschaften sind barrierefrei erkennbar und nutzbar:

- sie sind nach dem Zwei-Sinne-Prinzip visuell kontrastierend gestaltet und taktil (z. B. durch deutliche Hervorhebung von der Umgebung) wahrnehmbar;

- ihre Funktion sollte erkennbar sein, z. B. durch Kennzeichnung und/oder Anordnung der Elemente an gleicher Stelle (Wiedererkennungseffekt);
- die Funktionsauslösung sollte eindeutig rückgemeldet werden, z. B. durch ein akustisches Bestätigungssignal, ein Lichtsignal oder die Schalterstellung;
- die maximal aufzuwendende Kraft bei Bedienvorgängen sollte für Schalter und Taster 2,5 N bis 5,0 N betragen.

Bedienelemente mit folgenden Eigenschaften sind barrierefrei erreichbar:

- sie sind stufenlos zugänglich;
- vor den Bedienelementen ist für Rollstuhlnutzung eine Bewegungsfläche von mindestens 150 cm × 150 cm angeordnet;
- wenn keine Wendevorgänge notwendig sind, z. B. bei seitlicher Anfahrt der Bedienelemente durch den Rollstuhlnutzer, ist eine Bewegungsfläche von 120 cm Breite × 150 cm Länge (in Fahrtrichtung) ausreichend;
- sie müssen für die Rollstuhlnutzung einen seitlichen Abstand zu Wänden bzw. bauseitigen Einrichtungen von mindestens 50 cm aufweisen;
- Bedienelemente, die nur frontal anfahrbar und bedienbar sind, z. B. Hausbriefkasten/Gegensprechanlage in Ecklage, müssen in einer Tiefe von mindestens 15 cm unterfahrbar sein, analog Bild 10;
- das Achsmaß von Greifhöhen und Bedienhöhen beträgt grundsätzlich 85 cm über OFF.

Werden mehrere Bedienelemente, z. B. mehrere Lichtschalter, übereinander angeordnet und in begründeten Einzelfällen, z. B. wenn in dem Wohngebäude keine Wohnung für uneingeschränkte Rollstuhlnutzung vorhanden ist, sind andere Maße in einem Bereich von 85 cm bis 105 cm möglich.

Maße in Zentimeter

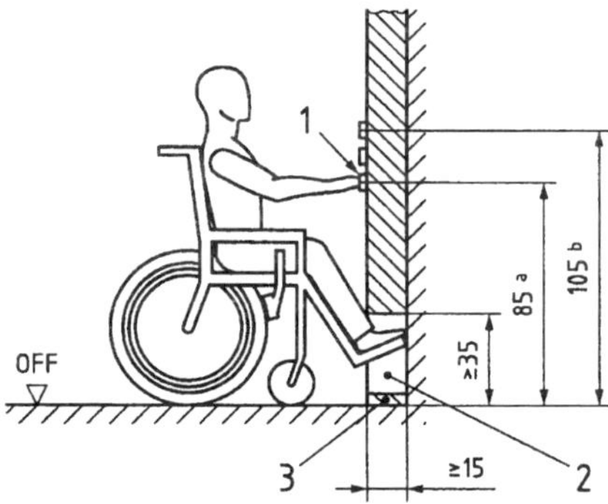

Legende

1 Bedienelemente z. B. auf Bau- oder Ausstattungselement
2 Freiraum im Bereich der Füße
3 taktil erfassbarer Sockel (Bild 11 c))

a grundsätzliche Greif-/Bedienhöhe 85 cm
b Greif- und Bedienhöhe bei mehreren Bedienelementen übereinander bis max. 105 cm

Bild 10: Erreichbarkeit von Bedienelementen bei frontaler Anfahrt

4.5.3 Kommunikationsanlagen

Kommunikationsanlagen, z. B. Türöffner- und Klingelanlagen, Gegensprechanlagen, sind in die barrierefreie Gestaltung einzubeziehen.

Bei Gegensprechanlagen ist die Hörbereitschaft der Gegenseite optisch anzuzeigen.

Bei manuell betätigten Türen mit elektrischer Türfallenfreigabe (umgangssprachlich Türsummer) ist die Freigabe optisch oder durch fühlbare Vibration zu signalisieren.

4.5.4 Ausstattungselemente

Ausstattungselemente, z. B. Briefkästen, Feuerlöscher, dürfen nicht so in Räume hineinragen, dass die nutzbaren Breiten und Höhen eingeschränkt werden. Ist ein Hineinragen nicht vermeidbar, müssen sie so ausgebildet werden, dass blinde und sehbehinderte Menschen sie rechtzeitig als Hindernis wahrnehmen können.

Ausstattungselemente müssen visuell kontrastierend gestaltet und für die Ertastung mit dem Langstock durch blinde Menschen geeignet sein, z. B. indem sie

- bis auf den Boden herunterreichen oder
- max. 15 cm über dem Boden enden oder
- durch einen mindestens 3 cm hohen Sockel, entsprechend den Umrissen des Ausstattungselements, ergänzt werden oder
- mit einer Tastleiste, die max. 15 cm über dem Boden endet, versehen sind. Siehe Bild 11.

Maße in Zentimeter

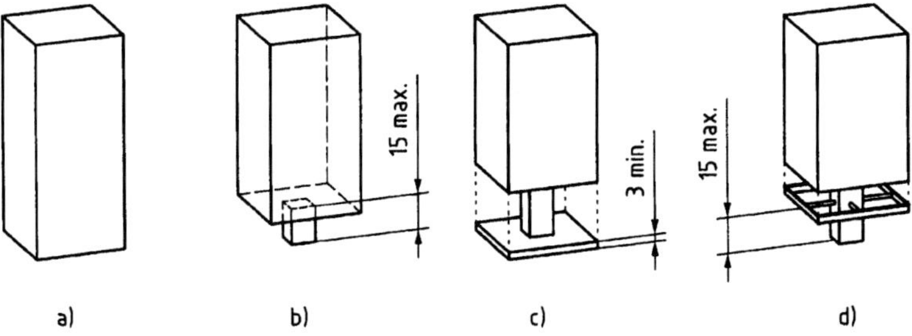

Legende
a) Herunterreichen bis zum Boden
b) unteres Ende max. 15 cm über dem Boden
c) Sockel von mindestens 3 cm Höhe
d) Tastleiste max. 15 cm über dem Boden

Bild 11: Beispiele für die Wahrnehmbarkeit von Ausstattungselementen mit dem Langstock

5 Räume in Wohnungen

5.1 Allgemeines

Die Räume innerhalb von Wohnungen sind barrierefrei nutzbar, wenn sie so dimensioniert und bauseits ausgestattet bzw. vorbereitet sind, dass Menschen mit Behinderungen sie ihren speziellen Bedürfnissen entsprechend leicht nutzen, einrichten und ausstatten können. Für Sanitärräume, deren Einrichtung häufig bauseits vorgenommen wird, sind in 5.5 nähere Angaben über die Anordnung von Ausstattungen und Einrichtungen zur barrierefreien Nutzbarkeit enthalten.

Die Anforderungen in Abschnitt 5 werden unterschieden nach

- barrierefrei nutzbaren und
- barrierefrei und uneingeschränkt mit dem Rollstuhl nutzbaren Wohnungen (Markierung **R**).

Anmerkung: Besteht wegen der Art der Behinderung der Bedarf einer zusätzlichen Individualfläche, sollte diese mit mindestens 15 m^2 angesetzt werden.

Bedienelemente innerhalb von Wohnungen müssen 4.5.2, Satz 2, entsprechen. Die maximal aufzuwendende Kraft bei Bedienvorgängen sollte für Schalter und Taster 2,5 N bis 5,0 N betragen.	**R**

5.2 Flure innerhalb von Wohnungen

Flure müssen ausreichend breit sein für die Nutzung mit Gehhilfen bzw. Rollstühlen. Ausreichend ist eine nutzbare Breite von mindestens 120 cm.

Mindestens einmal ist eine Bewegungsfläche von mindestens 150 cm × 150 cm vorzusehen. Bewegungsflächen vor Türen sind zu beachten, siehe 4.3.3.4.	**R**

Bewegungsflächen dürfen sich überlagern.

5.3 Türen, Fenster

5.3.1 Türen

5.3.1.1 Wohnungseingangstüren

Wohnungseingangstüren müssen 4.3.3 entsprechen, mit Ausnahme

- der Bedienhöhen für Drücker nach 4.3.3.2, Tabelle 1;
- der Bewegungsflächen wohnungsseitig (innerhalb der Wohnung) nach 4.3.3.4.

Wohnungseingangstüren müssen 4.3.3 entsprechen. Ist in Wohnungseingangstüren ein Spion vorgesehen, muss dieser auch für sitzende Personen nutzbar sein, z. B. durch Anordnung in einer Höhe von 120 cm über OFF.	**R**

5.3.1.2 Wohnungstüren

Türen innerhalb der Wohnung müssen leicht zu bedienen, sicher zu passieren und ausreichend breit für die Nutzung mit Gehhilfen bzw. Rollstühlen sein.

Sie sind leicht zu bedienen und sicher zu passieren, wenn

- das Öffnen und Schließen mit geringem Kraftaufwand möglich ist;

- Drückergarnituren für motorisch eingeschränkte, blinde und sehbehinderte Menschen greifgünstig ausgebildet sind, z. B. durch bogen- oder U-förmige Griffe, senkrechte Bügel bei manuell betätigten Schiebetüren (ungeeignet sind Drehgriffe, wie z. B. Knäufe, und eingelassene Griffe);
- sie keine unteren Türanschläge oder Schwellen haben. Wohnungstüren sind ausreichend bemessen, wenn sie
- eine lichte Durchgangsbreite von mindestens 80 cm;
- eine lichte Durchgangshöhe von mindestens 205 cm aufweisen;

– den Maßen der Tabelle 1 in 4.3.3.2 entsprechen.	**R**

Wohnungstüren müssen Bewegungsflächen nach 4.3.3.4 aufweisen.	**R**

5.3.2 Fenster

Mindestens ein Fenster je Raum muss auch für Menschen mit motorischen Einschränkungen bzw. für Rollstuhlnutzer leicht zu öffnen und zu schließen sein. Auch in sitzender Position muss ein Teil der Fenster in Wohn- und Schlafräumen einen Durchblick in die Umgebung ermöglichen.

Leicht zu öffnen und zu schließen sind Fenster, wenn

- der manuelle Kraftaufwand (Bedienkraft) zum Öffnen und Schließen von Fenstern höchstens 30 N, das maximale Moment 5 Nm beträgt (Klasse 2 nach DIN EN 13115);

– der Fenstergriff in einer Greifhöhe von 85 cm bis 105 cm (über OFF) angebracht ist. Ist dies technisch nicht möglich, ist mindestens an einem Fenster je Raum ein automatisches Öffnungs- und Schließsystem vorzusehen.	**R**

Einen Durchblick in die Umgebung ermöglichen Fenster, deren Brüstungen ab 60 cm über OFF durchsichtig sind.

5.4 Wohn-, Schlafräume und Küchen

Wohn-, Schlafräume und Küchen sind für Menschen mit motorischen Einschränkungen bzw. für Rollstuhlnutzer barrierefrei nutzbar, wenn sie so dimensioniert sind, dass bei nutzungstypischer Möblierung jeweils ausreichende Bewegungsflächen vorhanden sind.

Bewegungsflächen dürfen sich überlagern.

In jedem Raum muss zum Drehen und Wenden mit Gehhilfen bzw. Rollstühlen wenigstens eine Bewegungsfläche von mindestens

- 120 cm × 120 cm;

– 150 cm × 150 cm	**R**

zur Verfügung stehen.

Ausreichende Mindesttiefen von Bewegungsflächen entlang und vor Möbeln sind

bei mindestens einem Bett:

- 120 cm entlang der einen und 90 cm entlang der anderen Längsseite;

– 150 cm entlang der einen und 120 cm entlang der anderen Längsseite;	**R**

vor sonstigen Möbeln:

- 90 cm;

- 150 cm;	R

vor Kücheneinrichtungen:

- 120 cm;

- 150 cm. Bei der Planung der haustechnischen Anschlüsse in einer Küche für Rollstuhlnutzer ist die Anordnung von Herd, Arbeitsplatte und Spüle übereck zu empfehlen.	R

5.5 Sanitärräume

5.5.1 Allgemeines

In einer Wohnung mit mehreren Sanitärräumen muss mindestens einer der Sanitärräume barrierefrei nutzbar sein.

Mit den Anforderungen dieses Abschnitts der Norm sind Sanitärräume sowohl für Menschen mit motorischen Einschränkungen bzw. für Rollstuhlnutzer als auch für blinde und sehbehinderte Menschen barrierefrei nutzbar.

Aus Sicherheitsgründen dürfen Drehflügeltüren nicht in Sanitärräume schlagen, um ein Blockieren der Tür zu vermeiden. Türen von Sanitärräumen müssen von außen entriegelt werden können.

Armaturen sollten als Einhebel- oder berührungslose Armatur ausgebildet sein. Berührungslose Armaturen dürfen nur in Verbindung mit Temperaturbegrenzung eingesetzt werden. Um ein Verbrühen zu vermeiden, ist die Wassertemperatur an der Auslaufarmatur auf 45 °C zu begrenzen.

Die Ausstattungselemente sollten sich visuell kontrastierend von ihrer Umgebung abheben (z. B. heller Waschtisch/dunkler Hintergrund oder kontrastierende Umrahmungen).

Die Wände von Sanitärräumen sind bauseits so auszubilden, dass sie bei Bedarf nachgerüstet werden können mit senkrechten und waagerechten Stütz- und/oder Haltegriffen neben dem WC-Becken sowie im Bereich der Dusche und der Badewanne.

Ist ein Sanitärraum ausschließlich über ein Fenster zu lüften, ist zur Bedienbarkeit 5.3.2 zu beachten.

5.5.2 Bewegungsflächen

Jeweils vor den Sanitärobjekten wie WC-Becken, Waschtisch, Badewanne und im Duschplatz ist eine Bewegungsfläche anzuordnen.

Ausreichend ist eine Mindestfläche von

- 120 cm × 120 cm;

- 150 cm × 150 cm, siehe Bild 12, Bild 15.	R

Bewegungsflächen dürfen sich überlagern, siehe Bilder 14 und 15.

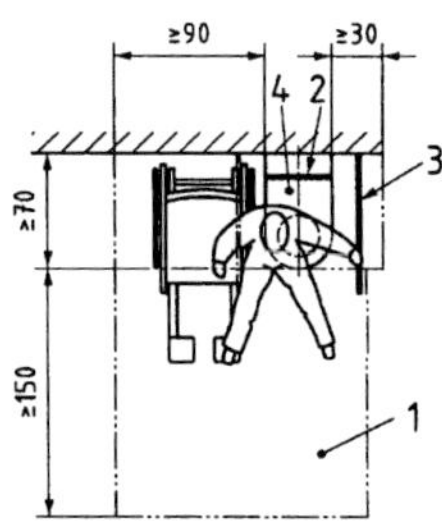

Legende
1 Bewegungsfläche vor dem WC-Becken
2 Rückenstütze
3 Stützklappgriff
4 WC-Becken

Hinweis: Für den Zugang von der anderen Seite spiegelbildlich anordnen

Bild 12: Beispiel für Bewegungsflächen vor und neben dem WC-Becken für Rollstuhlnutzer

Maße in Zentimeter

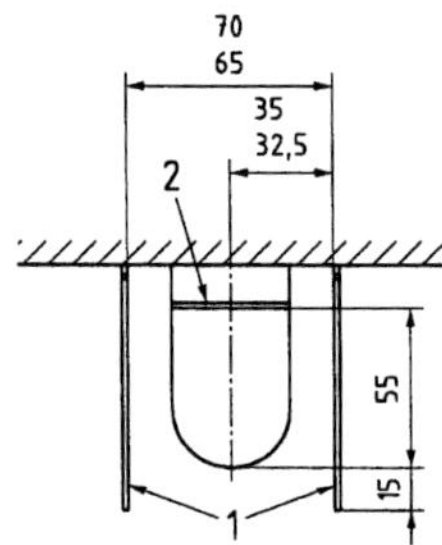

Legende
1 Stützklappgriff
2 Rückenstütze

Bild 13: Anordnung von Stützklappgriffen und Rückenstützen

Maße in Zentimeter

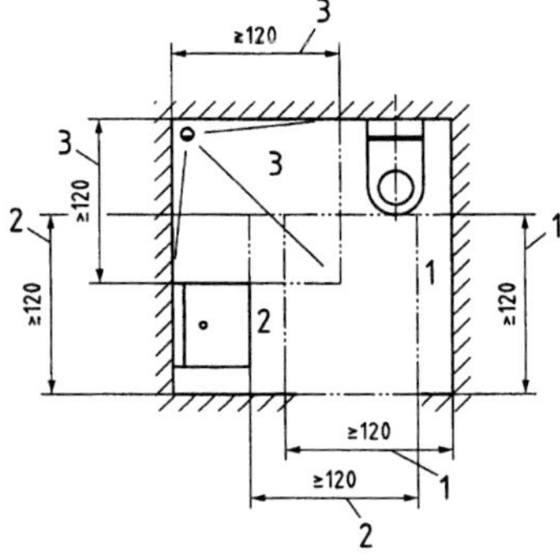

Legende
1 Bewegungsfläche vor dem WC-Becken
2 Bewegungsfläche vor dem Waschtisch
3 Bewegungsfläche im Duschplatz

Bild 14: Beispiel der Überlagerung der Bewegungsflächen in Sanitärräumen

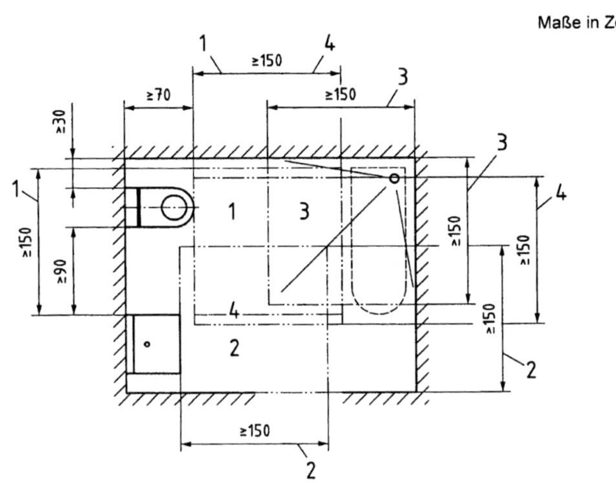

Legende

1 Bewegungsfläche vor dem WC-Becken
2 Bewegungsfläche vor dem Waschtisch
3 Bewegungsfläche im Duschplatz
4 Bewegungsfläche vor der Badewanne, falls diese vorhanden

Bild 15: Beispiel der Überlagerung der Bewegungsflächen in Sanitärräumen für Rollstuhlnutzer

5.5.3 WC-Becken

Zur leichteren Nutzbarkeit des WC-Beckens ist ein seitlicher Mindestabstand von 20 cm zur Wand oder zu anderen Sanitärobjekten einzuhalten.

Zweckentsprechend angeordnet sind WC-Becken mit – einer Höhe des WC-Beckens einschließlich Sitz zwischen 46 cm und 48 cm über OFF.	**R**
Ausreichende Bewegungsflächen neben WC-Becken sind – mindestens 70 cm tief, von der Beckenvorderkante bis zur rückwärtigen Wand; – mindestens 90 cm breit an der Zugangsseite und für Hilfspersonen mindestens 30 cm breit an der gegenüberliegenden Seite (siehe Bild 12). In Gebäuden mit mehr als einer Wohneinheit für uneingeschränkte Rollstuhlnutzung sind die Zugangsseiten abwechselnd rechts oder links vorzusehen.	**R**

Folgende Bedienelemente und Stützen sind erforderlich: - Rückenstütze, angeordnet 55 cm hinter der Vorderkante des WC-Beckens. Der WC-Deckel ist als alleinige Rückenstütze ungeeignet; - Spülung, mit der Hand oder dem Arm bedienbar, im Greifbereich des Sitzenden, ohne dass der Benutzer die Sitzposition verändern muss. Wird eine berührungslose Spülung verwendet, muss ihr ungewolltes Auslösen ausgeschlossen sein; - Toilettenpapierhalter, erreichbar ohne Veränderung der Sitzposition; - Stützklappgriffe.	**R**
Stützklappgriffe müssen folgende Anforderungen erfüllen (siehe auch Bild 13): - auf jeder Seite des WC-Beckens montiert; - hochklappbar; - 15 cm über die Vorderkante des WC-Beckens hinausragend; - bedienbar mit wenig Kraftaufwand in selbst gewählten Etappen; - Abstand zwischen den Stützklappgriffen 65 cm bis 70 cm; - Oberkante über der Sitzhöhe 28 cm; - Befestigung, die einer Punktlast von mindestens 1 kN am Griffende standhält. Anmerkung: Es wird z. B. unterschieden zwischen Stützklappgriffen mit und ohne Feder. Die Klappgriffe mit Feder können mit geringerem Kraftaufwand beim Hochklappen bedient werden.	**R**

5.5.4 Waschplätze

Waschplätze müssen so gestaltet sein, dass eine Nutzung auch im Sitzen möglich ist.

Dies wird mit folgenden Maßnahmen erreicht:

- bauseitige Möglichkeit, einen mindestens 100 cm hohen Spiegel bei Bedarf unmittelbar über dem Waschtisch anzuordnen;
- Beinfreiraum unter dem Waschtisch;

- Vorderkantenhöhe des Waschtisches von max. 80 cm über OFF; - Unterfahrbarkeit von mindestens 55 cm Tiefe und Abstand der Armatur zum vorderen Rand des Waschtisches von höchstens 40 cm (siehe Bild 16); - Beinfreiraum unter dem Waschtisch mit einer Breite von mindestens 90 cm (axial gemessen); Angaben zu den erforderlichen gestaffelten Höhen und Tiefen (siehe Bild 16); - einem mindestens 100 cm hohen Spiegel, der unmittelbar über dem Waschtisch angeordnet ist.	**R**

Maße in Zentimeter

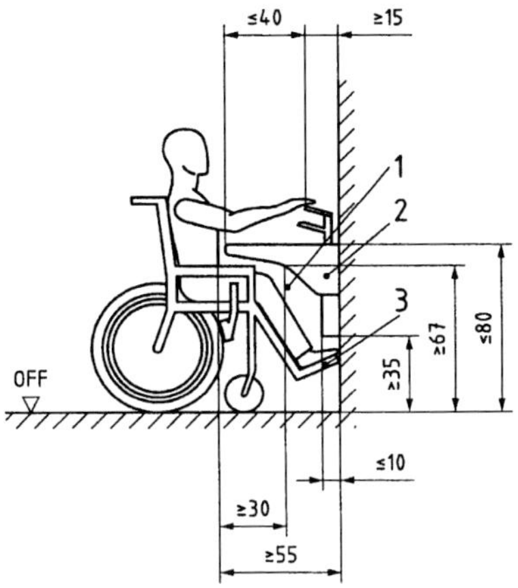

Legende
1 Beinfreiraum im Bereich der Knie
2 Bau-, Ausrüstungs- oder Ausstattungselement
3 Beinfreiraum im Bereich der Füße

Bild 16: Bewegungsräume, Beinfreiraum

5.5.5 Duschplätze

Duschplätze müssen so gestaltet sein, dass sie barrierefrei, z. B. auch mit einem Rollator bzw. Rollstuhl, nutzbar sind.

Dies wird erreicht durch

- die niveaugleiche Gestaltung zum angrenzenden Bodenbereich des Sanitärraumes und einer Absenkung von max. 2 cm; ggf. auftretende Übergänge sollten vorzugsweise als geneigte Fläche ausgebildet werden;
- rutschhemmende Bodenbeläge im Duschbereich (sinngemäß nach GUV-I 8527 mindestens Bewertungsgruppe B);

– die Nachrüstmöglichkeit für einen Dusch-Klappsitz, in einer Sitzhöhe von 46 cm bis 48 cm; – beidseitig des Dusch-Klappsitzes eine Nachrüstmöglichkeit für hochklappbare Stützgriffe, deren Oberkante 28 cm über der Sitzhöhe liegt.	**R**

Die Fläche des Duschplatzes kann in die Bewegungsflächen des Sanitärraumes einbezogen werden, wenn

- der Übergang zum Duschplatz bodengleich gestaltet ist;
- die zur Entwässerung erforderliche Neigung max. 2 % beträgt.

Eine Einhebel-Duscharmatur mit Handbrause muss aus der Sitzposition in 85 cm Höhe über OFF erreichbar sein.	**R**

Um Verletzungsgefahren insbesondere für blinde und sehbehinderte Menschen beim Vorbeugen zu vermeiden, sollte der Hebel von Einhebel-Dusch-Armaturen nach unten weisen.

5.5.6 Badewannen

Das nachträgliche Aufstellen einer Badewanne, z. B. im Bereich der Dusche, sollte möglich sein.

Das nachträgliche Aufstellen einer Badewanne, z. B. im Bereich der Dusche, muss möglich sein. Sie muss mit einem Lifter nutzbar sein.	**R**

5.5.7 Zusätzlicher Sanitärraum

In Wohnungen mit mehr als drei Wohn-/Schlafräumen ist ein Sanitärraum, der nicht barrierefrei sein muss, mit mindestens einem Waschtisch und einem WC-Becken zusätzlich zum barrierefreien Sanitärraum vorzusehen.	**R**

5.6 Freisitz

Wenn der Wohnung ein Freisitz (Terrasse, Loggia oder Balkon) zugeordnet wird, muss dieser barrierefrei nutzbar sein.

Er muss dazu von der Wohnung aus schwellenlos (siehe 5.3.1.2) erreichbar sein und eine ausreichende Bewegungsfläche haben.

Ausreichend ist eine Bewegungsfläche von mindestens

- 120 cm × 120 cm;

- 150 cm × 150 cm.	**R**

Brüstungen von Freisitzen sollten mindestens teilweise ab 60 cm über OFF eine Durchsicht ermöglichen.

Literaturhinweise

DIN 32975:2009-12 Gestaltung visueller Informationen im öffentlichen Raum zur barrierefreien Nutzung

DIN 32984 Bodenindikatoren im öffentlichen Verkehrsraum

[1] Gesetz zur Gleichstellung behinderter Menschen; Kurztitel »BGG Behindertengleichstellungsgesetz« vom 27. April 2002; letzte Änderung vom 1. Januar 2008, BGBl. I S. 1468 und BGBl. I S. 3024, 3034[1])

[2] Richtlinie für taktile Schriften, Broschüre des Deutschen Blinden- und Sehbehindertenverbandes, zu beziehen unter www.gfuv.de

1) Nachgewiesen in der DITR-Datenbank der Software GmbH, zu beziehen bei: Beuth Verlag GmbH, 10772 Berlin, zu beziehen auch unter www.gesetze-im-internet.de

8.3 Literaturverzeichnis

8.3.1 Weitere Normen

DIN 4844-1:2012-06 „Graphische Symbole – Sicherheitsfarben und Sicherheitszeichen – Teil 1: Erkennungsweiten und farb- und photometrische Anforderungen“

DIN 18024-1:1974-11 „Bauliche Maßnahmen für Behinderte und alte Menschen im öffentlichen Bereich; Planungsgrundlagen, Straßen, Plätze und Wege“ (zurückgezogen)

DIN 18024-2:1976-04 „Bauliche Maßnahmen für Behinderte und alte Menschen im öffentlichen Bereich; Planungsgrundlagen, Öffentlich zugängige Gebäude“ (zurückgezogen)

DIN 18531:2017-07, Teil 1–5 „Abdichtung von Dächern sowie von Balkonen, Loggien und Laubengängen“

DIN 18533:2017-07, Teil 1–3 „Abdichtung von erdberührten Bauteilen“

DIN 18550-1:2018-01 „Planung, Zubereitung und Ausführung von Außen- und Innenputzen – Teil 1: Ergänzende Festlegungen zu DIN EN 13914-1:2016-09 für Außenputze“

DIN 18550-2:2018-01 „Planung, Zubereitung und Ausführung von Außen- und Innenputzen – Teil 2: Ergänzende Festlegungen zu DIN EN 13914-2:2016-09 für Innenputze“

DIN 32984:2020-12 „Bodenindikatoren im öffentlichen Raum“

DIN 32975:2009-12 „Gestaltung visueller Informationen im öffentlichen Raum zur barrierefreien Nutzung“

DIN 32976:2007-08 „Blindenschrift – Anforderungen und Maße“

DIN 51130:2014-02 „Prüfung von Bodenbelägen – Bestimmung der rutschhemmenden Eigenschaft – Arbeitsräume und Arbeitsbereiche mit Rutschgefahr – Begehungsverfahren – Schiefe Ebene“

DIN EN 81-70:2005-09 bzw. DIN EN 81-70:2021-06 „Sicherheitsregeln für die Konstruktion und den Einbau von Aufzügen – Besondere Anwendungen für Personen- und Lastenaufzüge – Teil 70: Zugänglichkeit von Aufzügen für Personen einschließlich Personen mit Behinderungen“

DIN EN 1154 Berichtigung 1:2006-06 „Schlösser und Baubeschläge – Türschließmittel mit kontrolliertem Schließablauf – Anforderungen und Prüfverfahren“

DIN EN 12217:2015-07 „Türen – Bedienungskräfte – Anforderungen und Klassifizierung“

DIN EN 13200-1:2019-05 „Zuschaueranlagen – Teil 1: Allgemeine Merkmale für Zuschauerplätze; Deutsche Fassung EN 13200-1:2019“

8.3.2 Rechtsvorschriften

[ApBetrO] Apothekenbetriebsordnung in der Fassung der Bekanntmachung vom 26. September 1995 (BGBl. I S. 1195), zuletzt geändert durch Artikel 10 des Gesetzes vom 3. Juni 2021 (BGBl. I S. 1309)

[ArbStättV] Arbeitsstättenverordnung vom 12. August 2004 (BGBl. I S. 2179), zuletzt geändert durch Artikel 4 des Gesetzes vom 22. Dezember 2020 (BGBl. I S. 3334)

[BauO NRW] Bauordnung für das Land Nordrhein-Westfalen (Landesbauordnung 2018 – BauO NRW 2018) vom 21. Juli 2018, zuletzt geändert am 14. September 2021

[BauPrüfVo NRW] Verordnung über bautechnische Prüfungen (BauPrüfVO) vom 6. Dezember 1995, zuletzt geändert am 9. Juli 2021

[BGB] Bürgerliches Gesetzbuch in der Fassung der Bekanntmachung vom 2. Januar 2002 (BGBl. I S. 42, 2909; 2003 I S. 738), zuletzt geändert durch Artikel 1 des Gesetzes vom 10. August 2021 (BGBl. I S. 3515)

[BGG] Gesetz zur Gleichstellung von Menschen mit Behinderungen (Behindertengleichstellungsgesetz – BGG) vom 27. April 2002 (BGBl. I S. 1467, 1468), zuletzt geändert durch Artikel 9 des Gesetzes vom 2. Juni 2021 (BGBl. I S. 1387)

[GG] Grundgesetz für die Bundesrepublik Deutschland in der im Bundesgesetzblatt Teil III, Gliederungsnummer 100-1, veröffentlichten bereinigten Fassung, zuletzt geändert durch Artikel 1 u. 2 Satz 2 des Gesetzes vom 29. September 2020 (BGBl. I S. 2048)

[ImmoWertA]: Vorschlag des Bundesministeriums des Innern, für Bau und Heimat für eine entsprechende Beschlussfassung der Fachkommission Städtebau der Bauministerkonferenz: Muster- Anwendungshinweise zur Immobilienwertermittlungsverordnung (ImmoWertV-Anwendungshinweise – ImmoWertA) vom 01.02.2021, online unter: https://www.bmi.bund.de/SharedDocs/gesetzgebungsverfahren/DE/novellierung-des-wertermittlungsrechts.html [zuletzt aufgerufen am 12.10.2021]

[ImmoWertV]: Verordnung über die Grundsätze für die Ermittlung der Verkehrswerte von Grundstücken (Immobilienwertermittlungsverordnung – ImmoWertV) vom 19. Mai

2010 (BGBl. I S. 639), geändert durch den Artikel 16 des Gesetzes vom 26. November 2019 (BGBl. I S. 1794)

[ImmoWertV ab 2022]: Referentenentwurf des Bundesministeriums des Innern, für Bau und Heimat: Verordnung über die Grundsätze für die Ermittlung der Verkehrswerte von Immobilien und der für die Wertermittlung erforderlichen Daten vom 01.02.2021 (Immobilienwertermittlungsverordnung – ImmoWertV)

[LBO SH] Landesbauordnung für das Land Schleswig-Holstein (LBO) vom 22. Januar 2009, zuletzt geändert am 1. Oktober 2019

[Maschinenrichtlinie]: Richtlinie 2006/42/EG des europäischen Parlaments und des Rates vom 17. Mai 2006 über Maschinen und zur Änderung der Richtlinie 95/16/EG (Neufassung) (kurz: Maschinenrichtlinie), geändert durch: Richtlinie 2014/33/EU des Europäischen Parlaments und des Rates vom 26. Februar 2014 zur Angleichung der Rechtsvorschriften der Mitgliedstaaten über Aufzüge und Sicherheitsbauteile für Aufzüge (Neufassung)

[MBO] Musterbauordnung (MBO) in der Fassung vom November 2002, zuletzt geändert durch Beschluss der Bauministerkonferenz vom 25.09.2020

[MVStättVO] Musterverordnung über den Bau und Betrieb von Versammlungsstätten (Muster-Versammlungsstättenverordnung – MVStättVO) in der Fassung vom Juni 2005 (zuletzt geändert durch Beschluss der Fachkommission Bauaufsicht vom Juli 2014)

[NHK 2010] Richtlinie zur Ermittlung des Sachwerts – Sachwertrichtlinie (SW-RL) in der Fassung vom 5. September 2012 (BAnz AT 18.10.2012 B1)

[SGB IX]: Neuntes Buch Sozialgesetzbuch vom 23. Dezember 2016 (BGBl. I S. 3234), zuletzt geändert durch Artikel 7c des Gesetzes vom 27. September 2021 (BGBl. I S. 4530)

[Technische Baubestimmungen NRW] Verwaltungsvorschrift Technische Baubestimmungen NRW (VV TB NRW) in der Fassung vom Juli 2021

[Vollzug der Thüringer Bauordnung] Bekanntmachung des Ministeriums für Infrastruktur und Landwirtschaft zum Vollzug der Thüringer Bauordnung (VollzBekThürBO) vom 30. Juli 2018 (ThürStAnz Nr. 34/2018 S. 1052 – 1087)

[WEG]: Gesetz über das Wohnungseigentum und das Dauerwohnrecht (Wohnungseigentumsgesetz – WEG) in der Fassung der Bekanntmachung vom 12. Januar 2021 (BGBl. I S. 34)

[WertV]: Verordnung über Grundsätze für die Ermittlung der Verkehrswerte von Grundstücken – Wertermittlungsverordnung (WertV) vom 01.01.1998

[WertR 2006]: Richtlinie für die Ermittlung der Verkehrswerte (Marktwerte) von Grundstücken (Wertermittlungsrichtlinien – WertR 2006) vom März 2006, hrsg. vom Bundesministerium für Umwelt, Naturschutz, Bau und Reaktorsicherheit (BMUB)

[WoFlV] Verordnung zur Berechnung der Wohnfläche (Wohnflächenverordnung – WoFlV) vom 25.11.2003 (BGBl. I S. 2346)

8.3.3 Literatur

Bundesrat-Drucksache 407/21, Verordnung über die Grundsätze für die Ermittlung der Verkehrswerte von Immobilien und der für die Wertermittlung erforderlichen Daten (Immobilienwertermittlungsverordnung – ImmoWertV), online: https://www.bundesrat.de/SharedDocs/drucksachen/2021/0401-0500/407-21.pdf?__blob=publicationFile&v=1 [zuletzt abgerufen am 13.10.2021]

DGUV Information 207-006 „Bodenbeläge für nassbelastete Barfußbereiche“ (ehemals BGI/GUV-I 8527 Information)

DGUV Regel 108-003 „Fußböden in Arbeitsräumen und Arbeitsbereichen mit Rutschgefahr“

Fachregel für Abdichtungen – Flachdachrichtlinie – (2016-12) Änderungsstand März 2020

Jäde, H.; Dirnberger, F.; et al.: Bauordnungsrecht Sachsen-Anhalt – Kommentar mit Ergänzenden Vorschriften, Loseblattwerk, Verlagsgruppe Hüthig Jehle Rehm GmbH, 2021

Metlitzky, N.; Engelhardt, L.: Atlas barrierefrei bauen, Köln: Verlagsgesellschaft Rudolf Müller GmbH & Co. KG, 2021

Qualitätssiegel betreutes Wohnen für ältere Menschen Nordrhein-Westfalen, hrsg. vom Kuratorium Qualitätssiegel Betreutes Wohnen für ältere Menschen Nordrhein-Westfalen e. V., online unter: https://kuratorium-betreutes-wohnen.de/downloads.php [zuletzt abgerufen am 6.10.2021]

Referentenentwurf des Bundesministeriums des Innern, für Bau und Heimat: Verordnung über die Grundsätze für die Ermittlung der Verkehrswerte von Immobilien und der für die Wertermittlung erforderlichen Daten vom 01.02.2021 (Immobilienwertermittlungsverordnung – ImmoWertV)

Ruhe, C.: Das Zwei-Sinne-Prinzip beim Planen und Bauen, online: https://sda1ab be82465eed8.jimcontent.com/download/version/1569566241/module/14052417330/name/2014-12-01%20HVV%20H%C3%B6rbehinderung%20und%20das%20Zwei-Sinne-Prinzip.pdf [zuletzt abgerufen am 12.10.2021]

Sprengnetter, Dr. Hans Otto (Hrsg.): Immobilienbewertung, Bände 1–4 Marktdaten und Praxishilfen, Sinzig: Sprengnetter Verlag und Software GmbH, 138. Ergänzungslieferung, Stand August 2021; Bände 5–16 Lehrbuch und Kommentar, Sinzig: Sprengnetter Verlag und Software GmbH, 67. Ergänzungslieferung, Stand August 2021

VDI 6008 Blatt 1:2012-12 „Barrierefreie Lebensräume – Allgemeine Anforderungen und Planungsgrundlagen“

VDI 6008 Blatt 1.2: 2014-12 (Entwurf) „Barrierefreie Lebensräume – Schulungen

VDI 6008 Blatt 2:2012-12 „Barrierefreie Lebensräume – Möglichkeiten der Sanitärtechnik

VDI/VDE 6008 Blatt 3:2014-01 „Barrierefreie Lebensräume – Möglichkeiten der Elektrotechnik und Gebäudeautomation“

VDI 6008 Blatt 4:2017-1 „Barrierefreie Lebensräume – Möglichkeiten der Aufzugs- und Hebetechnik

VDI 6008 Blatt 5:2021-02 „Barrierefreie Lebensräume – Möglichkeiten der Ausführung von Türen und Toren“

VDI 6008 Blatt 6:2021-07 „Barrierefreie Lebensräume – Bildzeichen und bildhaft verwendete Schriftzeichen“

8.3.4 Urteile

AG Flensburg, Urteil vom 11.07.2014, Az. 67 C 3/14, WuM 2015, 733

BVerfG-Urteil vom 28.03.2000, Az. 1 BvR 1460/99 (sog. „Treppenlift-Urteil“)

BFH-Urteil vom 10.10.1996, Az. III R 209/94, BStBl. 1997 II S. 491

BFH-Urteil vom 22.10.2009, Az. VI R 7/09, BStBl. 2010 II S. 280

BGH-Urteil vom 14. Mai 1998, Az. VII ZR 184/97 (zur Definition von „allgemein anerkannte Regeln der Technik“)

BGH-Urteil vom 14.11.2017, Az. VII ZR 65/14 (zur Frage der Änderung der allgemein anerkannten Regeln der Technik zwischen Vertragsschluss und Abnahme)

OLG Hamm, Urteil vom 28.01.2021 Az.: 21 U 54/19 (zur Frage, ob zu kleine Bewegungsflächen ein Mangel sind)

OVG Berlin-Brandenburg, Urteil vom 16.12.2005, Az. 10 N 28/05

OVG des Landes Sachsen-Anhalt, Beschluss vom 16.12.2010, Az. 2 L 246/09 (zum unverhältnismäßigen Mehraufwand, [online]: https://openjur.de/u/748621.html)

8.4 Abkürzungen

BFH	Bundesfinanzhof
OKFF	Oberkante Fertigfußboden
OLG	Oberlandesgericht
OVG	Oberverwaltungsgericht
Nfl	Nutzfläche
Wfl	Wohnfläche

8.5 Stichwortverzeichnis

V

W

Z

bfb barrierefrei bauen
#67 | September

bfb barrierefrei bauen